面向21世纪课程教材

普通高等院校土木工程“十二五”规划教材

土木工程结构实验与检测实用技术

主　编　路　韡　李子奇

副主编　樊燕燕　马卫华

主　审　杨子江

西南交通大学出版社

·成　都·

图书在版编目（CIP）数据

土木工程结构实验与检测实用技术 / 路韡，李子奇主编. —成都：西南交通大学出版社，2015.3

面向 21 世纪课程教材　普通高等院校土木工程“十二五”规划教材

ISBN 978-7-5643-3809-1

Ⅰ. ①土… Ⅱ. ①路…②李…Ⅲ. ①土木工程－工程结构－结构试验－高等学校－教材②土木工程－工程结构－检测－高等学校－教材 Ⅳ. ①TU317

中国版本图书馆 CIP 数据核字（2015）第 051504 号

面向 21 世纪课程教材
普通高等院校土木工程“十二五”规划教材

土木工程结构实验与检测实用技术

主　编　路 韡　李子奇

责任编辑	罗在伟
封面设计	墨创文化
出版发行	西南交通大学出版社 （四川省成都市金牛区交大路 146 号）
发行部电话	028-87600564　028-87600533
邮政编码	610031
网　　址	http://www.xnjdcbs.com
印　　刷	四川森林印务有限责任公司
成品尺寸	185 mm × 260 mm
印　　张	17
字　　数	445 千
版　　次	2015 年 3 月第 1 版
印　　次	2015 年 3 月第 1 次
书　　号	ISBN 978-7-5643-3809-1
定　　价	35.00 元

前　言

随着土木工程行业的迅猛发展，众多新理论、新体系及新工艺的结构可通过试验进行有益的探索和验证；新建工程的施工质量及可靠性可通过试验或检测进行评估；大批既有结构在逐步进入老化期后，其安全性、耐久性亦可通过检测进行鉴定。因此，结构试验与检测已成为科学研究和生产鉴定工作的重要手段。

在“推动高校教育内涵式发展”的教育背景下，如何使学生掌握基本试验、检测的方法，并在本科阶段学习后，能够在继续深造学习、研究工作或工程现场操作中学以致用，是编写本书的重要原因。希望学生通过该课程的学习达到以下目的：掌握基本的实验操作技巧，养成良好的实验习惯，激发实验兴趣，并能够开展开放性、创新性试验；获得结构检测的基本方法和正确指导，建立结构鉴定、评估的基本概念。

为此，全书共12章分为2个部分。第1部分由1、2、3、4、5、6、7章组成，为教学实验部分，主要介绍了土木工程结构实验的基础知识、仪器的校准、基本结构实验的方法，旨在建立学生对实验的基本概念，培养其动手能力和实验习惯。第2部分由8、9、10、11、12章组成，为工程检测部分，主要介绍了建筑结构、桥梁工程、隧道工程、混凝土结构状况与耐久性、地基基础的检测、试验与评定方法，旨在确立检测、评估的基本方法和程序，使学生了解规范的检测方法，为日后的工程检测工作提供参考。

本书第1、2、3、4、5章由西北民族大学路韡编写，第6章由唐山学院马卫华编写，第9、10、12章由兰州交通大学李子奇编写，第7、8、11章及附录由兰州交通大学樊燕燕编写。全书由路韡、李子奇主编，路韡统稿。

本书由杨子江教授担任主审。感谢杨子江教授在百忙之中对全书进行审阅并提出宝贵意见。

限于作者的水平和经验，书中难免存在遗漏和不当之处，欢迎读者批评指正。

编　者

2014年12月

目　录

第1篇　教学实验

第 2 篇 工程检测

第1篇 教学实验

第1章 绪 论

1.1 土木工程试验与检测的意义

在科学技术的发展过程中，科学试验起着非常重要的作用。对土木工程而言，建筑材料、结构体系、设计计算理论、施工方法是其发展进步的四个主要支柱，从土木工程设计理论的演变历史来看，每一种新材料、新体系、新工艺和新结构理论的建立和发展，一般都建立在大量的科学试验、生产实践的基础上。试验研究对于推动和发展工程结构科学研究和技术革新等方面起着重要的作用。

一般说来，土木结构主要可划分为建筑结构、桥梁结构、地下结构三大类，这三类结构虽然在功能用途、结构形式、施工方法等方面有一定的差异，但在建筑材料、设计计算理论、试验检测方法等方面存在密切的联系，在建设程序、质量检验、工程验收等方面基本一致。可以说，不同的土木结构虽然在形式上有一定区别，但具有同样的、内在的技术基础与建设管理流程。另一方面，土木工程作为一门传统的、古老的学科，虽然近30年在设计理论、结构体系、施工工艺技术等方面取得了非常大的进展，但仍未从根本上改变其半理论、半经验的本质。如一些设计参数往往需要通过现场试验勘察来确定，设计理论、计算模型也需要通过试验研究进行检验验证，试验研究与勘察测试仍然具有不可替代的作用。

随着我国大规模的土木工程建设进入中后期，一方面，土木工程中新结构、新材料、新工艺的不断发展，迫切需要通过试验、检测、监测技术来验证土木工程的设计计算理论，检验土木工程的施工质量，提升土木工程建设的技术水平；另一方面，随着既有土木结构服役年限的增长、病害的发展、用途功能的改变，需要通过检测技术来保障结构的安全使用，提高结构的可靠性与耐久性，提升土木结构运营与养护的技术水平。因此，土木工程试验与检测技术日益受到人们的重视，并不断得到发展和提高。

1.2 试验与检测的一般程序

一般情况下，土木工程试验与检测可分为三个阶段，即准备规划阶段、加载与观测阶段、分析总结阶段，其内容简要叙述如下：

准备规划阶段是土木工程试验检测顺利进行的必要条件，该阶段工作包括技术资料的收集，如检测工作需要收集设计文件、施工记录、监理记录、既有试验资料等，科学研究工作需要收集课题研究的现状和发展前景等；包括加载方案制定、量测方案制定、仪器仪表选用和校准等方面（必要时进行结构设计内力计算）；还包括搭设工作脚手架、设置测量仪表支架、测点放样及表面处理、测试元件布置、测量仪器仪表安装调试等现场准备工作。可以说，检测工作的顺利与否很大程度上取决于检测前的准备工作。

加载与观测阶段是整个检测工作的中心环节，这一阶段是在各项准备工作就绪的基础上，按照预定的试验方案与试验程序，利用适宜的加载设备进行加载，运用各种测试仪器，观测试验结构受力后的各项性能指标如挠度、应变、裂缝宽度、加速度、位移等，并采用适宜的记录手段记录各种观测数据和资料。需要强调的是，对于静载试验应根据当前所测得的各种技术数据与理论计算结果进行现场分析比较，以判断结构受力行为是否正常，是否可以进行下一级加载，以确保试验结构、仪器设备及试验人员的安全，这对于破坏性静载试验、存在病害的既有结构进行静载试验时尤为重要。

分析总结阶段是对原始测试资料进行综合分析的过程，原始测试资料包括大量的观测数据、文字记载和图片等材料，受各种因素的影响，一般显得缺乏条理性与规律性，未必能深刻揭示试验结构的受力行为规律。因此，应对它们进行科学的分析处理，去伪存真、去粗存精、由表及里，综合分析比较，从中提取有价值的资料。对于一些数据或信号，有时还需要按照数理统计的方法进行分析，或依靠专门的分析仪器和分析软件进行分析处理，或按照有关规程的方法进行分析或判断。测试数据经分析处理后，按照相关规范、规程以及试验检测的目的要求，对检测对象做出科学的判断与评价，必要时提出相应的设计、施工或运营维护建议。这一阶段的工作，直接反映整个检测工作的质量。

以上三个阶段的工作完成后，将全部检测工作依据相应规范、按照一定格式、规范地体现在试验检测报告中。试验检测报告内容主要包括试验概况、试验检测目的与依据、试验检测方案、试验检测日期及试验过程、试验记录图表摘录、试验主要成果与分析评价、技术结论等几个方面。

1.3 结构试验与检测课程的特点

基于土木工程科学研究与生产鉴定工作的发展形势，土木行业需要大量既懂试验操作、数据分析，又能组织开展试验，进而获得客观、准确的试验结果的人员。本书便以此为目的，分别介绍了基本的实验操作和工程检测项目。在教学实验部分，主要介绍与实验相关的基础知识，使学生熟悉实验术语和数据记录的规范方式；列举了土木工程结构实验所使用的基本仪器的校准方法，使学生在科学试验或生产鉴定检测前首先对使用的仪器进行校准，以保证量测数据真实、可靠，并培养良好的试验习惯；编写了基本结构实验项目，使学生掌握基本的实验操作方法和实验技能，为日后的科研和检测工作打下良好的基础。在工程检测部分，介绍了建筑结构、桥梁工程、隧道工程、混凝土结构状况与耐久性、地基基础的检测、试验与评定方法，旨在确立检测、评估的基本方法和程序，使学生了解规范的检测方法，为日后的工程检测工作提供参考。

本课程是一门实践性很强、涉及知识面较宽的专业技术课程，与通常的理论课程相比，更加注重理论联系实际，更加注重实际应用。在学习的过程中，要注意实验、试验与检测的区别，三者都是一种实践活动，但“实验”侧重于验证既定结果或结论，本书第一篇的各项实验希望以既定结果来检验学生在实验中的操作技巧与分析能力；“试验”侧重于探究，偏重于研究；“检测”侧重于在已有的技术规程或标准指导下，对结构或构件做出鉴定性的测试，偏重于评定。除此之外，应注重实践操作环节，通过动手实践加深对所学知识理解，并获得基本训练，在思考和实践中培养发现问题、分析问题和解决问题的能力。

第 2 章 基础知识

2.1 试验技术术语

1. **真 值**

在一定条件下完善刻画一个量或定量特性所定义的值。

注：量或定量特性的真值是一个理论上的概念，通常无法确切获得。

2. **约定真值**

对于给定的目的，赋予一个量或定量特性的可用于替代其真值的值。

注：通常对于给定的目的，由于约定真值和真值充分接近，故认为约定真值和真值的差可忽略。

3. **测 量**

以确定量值为目的的一组操作。

4. **测 试**

按照规定的程序，为对某给定产品、过程或服务确定一个或多个特性所进行的技术操作。

5. **计 量**

实现单位统一、量值准确可靠的活动。

6. **测量方法**

进行测量时所用的，按类别叙述的一组操作逻辑次序。

7. **测量程序**

进行特定测量时所用的，根据给定的测量方法具体叙述的一组操作。

8. **测量结果**

按规定的测量程序所获得的量值。

9. **测试结果**

按规定的测试方法所获得的特性值。

注：测试方法应指明观测是一个还是多个，报告的测试结果是观测值的平均数还是它的其他函数（例如中位数或标准差）。它可以要求按适用的标准进行修正，如气体的体积按标准温度和压力进行的修正。因此一个测试结果可以是通过几个观测值计算的结果。最简单情形，测试结果即为观测值本身。

10. 测量仪器的示值

测量仪器所给出的量的值。

11. 准确度

测试结果或测量结果与真值间的一致程度。

注：(1)在实际中，真值用接受参照值代替(接受参照值：用作比较的经协商同意的标准值)。

(2)术语“准确度”：当用于一组测试或测量结果时，由随机误差分量和系统误差分量组成。

(3)准确度是正确度和精密度的组合。

12. 精密度

在规定条件下所获得的独立测试结果或测量结果间的一致程度。

注：(1)精密度仅依赖于随机误差的分布，与真值或规定值无关。

(2)精密度的度量通常以表示“不精密”的术语来表达，其值用测试结果或测量结果的标准差来表示。标准差越大，精密度越低。

(3)精密度的度量严格依赖于所规定的条件，重复性条件和再现性条件为其中两种极端情况。

13. 测量结果的重复性

重复性条件下的精密度。重复性可以用测量结果的分散性定量地表示。

注：重复性条件包括：

(1)相同的测量程序或测试方法。

(2)同一操作员。

(3)在同一条件下使用的同一测量或测试设施。

(4)同一地点。

(5)在短时间间隔内的重复。

14. 测量结果的再现性

再现性条件下的精密度。再现性可以用结果的离散特性来定量表示。

注：再现性条件包括：

(1)由不同操作员。

(2)按相同的方法。

(3)使用不同的测试或测量设施。

(4)对同一测试或测量对象进行观测。

(5)独立测试结果或测量结果的观测条件。

15. 实验标准差

对同一被测量做 n 次测量，表征结果分散性的量按下式算出：

$$s=\sqrt{\frac{\sum_{i=1}^{n}\left(x_i-\bar{x}\right)^2}{n-1}} \tag{2-1}$$

式中 x_i —— 第 i 次测量的结果；

$\bar{x}$——平均值。

注：（1）当将 n 个值视作分布的取样时，x 为该分布期望的无偏差估计。

（2）$s/\sqrt{n}$ 为 x 分布的标准差的估计，称为平均值的标准偏差。

（3）将平均值的标准偏差称为平均值的标准误差是不正确的。

16. 不确定度

表征值的分散性，与测试结果或测量结果相联系的参数，这种分散可合理归因于接收或测试特性的特定量。

注：（1）测量或测试的不确定度通常由许多分量构成，其中某些分量可基于一系列量测结果的统计分布，用标准差的形式估计。其余分量可基于经验的或其他信息的概率分布，也用标准差形式估计。

（2）不确定度的分量对离散有贡献，包括那些由系统效应引起的，如修正值和参考测量标准有关的分量。

（3）不确定度不同于根据测量结果或测试结果已涵盖期望为表征的范围估计，后者估是精密度的度量而非准确度的度量，且仅在没有定义真值时使用。当用期望替代真值时，表达“不确定度的随机分量”。

17. 标准不确定度

以标准偏差表示的测量不确定度。

18. 扩展不确定度

确定可望包含合理赋予被测量分布的大部分的一个测量结果区间的量。

19. 接受参照值

用作比较的经协商同意的标准值。

注：接受参照值来自于：

（1）基于科学原理的理论值或确定值。

（2）基于一些国家或国际组织的实验工作的指定或认证值。

（3）基于科学或工程组织赞助下，合作实验工作中的同意值或认证值。

（4）当以上三种均不能获得时，则用期望值，即指定测量集合的均值。

20. 结果误差

测试结果或测量结果与真值的差。

注：（1）在实际中，真值用接受参照值代替。

（2）当有必要与相对误差相区别时，有时也称为测量的绝对误差。

21. 偏 差

一个值减去其参考值。

22. 相对误差

测量误差除以被测量的真值，其真值实际上用的是约定真值。

23. 随机误差

测量结果与在重复性条件下，对同一被测量进行无限多次测量所得结果的平均值之差。

注：（1）随机误差等于误差减去系统误差。

（2）因为测量只能进行有限次数，故可能确定的只是随机误差的估计值。

24. 系统误差

在重复性条件下，对同一被测量进行无限多次测量所得结果的平均值与被测量的真值之差。

注：（1）如真值一样，系统误差及其原因不能完全获知。

（2）对测量仪器而言，其示值的系统误差称作偏移。

25. 修正值

用代数方法与未修正测量结果相加，以补偿系统误差的值。

注：（1）修正值等于负的系统误差。

（2）由于系统误差不能完全获知，因此这种补偿并不完全。

26. 修正因子

为补偿系统误差而与未修正测量结果相乘的数字因子。

由于系统误差不能完全获知，因此这种补偿并不完全。

27. 测量系统

组装起来以进行特定测量的全套测量仪器和其他设备。

28. 测量设备

测量仪器、测量标准、参考物质、辅助设备以及进行测量所必需的资料的总称。

29. 测量仪器的准确度

测量仪器给出接近于真值的响应能力。准确度是定性的概念。

30. 测量仪器的示值误差

测量仪器示值与对应输入量的真值之差。

31. 溯源性

任何一个测量结果或计量标准值，都能通过一条具有规定不确定度的连续比较链，与计量基准联系起来。

32. 参考物质（标准物质）

具有一种或多种足够均匀和很好的确定的特性，用以校准测量装置、评价测量方法或给材料赋值的一种材料或物质。而附有证书的经过溯源的标准物质称有证标准物质。在标准物质证书和标签上均有 CMC 标记。

注：标准物质的作用有：

（1）作为校准物质用于仪器的定度（化学分析仪器）。

（2）作为已知物质用以测量评价测量方法。

（3）作为控制物质与待测物质同时进行分析。

当标准物质得到的分析结果与证书给出的量值在规定限度内一致时，证明待测物质的分析结果是可信的。标准物质分为两级：一级由国家计量部门制作颁发或出售，二级由各专业部门制作供厂矿或实验室日常使用。

2.2　法定计量单位

我国计量法规定国际单位制计量单位和国家选定的其他计量单位，为国家法定计量单位。国家法定计量单位的名称、符号由国务院公布。我国允许使用的计量单位是国家法定计量单位。国家法定计量单位由国际单位制单位和国家选定的非国际单位制单位组成。

国际单位制是我国法定计量单位的主体，国际单位制如有变化，我国法定计量单位也将随之而变化。国际单位制是我国法定计量单位的基础，一切属于国际单位制的单位都是我国的法定计量单位。

2.2.1　国际单位制

国际单位制是国际计量大会（CGPM）采纳和推荐的一种一贯单位制，SI 作为国际单位制通用的缩写符号。下面就国际单位制的相关内容介绍如下：

1. 国际单位制的构成

国际单位制的内容包括国际单位制（SI）的构成体系、SI 单位、SI 词头、SI 单位的十进倍数与分数单位的构成以及它们的使用规则。国际单位制的构成如图 2-1 所示。

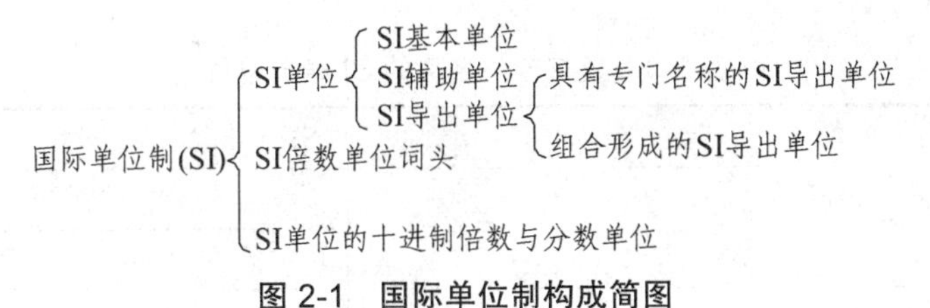

图 2-1　国际单位制构成简图

2. SI 单位

（1）SI 单位的组成

SI 单位包括 SI 基本单位、SI 辅助单位、SI 导出单位。

① SI 基本单位

国际单位制以表 2-1 中的 7 个单位为基础，这 7 个单位称为 SI 基本单位，又称为国际单位制的基本单位。

表 2-1　SI 基本单位

物理量名称	物理量符号	单位名称	单位符号
长度	L	米	m
质量	m	千克（公斤）	kg
时间	t	秒	s
电流	I	安（安培）	A
热力学温度	T	开（开尔文）	K
物质的量	n（ν）	摩（摩尔）	mol
发光强度	I（Iv）	坎（坎德拉）	cd

② SI 辅助单位

弧度和球面度两个 SI 单位，国际计量大会并未将它们归入基本单位和（或）导出单位，而称之为 SI 辅助单位，又称为国际单位制辅助单位。这两个单位列于表 2-2，它们既可以作为基本单位使用，又可以作为导出单位使用。原则上说，它们是无量纲量的导出单位，但从实用出发不列为 SI 导出单位。使用上根据需要，既可以用弧度或球面度，也可以用“1”。

表 2-2　SI 辅助单位

量的名称	单位名称	单位符号
平面角	弧度	rad
立体角	球面度	sr

③ SI 导出单位

导出单位是用基本单位和（或）辅助单位以代数形式所表示的单位。这种单位符号中的乘和除使用数学符号。如速度的 SI 单位为米每秒（m/s），角速度的 SI 单位为弧度每秒（rad/s）。属于这种形式的单位称为组合单位。

某些 SI 导出单位在国际计量大会通过了专门的名称和符号，见表 2-3。使用这些专门名称以及用它们表示其他导出单位，往往更为方便、明确。如“功”的 SI 单位通常用焦耳（J）代替牛顿·米（N·m）。

表 2-3　具有专门名称的 SI 导出单位

量的名称	SI 导出单位			
	名称	符号	其他表示式	
			用 SI 单位示例	用 SI 基本单位
频率	赫[兹]	Hz	—	s^{-1}
力，重力	牛[顿]	N	—	$m \cdot kg \cdot s^{-2}$
压力，压强，应力	帕[斯卡]	Pa	N/m^2	$m^{-1} \cdot kg \cdot s^{-2}$
能[量]，功，热量	焦[耳]	J	N·m	$m^2 \cdot kg \cdot s^{-1}$
功率，辐[射能]通量	瓦[特]	W	J/s	$m^2 \cdot kg \cdot s^{-3}$
电荷[量]	库[伦]	C	—	A·s
电压，电动势，电位，电势	伏[特]	V	W/A	$m^2 \cdot kg \cdot s^{-3} \cdot A^{-1}$
电容	法[拉]	F	C/A	$m^{-2} \cdot kg^{-1} \cdot s^4 \cdot A^2$
电阻	欧[姆]	Ω	V/A	$m^2 \cdot kg \cdot s^{-3} \cdot A^{-2}$
电导	西[门子]	S	A/V	$m^{-2} \cdot kg \cdot s^3 \cdot A^2$
磁通[量]	韦[伯]	Wb	V·s	$m^2 \cdot kg \cdot s^{-2} \cdot A^{-1}$
磁通[量]密度，磁感应强度	特[斯拉]	T	Wb/m^2	$kg \cdot s^{-2} \cdot A^{-1}$
电感	亨[利]	H	Wb/A	$m^2 \cdot kg \cdot s^{-2} \cdot A^{-2}$
摄氏湿度	摄氏度	°C	—	K
光通	流[明]	lm	cd·sr	$m^2 \cdot m^{-2} \cdot cd$
（光）照度	勒[克斯]	lx	lm/m^2	$m^{-2} \cdot cd \cdot sr$

表 2-1 ~ 表 2-3 确定了单位的名称及其简称，用于口述，也可用于叙述性的文字中。

组合单位的名称与其符号表示的顺序一致，符号中的乘号没有对应的名称，除号的对应名称为“每”字，无论分母中有几个单位，“每”字都只出现一次。例如：比热容的单位符号是 J/（kg · K），其名称是“焦耳每千克开尔文”。

乘方形式的单位名称，其顺序应是指数名称在前，单位名称在后，指数名称由相应的数字如“次方”两字而成。例如：断面惯性矩单位符号为 m^4，其名称为“四次方米”。

如果长度的二次和三次幂分别表示面积和体积，则相应的指数名称为“平方”和“立方”，否则应称为“二次方”和“三次方”。例如：体积单位符号是 m^3，其名称为“立方米”。

书写单位名称时，不加任何表示乘或（和）除的符号或（和）其他符号。例如：电阻率单位符号是Ω · m，其名称为“欧姆米”，而不是“欧姆 · 米”、“欧姆-米”、“[欧姆][米]”等。

（2）SI 单位的倍数单位

表 2-4 列出了 SI 单位的倍数单位，倍数单位的词头（SI 词头）名称、简称及符号。词头用于构成 SI 单位的倍数单位，但不得单独使用。

表 2-4　SI 倍数单位词头

所表示的因数	词头名称	词头符号	所表示的因数	词头名称	词头符号
10^{18}	艾[可萨]	E	10^{-1}	分	d
10^{15}	拍[它]	P	10^{-2}	厘	c
10^{12}	太[拉]	T	10^{-3}	毫	m
10^{9}	吉[咖]	G	10^{-6}	微	μ
10^{6}	兆	M	10^{-9}	纳[诺]	n
10^{3}	千	k	10^{-12}	皮[可]	p
10^{2}	百	h	10^{-15}	飞[母拖]	f
10^{1}	十	da	10^{-18}	阿[托]	a

词头与所紧接的单位，应作为一个整体对待，它们一起组成一个新单位（十进倍数单位），并具有相同的幂次，而且还可以根据习惯和其他单位构成组合单位。例如：

$1\ cm^3=(10^{-2}\ m)^3=10^{-6}\ m^3$，$1\ \mu s^{-1}=(10^{-6}\ s)^{-1}=10^6\ s^{-1}$，$1\ mm^2/s=(10^{-3}\ m)^2/s=10^{-6}\ m^2/s$，$10^6$eV 可写成为 MeV，$10^{-3}$L 可写成为 mL，$10^{-3}$tex 可写成为 mtex。

注：由于质量的 SI 单位名称“千克”中，已包含 SI 词头“千”，所以质量的十进倍数单位由词头加在“克”前构成，如用 mg 而不得用μkg。

（3）其他单位

由于一些单位使用十分广泛而且十分必要，可与 SI 并用的我国法定计量单位见表 2-5。

表 2-5　与 SI 并用的我国法定计量单位

量的名称	单位名称	单位符号	与 SI 单位的关系
时间	分	min	1 min = 60 s
	[小]时	h	1 h = 60 min = 3 600 s
	日，（天）	d	1 d = 24 h = 86 400 s

续表 2-5

量的名称	单位名称	单位符号	与 SI 单位的关系
平面（角）	度	（°）	1° =（π/180）rad
	[角]分	（′）	1′ =（1/60）° =（π/10 800）rad
	（角）秒	（″）	1″ =（1/60）′ =（π/648 000）rad
体积，容积	升	L（l）	1 L = 1 dm^3 = 10^{-3} m^3
质量	吨	t	1 t = 10^3 kg
	原子质量单位	μ	1 μ ≈ 1.660 565 5 × 10^{-27} kg
旋转速度	转每分	r/min	1 r/min =（1/60）s^{-1}
长度	海里	n mile	1 n mile = 1 852 m（只用于航程）
速度	节	kn	1 kn = 1 n mile/h = $\left(\frac{1852}{3\,600}\right)$ m/s（只用于航程）
能	电子伏	eV	1 eV ≈ 1.602 189 2 × 10^{-19} J
级差	分贝	dB	
线密度	特[克斯]	tex	1 tex = 10^{-6} kg/m

2.2.2 SI 单位及其倍数单位的应用

根据使用方便的原则来选用 SI 单位的倍数单位。通过适当的选择，可使数值处于实用范围内。使用 SI 单位及其倍数单位具体原则举例说明如下：

（1）选用 SI 单位的倍数单位，一般应使用量的数值处于 0.1 ~ 1 000 范围内。

例如：1.2 × 10^4 N 可写成 12 kN，0.003 94 m 可写成 3.94 mm，11 401 Pa 可写成 11.401 kPa，3.1 × 10^{-8} s 可写成 31 ns。

在某些情况下习惯使用的单位可以不受上述限制，如大部分机械制图使用的单位可以用毫米，导线截面积使用的单位可以用平方毫米，领土面积用平方千米。

在同一个量的数值中，或叙述同一个量的文章里，为对照方便，使用相同的单位时，数值不受限制。词头 h、da、d、c（百、十、分、厘），一般用于某些长度、面积和体积。

（2）对于组合单位，其倍数单位的构成最好只使用一个词头，而且尽可能是组合单位中的第一个单位采用词头。

只通过相乘构成的组合单位在加词头时，词头通常加在第一个单位之前。

例如：力矩的单位 kN · m，不宜写成 N · km。

只通过相除构成的组合单位，或通过乘和除构成的组合单位，在加词头时词头一般都应加在分子的第一个单位之前，分母中一般不用词头，但质量单位 kg 在分母中时例外。

例如：摩尔内能单位 kJ/mol，不宜写成 J/mmol；比能单位可以写成 kJ/kg。

（3）在计算中为了方便，建议所有量均用 SI 单位表示，将词头用 10 的幂代替。

（4）有些国际单位制以外的单位，可以按习惯用 SI 词头构成倍数单位，但它们不属于国际单位制。如 MeV、mCi、mL 等。摄氏温度单位摄氏度，角度单位度、分、秒与时间单位日、时、分等不得用 SI 词头构成倍数单位。

（5）当组合单位是由两个或两个以上的单位相乘时，其组合单位的写法可采用下列形式之一：N·km，Nm。

注：第二种形式也可以在单位符号之间不留空隙，但应注意当单位符号同时又是词头符号时，应尽量将它置于右侧，以免引起混淆。如 mN 表示毫牛顿而非指米牛顿。

（6）单位的中文符号。表 2-1 ~ 表 2-4 所确定的单位名称的简称，可作为这个单位的中文符号使用，并可用以代替本标准各个表中所给出的符号构成组合单位的中文符号。中文符号中不应含有单位的全称。

由两个或两个以上单位相乘所构成的组合单位，其符号形式为两个单位符号之间加居中圆点，如牛·米。单位相除构成的组合单位，其符号可采用下列形式之一：米/秒；米·秒$^{-1}$。

（7）单位符号的使用规则。

① 单位与词头的名称，一般只宜在叙述性文学中使用。单位和词头的符号，在公式、数据表、曲线图、刻度盘和产品品牌等需要简单明了的地方使用，也用于叙述性文字中。

② 单位名称和单位符号都必须各作为一个整体使用，不得拆开。如摄氏度的单位符号为 °C，20 摄氏度不得写成或读成摄氏 20 度，也不得写成 20°，只能写成 20 °C。

③ 单位符号后不得加省略点，也无复数形式。

④ 可用汉字与单位的符号构成组合形式的单位，例如：元/d，万 t·km。

⑤ 优先采用本章各表中给出的符号。

（8）将 SI 词头的中文名称置于单位名称的简称之前，构成中文符号时，应注意避免引起混淆，必要时使用圆括号。

体积的量值不得写为 2 千米 3。

如表示二立方千米，则应写为 2（千米）^{3}（此处“千”为词头）。

如表示二千立方米，则应写为 2 千（米）^{3}（此处“千”为数词）。

（9）单位和词头符号的书写规则。

单位符号一律用正体字母。除来源于人名的单位符号第一个字母要大写外，其余均为小写字母（升的符号 L 和天文单位距离的符号 A 例外）。例如：米（m），秒（s），坎德拉（cd）。

而来源于人名的，单位符号应写在全部数值之后，并与数值间留半个数字的空隙。例如：安培（A），帕斯卡（Pa），韦伯（Wb）等。

SI 词头符号一律用正体字母，小于 10^3（含 10^3）者为小写字母，大于 10^6（含 10^6）者为大写字母。SI 词头符号与单位符号间不得留空隙。

2.3 数值修约规则

在试验测试过程中任何测量的准确度都是有限的，我们只能以一定的近似值来表示测量结果。因此，测量结果数值计算的准确度就不应该超过测量的准确度，如果任意地将近似值保留过多的位数，反而会歪曲测量结果的真实性。在测量和数字运算中，必须对原始数据进行分析处理，才能得到可靠的试验检测结果。确定该用几位数字来代表测量值或计算结果是一件很重要的事情，下面对有效数字和计算规则予以介绍。

2.3.1 数值修约规则

数值修约指通过省略原数值的最后若干位数字，调整所保留的末位数字，使最后所得到的值最接近原数值的过程。经数值修约后的数值称为（原数值的）修约值。

修约间隔指修约值的最小数值单位。修约间隔的数值一经确定，修约值即为该数值的整数倍，举例如下：

例 2-1 如指定修约间隔为 0.1，修约值应在 0.1 的整数倍中选取，相当于将数值修约到一位小数。

例 2-2 如指定修约间隔为 100，修约值应在 100 的整数倍中选取，相当于将数值修约到“百”数位。

1. 确定修约间隔

（1）指定修约间隔为 10^{-n}（n 为正整数），或指明将数值修约到 n 位小数。

（2）指定修约间隔为 1，或指明将数值修约到“个”数位。

（3）指定修约间隔为 10^n（n 为正整数），或指明将数值修约到 10^n 数位，或指明将数值修约到“十”、“百”、“千”、…数位。

2. 进舍规则

（1）拟舍弃数字的最左一位数字小于 5，则舍去，保留其余各位数不变。

例 2-3 将 12.149 8 修约到个数位，得 12；将 12.149 88 修约到一位小数，则得 12.1。

例 2-4 某沥青针入度测试值为 70.1、69.5、70.8（0.1 mm），则该沥青试验结果的处理为：先算得平均值为 70.1，然后进行取整（即修约到个数位），得针入度试验结果为 70（0.1 mm）。

（2）拟舍弃数字的最左一位数字大于 5，则进一，即保留数字的末位数字加 1。

例 2-5 将 1268 修约到“百”位数，得 13×10^2（特定场合可写为 1300）；将 1268 修约到“十”数位，得 12.7×10^2（特定场合可写为 1270）。

注：“特定场合”系指修约间隔明确时。

（3）拟舍弃数字的最左一位数字是 5，且其后有非 0 数字时进一，即保留数字的末位数字加 1。

例 2-6 将 10.5002 修约到个数位，得 11。

（4）拟舍弃数字的最左一位数字为 5，且其后无数字或皆为 0 时，若所保留的末位数字为奇数（1，3，5，7，9）则进一，即保留数字的末位数字加 1；若所保留的末位数字为偶数（0，2，4，6，8），则舍去。

例 2-7 修约间隔为 0.1（或 10^{-1}）。

拟修约数值	修约值
1.050	10×10^{-1}（特定场合可写成为 1.0）
0.35	4×10^{-1}（特定场合可写成为 0.4）

例 2-8 修约间隔为 1000（或 10^3）。

拟修约数值	修约值
2500	2×10^3（特定场合可写成为 2000）
3500	4×10^3（特定场合可写成为 4000）

例 2-9　准确至三位小数（修约间隔为 0.001 或 10^{-3}）。

某沥青密度试验测试值分别为 1.034、1.031（g/cm^3），则该沥青密度试验结果为：先算得平均值为 1.0325，修约后试验结果是 1.032 g/cm^3。

（5）负数修约时，先将它的绝对值按上述的规定进行修约，然后在所得值前面加上负号。

例 2-10　将下例数值修约到“十”数位。

拟修约数值	修约值
－355	-36×10（特定场合可写为－360）
－325	-32×10（特定场合可写为－320）

例 2-11　将下列数值修约到三位小数，即修约间隔为 10^{-3}。

拟修约数值	修约值
－0.0365	-36×10^{-3}（特定场合可写为－0.036）

3. 不允许连续修约

（1）拟修约数字应在确定修约间隔或指定修约数位后一次修约获得结果，不得多次按“进舍规则”连续修约。

例 2-12　修约 97.46，修约间隔为 1。

正确的做法：97.46 → 97

不正确的做法：97.46 → 97.5 → 98

例 2-13　修约 15.4546，修约间隔为 1。

正确的做法：15.4546 → 15

不正确的做法：15.4546 → 15.455 → 15.46 → 15.5 → 16

（2）在具体实施中，有时测试与计算部门先将获得数值按指定的修约数位多一位或几位报出，而后由其他部门判定。为避免产生连续修约的错误，应按下述步骤进行。

① 报出数值最右的非零数字为 5 时，应在数值右上角加“+”或加“－”或不加符号，分别表明已进行过舍、进或未舍未进。

例 2-14　16.50^{+}表示实际值大于 16.50，经修约舍弃为 16.50；16.50^{-}表示实际值小于 16.50，经修约进一为 16.50。

② 如对报出值需进行修约，当拟舍弃数字的最左一位数字为 5，且其后无数字或皆为 0 时，数值右上角有“+”者进一，有“－”者舍去，其他仍按“进舍规则”进行修约。

例 2-15　将下例数值修约到个数位（报出值多留一位至一位小数）。

实测值	报出值	修约值
15.4546	15.5^{-}	15
－15.4546	-15.5^{-}	－15
16.5203	16.5^{+}	17
－16.5203	-16.5^{+}	－17
17.5000	17.5	18

4. 0.5 单位修约与 0.2 单位修约

在对数值进行修约时，若有必要，也可采用 0.5 单位修约或 0.2 单位修约。

（1）0.5 单位修约（半个单位修约）

0.5 单位修约是指按指定修约间隔对拟修约的数值 0.5 单位进行的修约。

0.5 单位修约方法为：将拟修约数值 X 乘以 2，按指定修约间隔对 $2X$ 依“进舍规则”规定修约，所得数值（$2X$ 修约值）再除以 2。

例 2-16 将下例数字修约到“个”数位的 0.5 单位修约。

拟修约数值 X	$2X$	$2X$ 修约值	X 修约值
60.25	120.50	120	60.0
60.38	120.76	121	60.5
60.28	120.56	121	60.5
– 60.75	– 121.50	– 122	– 61.0

例 2-17 某沥青软化点试验测试值为：48.2 °C、48.7 °C，结果准确至 0.5 °C。该沥青软化点试验结果可先算得其平均值为 48.45 °C，修约后试验结果如下：

拟修约数值 X	$2X$	$2X$ 修约值	X 修约值
48.45	96.90	97	48.5

（2）0.2 单位修约

0.2 单位修约是指按指定修约间隔对拟修约的数值 0.2 单位进行的修约。

0.2 单位修约方法为：将拟修约数值 X 乘以 5，按指定修约间隔对 $5X$ 依“进舍规则”规定修约，所得数值（$5X$ 修约值）再除以 5。

例 2-18 将下列数字修约到“百”数位的 0.2 单位修约。

拟修约数值 X	$5X$	$5X$ 修约值	X 修约值
830	4150	4200	840
842	4210	4200	840
832	4160	4200	840
– 930	– 4650	– 4600	– 920

2.3.2 有效数字运算规则

在运算中，经常有不同有效位数的数据参加运算。在这种情况下，需将有关数据进行适当的处理。

1. 加减运算

当几个数据相加或相减时，它们的小数点后的数字位数及其“和”或“差”的有效数字的保留，应以小数点后位数最少（即绝对误差最大）的数据为依据，如图 2-2 所示。

$$\begin{array}{r} 1.03 \\ 30.212 \\ +\quad 2.06783 \\ \hline ? \end{array} \xrightarrow{\text{调整到保留两位小数}} \begin{array}{r} 1.03 \\ 30.21 \\ +\quad 2.07 \\ \hline 33.31 \end{array}$$

图 2-2 算例

如果数据的运算量较大时，为了使误差不影响结果，可以对参加运算的所有数据多保留一位数字进行运算。

2. 乘除运算

几个数据相乘相除时，各参加运算数据所保留的位数，以有效数字位数最少的为标准，其“积”

或“商”的有效数字也依此为准。例如，当 $0.012\,1 \times 30.64 \times 2.057\,82$ 时，其中 0.012 1 的有效数字位数最少，所以其余两数应修约成 30.6 和 2.06 与之相乘，即：$0.012\,1 \times 30.6 \times 2.06 = 0.763$。

2.4 极限数值的表示和判定

2.4.1 极限数值的定义与书写极限数值的一般规则

（1）极限数值指标准（或技术规范）中规定考核的以数量形式给出且符合该标准（或技术规范）要求的指标数值范围的界限值。

（2）标准（或其他技术规范）中规定考核的以数量形式给出的指标或参数等，应当规定极限数值。极限数值表示符合该标准要求的数值范围的界限值，它通过给出最小极限值和（或）最大极限值，或给出基本数值与极限偏差值等方式表达。

（3）标准中极限数值的表示形式及书写位数应适当，其有效数字应全部写出。书写位数表示的精确程度应能保证产品或其他标准化对象应有的性能和质量。

2.4.2 表示极限数值的用语

（1）表达极限数值的基本用语及符号，见表 2-6。

表 2-6 表达极限数值的基本用语及符号

基本用语	符号	特定情形下的基本用语			备 注
大于 A	$>A$		多于 A	高于 A	测定值或计算值恰好为 A 值时不符合要求
小于 A	$<A$		少于 A	低于 A	测定值或计算值恰好为 A 值时不符合要求
大于或等于 A	$\geqslant A$	不小于 A	不少于 A	不低于 A	测定值或计算值恰好为 A 值时符合要求
小于或等于 A	$\leqslant A$	不大于 A	不多于 A	不高于 A	测定值或计算值恰好为 A 值时符合要求

注： ① A 为极限数值。

② 允许采用以下习惯用语表达极限数值：

a.“超过 A”，指数值大于 A（$>A$）；

b.“不足 A”，指数值小于 A（$<A$）；

c.“A 及以上”或“至少 A”，指数值大于或等于 A（$\geqslant A$）；

d.“A 及以下”或“至多 A”，指数值小于或等于 A（$\leqslant A$）。

例 2-19 钢中磷的残量 $<0.035\%$，$A = 0.035\%$。

例 2-20 钢丝绳抗拉强度 $\geqslant 22 \times 10^2$（MPa），$A = 22 \times 10^2$（MPa）。

（2）基本用语可以组合使用，表示极限值范围。

对特定的考核指标 X，允许采用下列用语和符号（见表 2-7）。同一标准中一般只应使用一种符号表示方式。

表 2-7 对特定的考核指标 X，允许采用的表达极限数值的组合用语及符号

组合基本用语	组合允许用语	符号		
		表示方式Ⅰ	表示方式Ⅱ	表示方式Ⅲ
大于或等于 A 且小于或等于 B	从 A 到 B	$A \leqslant X \leqslant B$	$A \leqslant \cdot \leqslant B$	$A \sim B$
大于 A 且小于或等于 B	超过 A 到 B	$A < X \leqslant B$	$A < \cdot \leqslant B$	$> A \sim B$
大于或等于 A 且小于 B	罕少 A 不足 B	$A \leqslant X < B$	$A \leqslant \cdot < B$	$A \sim < B$
大于 A 且小于 B	超过 A 不足 B	$A < X < B$	$A < \cdot < B$	

① 基本数值 A 带有绝对极限上偏差值 $+b_1$ 和绝对极限下偏差值 $-b_2$，指从 $A-b_2$ 到 $A+b_1$ 符号要求，记为 $A_{-b_2}^{+b_1}$。

注： 当 $b_1=b_2=b$ 时，$A_{-b_2}^{+b_1}$ 可简记为 $A \pm b$。

例 2-21 80_{-1}^{+2} mm，指从 79 mm 到 82 mm 符合要求。

② 基本数值 A 带有相对极限上偏差值 $+b_1\%$ 和相对极限下偏差值 $-b_2\%$，指实测值或其计算值 R 对于 A 的相对偏差值 $[(R-A)/A]$ 从 $-b_2\%$ 到 $+b_1\%$ 符合要求，记为 $A_{-b_2}^{+b_1}\%$。

注： 当 $b_1=b_2=b$ 时，$A_{-b_2}^{+b_1}$ 可简记为 $A(1 \pm b\%)$。

例 2-22 510 Ω（1 ± 5%），指实测值或其计算值 R（Ω）对于 510 Ω 的相对偏差值 $[(R-510)/510]$ 从 −5% 到 +5% 符合要求。

③ 对基本数值 A，若极限上偏差值 $+b_1$ 和（或）极限下偏差值 $-b_2$ 使得 $A+b_1$ 和（或）$A-b_2$ 不符合要求，则应附加括号，写成 $A_{-b_2}^{+b_1}$（不含 b_1 和 b_2）或 $A_{-b_2}^{+b_1}$（不含 b_1）、$A_{-b_2}^{+b_1}$（不含 b_2）。

例 2-23 80_{-1}^{+2}（不含 2）mm，指从 79 mm 到接近但不足 82 mm 符合要求。

例 2-24 510 Ω（1 ± 5%）（不含 5%），指实测或其计算值 R（Ω）对于 510 Ω 的相对偏差值 $[(R-510)/510]$ 从 −5% 到接近但不足 +5% 符合要求。

2.4.3 测定值或其计算值与标准规定的极限数值作比较的方法

1. 总 则

（1）在判定测定值或计算值是否符合标准要求时，应将测试所得的测定值或其计算值与标准规定的极限数值作比较，比较的方法可采用全数值比较法、修约值比较法。

（2）当标准或有关文件对极限值（包括带有极限偏差值的数值）无特殊规定时，均应使用全数值比较法。如规定采用修约值比较法，应在标准中加以说明。

（3）若标准或有关文件规定了使用其中一种比较方法时，一经确定，不得改动。

2. 全数值比较法

将测试所得的测定值或计算值不经修约处理（或虽经修约处理，但应标明它是经舍、进或未进、未舍而得），用该数值与规定的极限数值作比较，只要超出极限数值规定的范围（不论超出程度大小），都判定为不符合要求，示例见表 2-8。

表 2-8　全数值比较法和修约值比较法的示例与比较

项　目	极限数值	测定值或其计算值	按全数值比较是否符合要求	修约值	按修约值比较是否符合要求
中碳钢抗拉强度（MPa）	≥14×100	1 349	不符合	13×100	不符合
		1 351	不符合	14×100	符合
		1 400	符合	14×100	符合
		1 402	符合	14×100	符合
NaOH 的质量分数（%）	≥97.0	97.01	符合	97.0	符合
		97.00	符合	97.0	符合
		96.96	不符合	97.0	符合
		96.94	不符合	96.9	不符合
中碳钢中硅的质量分数（%）	≤0.5	0.452	符合	0.5	符合
		0.500	符合	0.5	符合
		0.549	不符合	0.5	符合
		0.551	不符合	0.6	不符合
中碳钢中锰的质量分数（%）	1.2～1.6	1.151	不符合	1.2	符合
		1.200	符合	1.2	符合
		1.649	不符合	1.6	符合
		1.651	不符合	1.7	不符合
盘条直径（mm）	10.0±0.1	9.89	不符合	9.9	符合
		9.85	不符合	9.8	符合
		10.10	符合	10.1	符合
		10.16	不符合	10.2	不符合
盘条直径（mm）	10.0±0.1（不含 0.1）	9.94	符合	9.9	不符合
		9.96	符合	10.0	符合
		10.06	符合	10.1	不符合
		10.05	符合	10.0	符合
盘条直径（mm）	10.0±0.1（不含－0.1）	9.94	符合	9.9	不符合
		9.85	不符合	9.9	不符合
		10.06	符合	10.01	符合
		10.05	符合	10.0	符合

注：表中的示例并不表明这类极限数值都应采用全数值比较法或修约值比较法。

3. 修约值比较法

（1）将测定值或其计算值进行修约，修约数位应与规定的极限数值数位一致。

当测试或计算精度允许时，应先将获得的数值按指定的修约数位多一位或几位报出，然后按“进舍规则”修约至规定的数位。

（2）将修约后的数值与规定的极限数值进行比较，只要超出极限数值规定的范围（无论超出程度大小），都判定为不符合要求，示例见表 2-8。

4. 两种判定方法的比较

对测定值或其计算值与规定的极限数值在不同情形用全数值比较法和修约值比较法的比较结果见表 2-8。对同样的极限数值，若它本身符合要求，则全数值比较法比修约值比较法相对较严格。

2.5 数据的统计特征

试验数据的统计特征量分为两类：一类是表示统计数据的差异性，即试验结果的波动性，主要有极差、标准偏差、变异系数等；一类是表示统计数据的规律性，主要有算术平均值、中位数、加权平均值等。

2.5.1 算数平均值

算术平均值是表示一组数据集中位置最有用的统计特征量，经常用样本的算术平均值来代表总体的平均水平。样本的算术平均值则用 $\overline{x}$ 表示。如果 n 个样本数据为 x_1、x_2、…、x_n，那么，样本的算术平均值为：

$$\overline{x}=\frac{1}{n}(x_1+x_2+\cdots+x_n)=\frac{1}{n}\sum_{i=1}^{n}x_i \tag{2-2}$$

例 2-25 某路段沥青混凝土面层抗滑性能检测，摩擦系数的检测值（共 10 个测点）分别为 58、56、60、53、48、54、50、61、57、55（摆值）。求摩擦系数的算术平均值。

解：由式（2-2）可知，摩擦系数的算术平均值为：

$$\overline{F_B}=\frac{1}{10}(58+56+60+53+48+54+50+61+57+55)=55.2\text{（摆值）}$$

2.5.2 中位数

在一组数据 x_1、x_2、…、x_n 中，按其大小次序排序以排在正中间的一个数表示总体的平均水平，称之为中位数，或称中值，用 $x_中$ 表示。n 为奇数时，正中间的数只有一个；n 为偶数时，正中间的数有两个，取这两个数的平均值作为中位数，即：

$$x_中=\begin{cases}\dfrac{x_{n+1}}{2} & (n\text{为奇数})\\ \dfrac{1}{2}\left(x_{\frac{n}{2}}+x_{\frac{n}{2}+1}\right) & (n\text{为偶数})\end{cases} \tag{2-3}$$

例 2-26 同例 2-25，求中位数。

解：检测值按大小次序排列为：61、60、58、57、56、55、54、53、50、48（摆值），根据式（2-3）其中位数为：

$$F_{中}=\frac{F_{B(5)}+F_{B(6)}}{2}=\frac{56+55}{2}=55.5\text{（摆值）}$$

2.5.3 极 差

在一组数据中最大值与最小值之差，称为极差，记作 R：

$$R=x_{max}-x_{min} \tag{2-4}$$

例 2-27 例 2-25 中的检测数据的极差为：

$$R=F_{B\max}-F_{B\min}=61-48=13$$

极差没有充分利用数据的信息，但计算十分简单，仅适用于样本容量较小（$n<10$）的情况。

2.5.4 标准偏差

标准偏差也称标准离差、标准差或均方差，它是衡量样本数据波动性（离散程度）的指标。在试验结果中，总体的标准偏差（σ）一般不易求得。样本的标准差 S 按下式计算：

$$S=\sqrt{\frac{(x_1-\overline{x})^2+(x_2-\overline{x})^2+\cdots+(x_n-\overline{x})^2}{n-1}}=\sqrt{\frac{\sum_{i=1}^{n}(x_i-\overline{x})^2}{n-1}} \tag{2-5}$$

例 2-28 仍用例 2-25 的数据，求样本标准偏差 S。

解：由式（2-5）可知，样本标准偏差为：

$$S=\sqrt{\frac{(58-55.2)^2+(56-55.2)^2+\cdots+(55-55.2)^2}{9}}=4.13(\text{摆值})$$

2.5.5 变异系数

标准偏差是反映样本数据的绝对波动状况。当测量较大的量值时，绝对误差一般较大；测量较小的量值时，绝对误差一般较小，因此，用相对波动的大小，即变异系数更能反映样本数据的波动性。

变异系数用 C_v 表示是标准差 S 与算术平均值的比值，即：

$$C_v=\frac{S}{\overline{x}}\times 100\% \tag{2-6}$$

例 2-29 若甲路段沥青混凝土面层的摩擦系数算术平均值为 55.2（摆值），标准偏差为 4.13（摆值）；乙路段沥青混凝土面层的摩擦系数算术平均值为 60.8（摆值），标准偏差为 4.27（摆值）。则两路段的变异系数为：

甲路段：$C_v = \frac{4.13}{55.2} = 7.48\%$

乙路段：$C_v = \frac{4.27}{60.8} = 7.02\%$

从标准偏差看，$S_甲 < S_乙$，但从变异系数分析，$C_{v甲} > C_{v乙}$，说明甲路段的摩擦系数相对波动比乙路段的大，面层抗滑稳定性较差。

2.5.6 抽样检验原理

1. 总体与样本

检验是进行质量控制的一个重要环节，是保证工程质量的必要手段。在工程质量检验中，对无限总体中的个体，逐一考察其某个质量特性显然是不可能的；对有限总体，若所含个体数量虽不大，但考察方法往往是破坏性的，同样不能采用全数检验，所以通过抽取总体中的一小部分个体加以检验，以了解和分析总体质量状况，这是工程质量检验的主要方法。因此，除特殊项目外，大多数采用抽样检验，这就涉及总体与样本的概念。

总体又称母本，是统计分析中所要研究对象的全体。而组成总体的每个单元称为个体。

从总体中抽取一部分个体就是样本（又称子样）。例如，从每一桶沥青中抽取两个试样，一批沥青有 100 桶，抽检了 200 个试样做试验。则这 100 桶沥青称为总体，200 个试样是样本。而组成样本的每一个个体，即为样品。例如上述 200 个试样中的某一个，就是该样本中的一个样品。总体与样本的关系如图 2-3 所示。

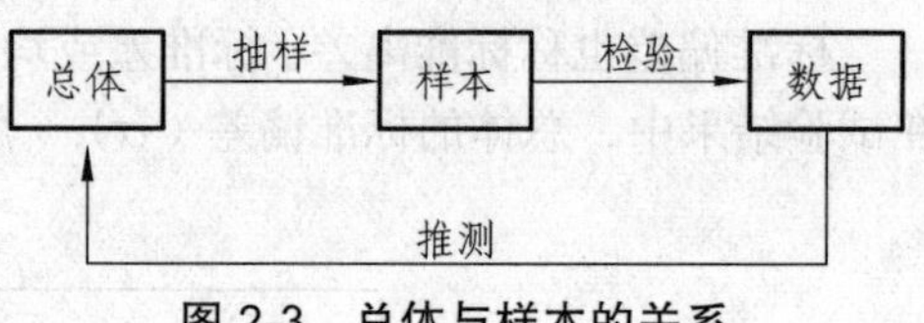

图 2-3 总体与样本的关系

2. 抽样检验的条件

抽样检验是从同批产品中抽取较少的样本进行检验，根据试验结果来判定同批产品是否合格或不合格。因此，为使抽样检验对判定质量好坏提供准确的信息，必须注意抽样检验应具备的条件。

（1）要明确批的划分

即要注意同批产品在原材料、工艺条件、生产时间等方面具备基本相同的条件。如抽样检验水泥、沥青等物品的质量特性时，应将相同厂家、相同品种或标号的产品作为一个批，而不能将不同生产厂家和不同牌号的水泥或沥青划在一个批内。

（2）必须抽样能代表批的样本

由于抽样检验是以样本检验结果来推断批的好坏，故样本的代表性尤为重要。为使所抽取的样本能成为批的可靠代表，常采用如下方法：

① 单纯随机取样。在总体中，直接抽取样本的方法即为单纯随机取样。这是一种完全随机化的抽样方法，它适用于对总体缺乏基本了解的场合。随机取样并不意味着随便地、任意地取样，随机取样可利用随机表或随机数筛子等工具进行取样，它可以保证总体每个单位出现的概率相同。

② 分层抽样。一项工程或工序是由若干不同的班组施工的，分层抽样法就是根据此类情况，将工程或工序分成若干层，然后可从所有分层中按一定比例取样。这样便于了解不同“层”

的产品质量特性，研究各层造成不良品率的原因。

③ 系统取样。有系统地将总体分成若干部分，然后从每一个部分抽取一个或若干个个体，组成样本，这一方法称为系统取样。在工程质量控制中，系统抽样地实现主要有以下三种方式：

a. 将比较大的工程分为若干部分，再根据样本容量的大小，在每部分按比例进行单纯随机抽样，将各部分抽取的样品组合成一个样本。

b. 间隔定时法。每隔一定的时间，从工作面抽取一个或若干个样品。该方法适用于工序质量控制。

c. 间隔定量法。每隔一定数量的产品，抽取一个或若干个样品。该方法主要适用于工序质量控制。

（3）要明确检验标准

检验标准是指对于一批产品中不良的质量判定标准。如路基压实度小于93%的为不合格等。

（4）要有统一的检测方法

产品质量判定标准应与统一的检测试验方法所测定结果相比照，如果试验方法不相同，试验结果偏差很大，容易造成各种误判，抽样检验也就是失去了其应有的意义。对于土木工程各种产品大多数情况下为现场加工制作，质量检验也大多在现场进行，因此加强现场检测方法的统一、检测仪器性能的稳定、提高操作人员的技术熟练程度是十分重要的。

第 3 章　仪器设备的校准

3.1 概　述

为保证试验数据的准确可靠，所用仪器设备均应进行量值溯源。所谓量值溯源，是通过一条具有规定不确定度的不间断的比较链，使测量结果或标准值能够与规定的参考标准（通常是国家或国际标准）联系起来的一种特性。通过量值溯源使所有同种量值溯源到同一个基准，在技术上保障了结果的准确性和一致性。量值的准确是在一定的不确定度、误差极限或允许误差范围内的准确。常见的溯源方式有检定、校准及验证三类。如何为设备选择合适的溯源方式，必须了解什么是检定、校准、验证及三种方式的适用范围和差异。

3.1.1. 常见的溯源方式

1. 仪器检定

仪器检定是指任何一个测量结果或计算标准的值，都能通过一条具有规定不确定度的比较链与计量基准（国家基准或国际基准）联系起来，从而使准确性和一致性得到保证。

准确性是指测量结果与被测真值的一致程度。

凡列入《中华人民共和国依法管理的计量器具目录》直接用于贸易结算、安全防护、医疗卫生、环境检测方面的工作计量器具，必须定点、定期送检。如玻璃液体温度计、天平、流量计、压力表等实行强制检定，取得检定证书的设备为合格设备。

《中华人民共和国计量法实施细则》规定计量检定工作应符合经济合理、就地就近的原则，不受行政区划和部门管辖的限制。

2. 校　准

在规定条件下，为确定测量仪器，或测量系统所指示的量值，或实物量具，或参考物质所代表的量值，与对应的由标准所复现的量值之间的关系的一组操作称为校准。

范围：对于未列入强检目录的仪器设备，可以检定，也可校准。

3. 验　证

所谓验证是“通过提供客观存在证据对规定要求已得到满足的认定”（ISO 9000 3.8.4）。仪器设备进行验证的基本条件是已知规定和使用要求，其次是获得是否满足要求的客观证据。在此基础上对所用仪器设备进行是否满足要求的认定。

可以通过验证方式进行溯源的仪器设备有以下几类：

（1）实验室使用未经定型的专用检测仪器设备，需要由相关技术单位提供客观证据进行验证。

（2）当实验室借用永久控制范围以外的仪器设备，实验室应当对该仪器设备是否符合规定要求进行验证。

（3）当检测所用仪器设备暂不能溯源到国家基准时，可以通过比对、能力验证等方式，对其是否满足规定要求进行验证。

（4）在实验中那些影响工作质量又不需要检定校准，而作为工具使用且不传输数据的仪器设备，应进行功能和性能的验证，检查其功能是否正常。

（5）对实验室所选用的计算机软件应对软件是否满足要求、数据处理要求、检测标准要求、使用要求进行验算。

这类验证包括变换方法进行计算、与已证实的进行比较、进行实验和演示、文件发布前连行评审。实验室常用的试验检测软件有测量仪器设备本身自带的用于计算的软件、实验室根据需要自行开发的软件、管理部门推广使用的软件，无论何种软件都应进行验算确认。尤其是仪器设备自带的计算软件，由于对规范标准的理解偏差，将会导致计算结果的错误；如果是实验室自行开发的软件，应按软件产品设计开发的要求进行评审、验证、确认。

玻璃器皿作为特殊器具，当被用做量具提供数据时，必须通过检定合格；当作为器具用做盛水等用途，不传输数据时，可不必检定。

考虑量筒、滴定管等有刻度的玻璃器皿易碎的特殊性，检定周期可采取首次检定终身使用。

3.1.2 特殊情况

（1）对于不能溯源的、非强检的仪器，评审机构可以进行自校准，但必须制定校验方法。

（2）对于没有国家或地方计量检定规程、尚不能溯源的仪器，可以采取实验室间仪器比可的方法。

3.1.3 检定和校准的区别

（1）校准不具法制性，是实验室的自愿行为；检定具有法制性，属于计量管理范畴的执法行为。

（2）校准主要确定测量器具的示值误差；检定是对测量器具的计量特性及技术要求的全面评定。

（3）校准的依据是校准规范、校准方法，可作统一规定也可自行制定；检定的依据是检定规程。

（4）校准不判定测量器具合格与否，但当需要时，可确定测量器具的某一性能是否符合预期的要求；检定要对所检测器具做出合格与否的结论。

（5）校准结果通常是发校准证书或校准报告；检定结果合格的发检定证书，不合格的发不合格通知书。

由以上校准、检定的差异不难看出，取得校准证书或测试报告的设备不一定就符合要求。必须经负责人对证书或报告的数据进行确认，判定有无偏差，并对偏差进行修正，只有这样才可确保校准结果的正确使用。

本章将对土木工程结构实验中常用的仪器设备的校准方法进行简述。

3.2 百分表

3.2.1 校准目的和要求

确保百分表测量精度和准确性。

3.2.2 校准仪器和设备

待校百分表，标准块规。

3.2.3 校准内容和步骤

1. **校准前**

（1）检查待校的百分表外观是否正常，能否正常操作，并做相应调整。

（2）将校验的百分表指示针调到 0，上下运动测量杆，看指针是否归零。

2. **校准中**

（1）将经过计量并在有效期的“块规”（视百分表规格）放于检测平板上。

（2）使用待校准的百分表量取块规，读取数据并记录。将数据与块规数值进行比较，如果数据相同，证明在用百分表合格；若不相同，证明在用百分表失准，需要修理或更新，如图 3-1 所示。

测量数据与标准值之差，均在允许误差范围之内（≤0.02 mm），判校准合格。

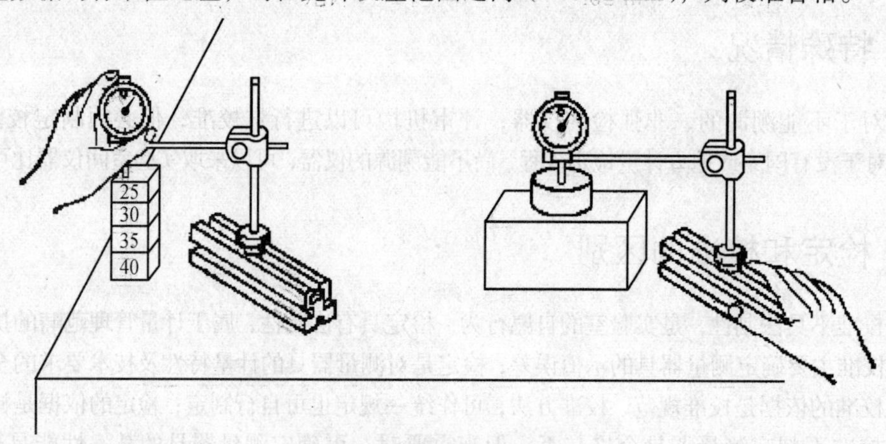

图 3-1　百分表尺寸校准方法

3. **校准后**

（1）校验后清理工作现场，将“块规”擦净漆油放入盒中。

（2）将检测后的百分表贴上相应标识，校验数据应及时记录，将校准出的误差较大的百分表及时送有资质部门去检修或更新。

3.2.4 知识拓展——量块

量块又称块规，它是机器制造业中控制尺寸的最基本的量具，是从标准长度到被测物之间尺寸传递的媒介，是技术测量上长度计量的基准。

长度量块是用耐磨性好、硬度高而不易变形的轴承钢制成矩形截面的长方块，如图 3-2 所示。它有上、下两个测量面和四个非测量面。两个测量面是经过精密研磨和抛光加工的很平、很光的平行平面。量块的矩形截面尺寸是：基本尺寸 0.5 ~ 100 mm 的量块，其截面尺寸为 30 mm × 9 mm。

量块的工作尺寸不是指两测量面之间任何处的距离，因为两测量面不是绝对平行的，因此量块的工作尺寸是指中心长度，即量块的一个测量面的中心至另一个测量面的垂直距离，如图3-3所示。在每块量块上，都标记着它的工作尺寸：当量块尺寸≥6 mm时，工作标记在非工作面上；当量块尺寸<6 mm时，工作尺寸直接标记在测量面上。

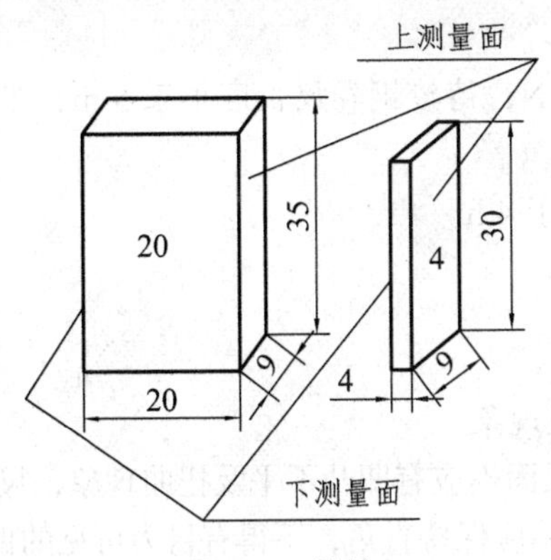

图3-2　量块

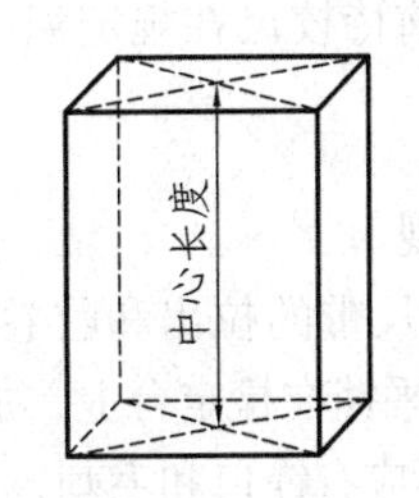

图3-3　量块的中心长度

量块的精度，根据它的工作尺寸（即中心长度）的精度、和两个测量面的平面平行度的准确程度，分成6个精度级，即00级、0级、K级、1级2级和3级。00级量块的精度最高，工作尺寸和平面平行度等都做得很准确，只有零点几个微米的误差，一般仅用于省市计量单位作为检定或校准精密仪器使用，3 级量块的精度最低，一般作为工厂或实验室自校使用的量块，用来检定或校准常用的精密量具。

3.3　钢卷尺

3.3.1　校准目的

确保钢卷尺测量精度和准确性。

3.3.2　校准仪器和设备

待校钢卷尺（见图3-4），读数显微镜（分度值为0.01），零位检定器，重锤，检定台。

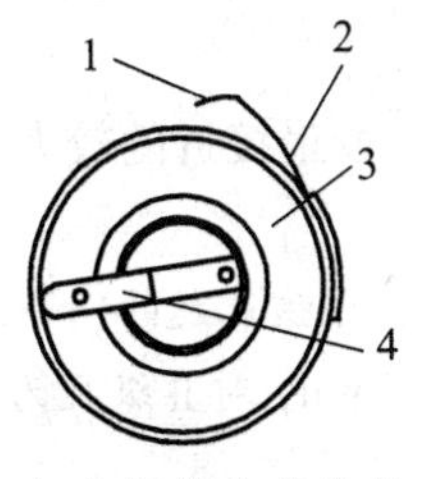

（a）摇卷盒式卷尺

1—尺环；2—尺带；3—尺盒；4—摇柄

（b）自卷式卷尺

1—尺钩；2—尺带；3—尺盒

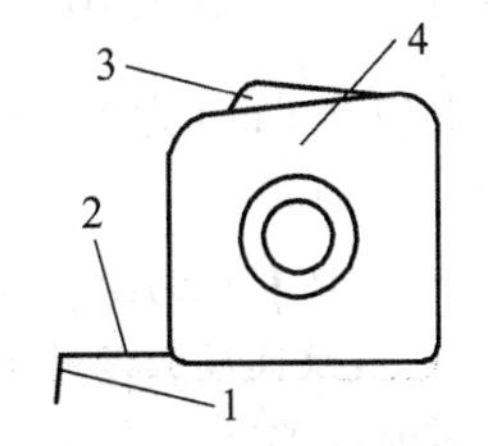

（c）制动式卷尺

1—尺钩；2—尺带；3—制动按钮；4—尺盒

图3-4　钢卷尺

3.3.3 校准内容和步骤

1. 校准前

（1）校准Ⅰ级钢卷尺时环境温度应为（20 ± 5）°C；校准Ⅱ级钢卷尺时环境温度应为（20 ± 8）°C。

（2）待校钢卷尺长度大于 5 m，校准张紧力为 49 N；待校钢卷尺长度小于 5 m，张紧力不作规定。

（3）校准前待校尺在规定温度下恒温时间不得少于 4 h。

2. 校准中

（1）外 观

① 钢卷尺尺带的拉出和收卷应轻便灵活、无卡阻现象。

② 将尺带平铺在检定台上，加上规定的张紧力，尺面不应有凹凸不平及扭曲现象，尺带两边缘必须平滑，不应有锋口和毛刺，尺带宽度应均匀。尺钩应保持直角，不得有目力可见的偏差。

③ 尺带表面应有防腐层，且要牢固、平整光洁，色泽应均匀，无明显的气泡、脱皮和皱纹，无锈迹、斑点、划痕等缺陷。

④ 尺带全部分度线纹必须均匀、清晰并垂直到尺边，不能有重线或漏线。个别线纹允许有不大于线纹宽度的断线。

⑤ 钢卷尺各连接部分应牢固可靠，且不易产生拉伸变形。

尺带截面为弧形的普通钢卷尺的挺直度应为：当尺带沿水平方向伸出如表 3-1 所规定的长度时，不能出现下折现象。

表 3-1　尺带伸出长度限定表

尺带宽度（mm）	尺带伸出长度（mm）
≥10	700
≥16	900
≥25	1 200

（2）示值误差

任意两线纹间的允许误差Δ，在标准条件下钢卷尺按不同准确度等级由下列公式求出：

Ⅰ级：　$$\Delta = \pm(0.1 + 0.1L)\ \text{mm} \tag{3-1}$$

Ⅱ级：　$$\Delta = \pm(0.3 + 0.2L)\ \text{mm} \tag{3-2}$$

式中，L 为以米（m）为单位的长度，当长度不是米（m）的整数倍时，取最接近的较大的整“米（m）”数。

注：对拉环或尺钩型普通钢卷尺（即零点在拉环或尺钩的端面上），由该卷尺的一个端面至任一线纹间隔长度的允许误差Δ的绝对值可增加：对Ⅰ级尺为 0.1 mm，对Ⅱ级尺为 0.2 mm。

① 零值误差

将尺端装有尺钩或拉环的普通钢卷尺平铺在检定台上，加上规定的拉力后，与经检定合格的Ⅰ级标准钢卷尺进行比较。使表示零位位置的尺钩（或拉环）与标准钢卷尺的零值线纹对准，在 100 mm 处读出误差值。

② 任意段钢卷尺示值误差

在检定台上用经检定合格的I级标准钢卷尺与被检尺进行比较测量。

首先用压紧装置将标准钢卷尺和被检钢卷尺紧固在检定台上，分别在标准尺及被检尺的另一端按规定加上拉力。调整检定台上的调零机构，使被检尺的零值线纹与标准尺的零值线纹对齐，按每米逐段连续读取各段和全长误差。全长不足3 m的钢卷尺，受检段应不少于3段。

任意两线纹间的示值误差是在逐米进行检定的同时在全长范围内任选 2～3 段进行评定，其示值误差不得超过相应段允许误差的要求。当被检尺全长大于检定台面长度时，可用分段法进行检定，其全长误差为各段误差的代数和。

③ 钢卷尺的示值误差

应是受检点的读数值与标准钢卷尺的修正值的代数和。

3. 校准后

将校准后的钢卷尺贴上相应标识，校验数据应及时记录，将校准出的误差较大的钢卷尺及时送有资质部门去检修或更新。

3.4 回弹仪

3.4.1 校准目的

确保回弹仪测量精度和准确性。

3.4.2 校准仪器和设备

待校回弹仪，检定或校准合格的钢砧。

3.4.3 校准内容和步骤

（1）率定试验宜在干燥、室温为 5～35 °C 的条件下进行。

（2）钢砧表面应干燥、清洁，并应稳固地平放在刚度大的物体上。

（3）回弹值取连续向下弹击三次的稳定回弹结果的平均值。

（4）率定试验应分四个方向进行，且每个方向弹击前，弹击杆旋转 90°，每个方向的回弹平均值应为（80±2）。

注： 率定钢砧要求其洛氏硬度 HRC 为（60±2）。回弹仪率定试验所用的钢砧应每 2 年送授权计量检定机构检定或校准。

3.4.4 回弹仪的养护

1. 回弹仪的保养条件

（1）弹击超过 2 000 次。

（2）在钢砧上的率定值不合格。

（3）对检测值有怀疑时。

2. 回弹仪的保养步骤

（1）先将弹击锤脱钩，取出机芯，然后卸下弹击杆，取出里面的缓冲压簧，并取出弹击锤、弹击拉簧和拉簧座。

（2）清洁机芯各零部件，并应重点清洗中心导杆、弹击锤和弹击杆的内孔和冲击面。清洗后，应在中心导杆上薄薄涂抹钟表油，其他零部件均不得抹油。

（3）清理机壳内壁，卸下刻度尺，检查指针，其摩擦力应为（0.5 ~ 0.8）N。

（4）对于数字回弹仪，还应按产品要求的维护程序进行维护。

（5）保养时不得旋转尾盖上已定位紧固的调零螺丝；不得自制或更换零部件。

（6）保养后应进行率定试验。

回弹仪使用完毕后，应使弹击杆伸出机壳，并应清除弹击杆、杆前端球面以及刻度尺表面和外壳上的污垢、尘土。回弹仪不用时，应将弹击杆压入机壳内，经弹击后按下按钮锁住机芯，然后装入仪器箱。仪器箱平放在干燥阴凉处。当数字式回弹仪长期不用时，应取出电池。

3.5 拾振器

3.5.1 校准目的

对拾振器的灵敏度、频率响应、线性度三方面进行校准，确保拾振器测量精度和准确性。

3.5.2 校准仪器和设备

待校拾振器，振动台。

3.5.3 校准内容和步骤

1. 校准内容

拾振器校准的内容比较多，仪器出厂时提供的各种性能指标一般都是厂家经过标定得到的，用户在使用中主要有灵敏度、频率响应、线性度等三方面指标要校准。

把拾振仪安装在振动台上，仪器按正常工作状态接好，即可做系统标定。

（1）灵敏度

一套好的测振仪器，在它的影响范围内，整个系统的灵敏度应该是一个常数。

仪器系统的灵敏度为输出信号与相应输入信号的比值，如系统输出分析以电压或幅值表示，则灵敏度为：

位移计：$$S_{\mathrm{d}} = \frac{u}{d}\,(\mathrm{mV/mm}) \quad 或 \quad S_{\mathrm{d}} = \frac{A}{d}\,(\mathrm{mm/mm}) \tag{3-3}$$

加速度计：$$S_{\mathrm{a}} = \frac{u}{a}\,(\mathrm{mV/mm}) \quad 或 \quad S_{\mathrm{a}} = \frac{A}{a}\,(\mathrm{mm/g}) \tag{3-4}$$

速度计： $S_v = \frac{u}{v}$ (mV/cm/s) 或 $S_v = \frac{A}{v}$ (mm/cm/s) （3-5）

式中，d、a 和 v 分别代表输入位移量，加速度值和速度值；u 和 A 分别代表输出电压和幅值。

（2）频率响应

频率响应包括幅频响应和相频响应，用得较多的是幅频特性，就是在输入振幅不变，频率变化时，使用系统输出的变化。幅频特性用于确定仪器（系统）的影响范围，一般曲线如图 3-5（a）所示。

（3）线性度

线性度是输入频率不变，幅值变化时仪器（系统）输出的变化，用以确定仪器动态幅值的工作范围和误差，一般曲线如图 3-5（b）所示。

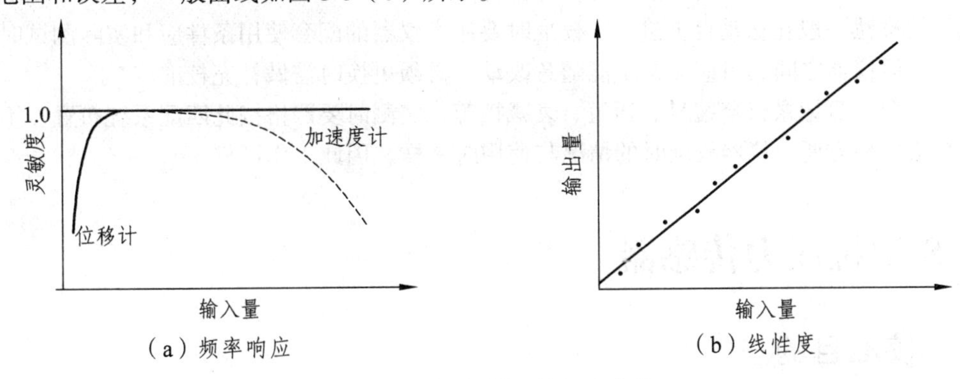

（a）频率响应 （b）线性度

图 3-5 测振仪器系统标定曲线

2. 校准方法

（1）绝对校准法

采用绝对法校准时，由标准振动台产生一个正弦振动，用相应的手段测出这一振动的振幅和频率，以这两个基本量作为测振仪的输入，再根据测振仪所获得的这一标准振动的记录值，即可计算出测振仪的灵敏度等。绝对法要求精确测定振动的振幅和频率，一般多用读数显微镜和激光测振仪来测定。

校准位移传感器灵敏度时，将振动台调至某一固定频率，再调节振幅于某一定值，读出振幅值，测出被校准仪器的输出量，则可计算出灵敏度。

校准速度或加速度传感器时，则调节振动台位移幅值，使振动速度或加速度为一定值，例如 $v = 1$ cm/s 或 $a = 980$ cm/s^2 时，测出此时传感器的输出量即可求得它们的灵敏度。

进行频率特性校准时，固定振动台各参数的幅值，改变其频率，然后测出对应的数据，即可绘成曲线。

校准线性度时，振动台频率不变，改变输入幅值，测出对应的输出量并绘成曲线，即得线性度曲线。

绝对值校准通常由计量单位或生产厂家进行。

（2）相对校准法

相对校准法或称比较校准法，是用一标准的测振仪去校准待校仪器。用相对法校准时，传感器或测试系统的灵敏度、频率特性和线性度的校准过程与绝对法相同，只是用两套仪器同测一个振动量，以标准仪器的读数为准去校准待校仪器。

由于能直接从标准仪读出振动的幅值、速度和加速度，因此比绝对法简单、直观。

（3）分部校准法

分部校准法是将测振传感器、放大器和记录器等构成测试系统，分别测定各部分仪器的灵敏度，然后将其组合起来求得整个测试系统的灵敏度。如分别标定传感器、放大器和汇录仪的灵敏度为 K_S、K_F、K_R，则测试系统总的灵敏度为：

$$K = K_S K_F K_R \tag{3-6}$$

分部标定时应注意各级仪器间的耦合与匹配关系。

（4）系统校准法

系统校准法是将传感器、放大器和记录仪配为一体，然后校准整个系统输出量与输入量的关系，以得到系统总的灵敏度和频率特性等指标。

系统校准法一般在振动台上进行。校准时要注意仪器的配套使用条件应和实际测试时完全一样。校准后仪器之间的对应关系不能随意改动，必须更换时需做补充校准。

校准时要认真记录仪器编号、通道、衰减挡等，实测时要严格按此匹配系统布置，不得改动。系统法简易方便，仪器校准时的情况与使用时一样，因此工作可靠。

3.6 S 型拉压力传感器

3.6.1 校准目的

确保 S 型拉压力传感器测量精度和准确性。

3.6.2 校准仪器和设备

S 型拉压力传感器，测功机系统。

3.6.3 校准原理和步骤

1. 校准原理

S 型拉压力传感器校准的实质是找出加载砝码的质量与传感器输出电压之间的函数关系，其校准原理如图 3-6 所示。

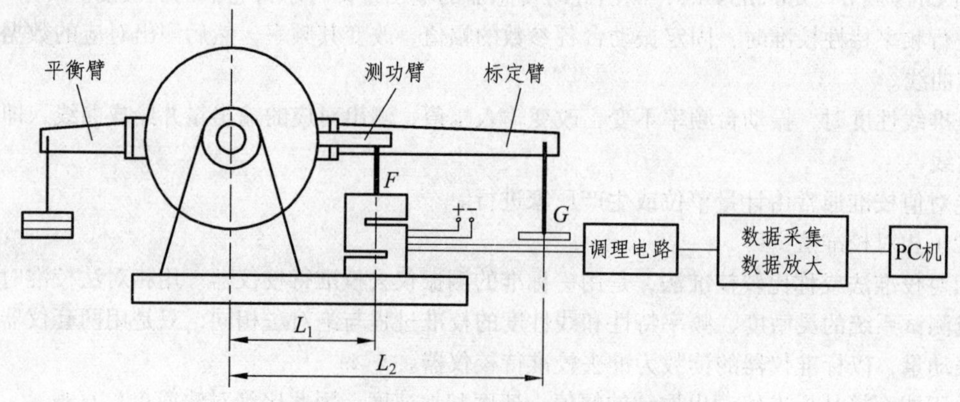

图 3-6　S 型拉压力传感器的校准原理

由力学中的杠杆原理可知，拉压力传感器受力与砝码重力之间的关系式为：

$$F = \frac{L_2}{L_1} \cdot G \tag{3-7}$$

式中　L_1——旋转中心至拉压力传感器中心的距离，即测功臂；

L_2——旋转中心至砝码中心的距离，即标定臂；

F——传感器处受力；

G——砝码重量。

测功臂支架装在测功机定子上。在定子一端装有标定臂和平衡臂。待两边平衡后，在测功机右端砝码盘上加载砝码时，测功机定子受到的扭力通过测功臂作用于传感器，使其输出电压信号，并随扭力的变化而变化。输出的电压信号经放大、滤波和隔离电路后进入采集仪，最后进入计算机系统分析和存储，得到相应的校准曲线。

2. 校准步骤

（1）测量传感器零点输出：将传感器安装在测功臂上，并将其固定好。不加载荷，开机将电路板接上电源，热机 30 min 后待系统稳定测出传感器的零点输出电压，记录几组数据点，求其平均值。

（2）安装标定臂：将测功机与发动机联轴器分开，装上标定臂和砝码盘。在测功机左侧装上平衡臂，使测功机左右两侧达到平衡状态，此时传感器输出电压为第（1）步计算得到的平均值。

（3）在砝码上依次加载 10 个砝码，并记录传感器的输出电压值；然后依次卸载，并记录传感器的输出电压值。

（4）重复第（3）步，对传感器重复校准 3 次，取平均值。

（5）校准完毕后，拆掉标定臂和平衡臂。

（6）使用最小二乘原理对数据求得回归值，得到传感器校准系数。

3.7　静态电阻应变仪

3.7.1　校准目的

确保静态电阻应变仪测量精度和准确性。

3.7.2　试验仪器和设备

静态电阻应变仪，标准模拟应变量校准器。

3.7.3　校准内容和步骤

1. 校准前

（1）如图 3-7 所示，将待校静态电阻应变仪与标准模拟应变量校准器进行连线。

（2）按仪器使用说明书规定的时间进行预热。

将静态应变仪（灵敏系数 $K=2.00$）进行零位平衡。

注： 图 3-7 为半桥连接方式示意图，具体的接线方法按仪器使用说明书所规定的方法连接。图中 A、C 端为电桥电压端，B、D 端为电桥信号输出端。

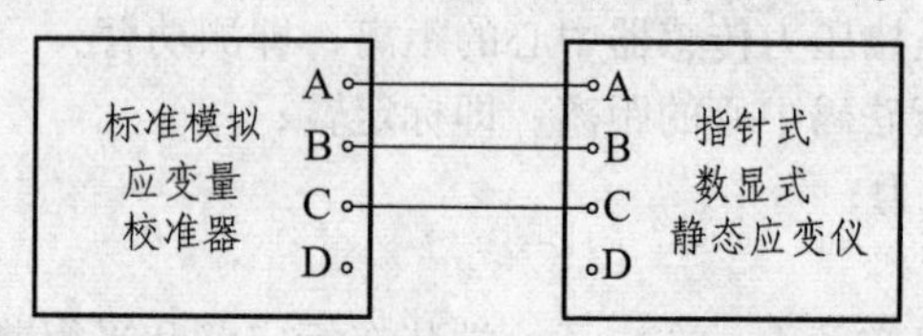

（a）指针式和数显式静态应变仪连接线路示意图

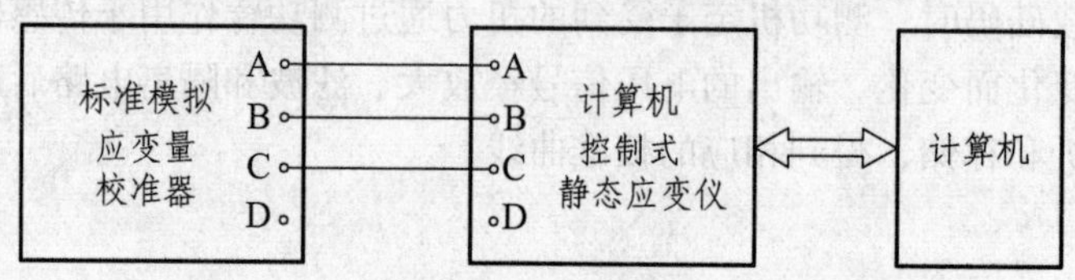

（b）计算机控制式静态应变仪连接线路示意图

图 3-7　静态应变仪校准连接线路示意图

2. 示值误差

（1）对于指针式静态应变仪示值误差的校准可采用补偿法，首先从被校应变仪读数装置上读取零位值 a_0，然后从被校应变仪上给出被校准的标称值 ε_D，用标准模拟应变量校准器给出与该标称值大小相近、方向相反的标准应变值，使被校应变仪读数装置上的读数回到 a_0，从而得到该标称值的实际值 ε_B，其正、负应变方向均应校准。被校应变仪示值误差 δ_v 按下式计算：

$$\delta_v = \frac{\varepsilon_D - \varepsilon_B}{\varepsilon_B} \times 100\% \tag{3-8}$$

式中　ε_D——被校应变仪的标称值（με）；

ε_B——标准模拟应变量校准器的示值（με）。

（2）对于数显式或计算机控制式静态应变仪示值误差的校准，可从标准模拟应变量校准器给出标准应变值 ε_B，然后从被校应变仪读数装置上读取相应的应变读数值 ε_D，其正、负应变方向均应校准。被校应变仪示值误差 δ_v 按式（3-8）计算。

3. 稳定度校准

（1）零位漂移校准

① 校准连接线路示意图如图 3-7 所示，将标准模拟应变量校准器的示值置于零位，进行零位平衡后，从被校应变仪读数装置上读取零位值 a_0。

② 在 4 h 内，第 1 h 每隔 15 min，以后每隔 30 min，分别从被校应变仪读数装置上读取相应的零位值 a_i。被校应变仪的零位漂移 $\varDelta_{Zi}$ 按下式计算：

$$\varDelta_{Zi} = a_i - a_0 \tag{3-9}$$

式中　a_i——在 4 h 内被校应变仪读数装置上相应的零位值；

a_0——$t=0$（开始校准时）时被校应变仪读数装置上的零位值。

（2）示值稳定性校准

① 校准连接线路示意图如图 3-7 所示，进行零位平衡。将标准模拟应变量校准器的示值置于被校应变仪基本量程上限值，从被校应变仪读数装置上读取读数值 A_0。然后将标准模拟应变量校准器的示值置回零位，从被校应变仪读数装置上读取零位值 a_0。

② 在 4 h 内，第 1 h 每隔 15 min，以后每隔 30 min，重复进行将标准模拟应变量校准器的示值置于被校应变仪基本量程上限值，从被校应变仪读数装置上读取读数值 A_j；然后将标准模拟应变量校准器的示值置回零位，从被校应变仪读数装置上读取读数值 A_{j_0} 的操作。被校应变仪的示值稳定性 δ_{S_j} 按式（3-10）计算：

$$\delta_{S_j} = \frac{(A_j - a_{j0}) - (A_0 - a_0)}{A_0 - a_0} \times 100\% \tag{3-10}$$

式中　A_j——在 4 h 内标准模拟应变量校准器的示值置于被校应变仪基本量程上限值时，被校应变仪读数装置上相应的各读数值；

a_{j0}——在 4 h 内将标准模拟应变量校准器的示值置回零位时（对应于 A_j），被校应变仪读数装置上的各零位值或零偏值；

A_0——在 $t=0$ 时（开始校准时）标准模拟应变量校准器的示值置于被校应变仪基本量程上限值时，被校应变仪读数装置上的读数值；

a_0——当标准模拟应变量校准器的示值置回零位时（对应于 A_0），被校应变仪读数装置上的零位置。

由于静态应变仪在测量中通常与应变转换箱配合使用，所以这些配套设备亦需进行示值误差校准。在校准时，各测量点校准值的选择只需在其基本量程内按低、中、高的原则选取 3 个值即可。

3.8　穿心式千斤顶

3.8.1　校准目的

确保穿心式千斤顶张拉精度和准确性。

3.8.2　试验仪器和设备

穿心式千斤顶，长柱压力试验机，测力计，反力支撑系统。

3.8.3　校准的原因与条件

1. 校准的原因

穿心式千斤顶是进行预应力张拉的主要设备。由于每台千斤顶液压配合面实际尺寸和表面粗糙度不同，密封圈和防尘圈松紧程度不同，造成千斤顶内摩阻力不同，而且要随油压高低和使用时间变化而改变。千斤顶能够张拉钢束的原因是千斤顶的活塞在高压油的作用下带动钢束伸长，高压油的油压大小通过张拉油泵的油表读数得到。由于活塞和千斤顶钢套之间存在摩擦力，油室内油压大小和作用于钢束的力是不相等的。在千斤顶活塞处力的平衡方程为：

$$A\times\sigma = f + N \tag{3-11}$$

式中 A——千斤顶活塞面积；

σ——千斤顶活塞处的油压值；

f——活塞和千斤顶钢套之间存在摩擦力；

N——作用于钢束的张拉力。

由式（3-11）可见，油表上的读数大于实际作用于钢束上的力，为准确控制作用于钢束上的力，在使用时必须对千斤顶进行校准，即得到张拉油表读数和作用于钢束上张拉力间的线性回归方程。

2. 校准的条件

（1）新千斤顶初次使用前。

（2）油压表指针不能退回零点时。

（3）千斤顶、油压表和油管进行过更换或维修后。

（4）标定有效期为一个月且不超过 200 次张拉作业。

（5）在使用过程中出现其他不正常现象。

3.8.4 校准内容和步骤

1. 用长柱压力试验机校准

压力试验机的精度不得低于 ± 2%。校验时应采取被动校准法，即在校准时用千斤顶顶试验机，这样活塞运行方向、摩阻力的方向与实际工作时相同，校验比较准确。

在进行被动校验时，压力机本身也有摩阻力，并且与正常使用时相反，所以试验机表盘读数反映的也不是千斤顶的实际作用力。因此用被动法校验千斤顶时，必须事先用具有足够吨位的标准测力计对试验机进行被动标定，以确定试验机的表盘读数值。标定后在校验千斤顶时，就可以从试验机表盘上直接读出千斤顶的实际作用力以及油压表的准确读数。用压力试验机校验的步骤如下：

（1）千斤顶就位

当校验穿心式千斤顶时，将千斤顶放在试验机台面上，千斤顶活塞面或撑套与试验机压板紧密接触，并使千斤顶与试验机的受力中心线重合。

（2）校验千斤顶

开动油泵，千斤顶进油，使活塞上升，顶试验机压板。在千斤顶顶试验机且使荷载平缓增加的过程中，自零位到最大吨位，将试验机被动校准的结果逐点标记到千斤顶的油压表上，校准点应均匀分布在整个测量范围内，且不少于 5 点。当采用最小二乘法回归分析千斤顶的校准试验时需要 10 ~ 20 点。各校准点重复校准 3 次，取平均值，并且只测读进程，不测读回程。

2. 用标准测力计校验

应变式标准测力计：准确度不低于 0.5 级。

配套设备：立式稳固的门式框架或张力杆，其承力机构在最大负荷下应无明显的变形。

加力条件：测力仪的安装应保证其受力轴线和千斤顶的加力轴线相重合。千斤顶带有上承压垫，测力仪与千斤顶的接触面平滑，无锈蚀和杂物。

框架式检定：千斤顶安装调整成工作状态，将千斤顶安放在检定框架底座中间，与应变式标准测力仪串接。使千斤顶、应变式标准测力仪与检定框架对中，且符合加力条件的要求。千斤顶与应变式标准测力仪之间，可根据需要放置垫块，调整空间高度，使千斤顶活塞伸出量接近工作状态，如图 3-8 所示。

串接式检定。千斤顶与应变式标准测力仪串接在张拉杆上，调整三者在同一轴线后进行检定，如图 3-9 所示。

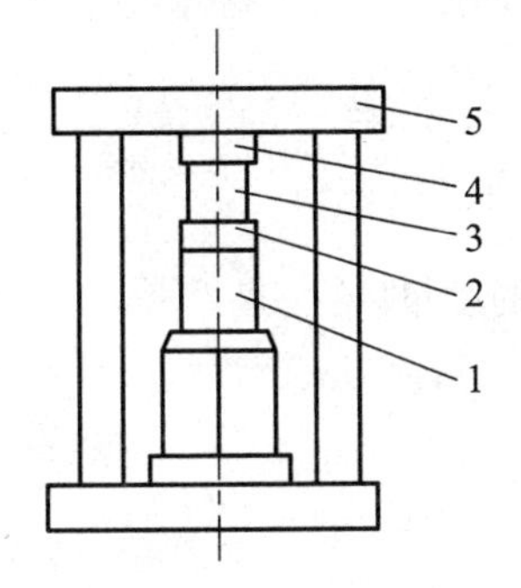

图 3-8 千斤顶框架式校准设备安装图

1—千斤顶；2—垫块；3—应变式标准测力仪；4—垫块；5—框架

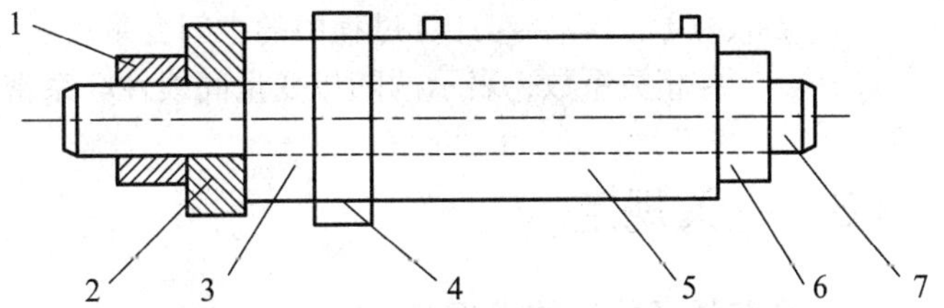

图 3-9 千斤顶串接式校准设备安装图

1—平衡螺母；2—垫板；3—应变式标准测力仪；4—支撑横梁；5—穿心式千斤顶；6—螺母；7—张拉杆

（1）启动油泵将千斤顶加荷到最大力值，预压 2 次。

（2）检定示值，校验时开动油泵，千斤顶进油，活塞杆推出，顶测力计，加载速度小于 3 kN/s。当千斤顶压力表达到一定读数 P_1 时，立即读出测力计相应的读数 T_1，同样可得 P_2、T_2，P_3、T_3，…，此时 T_1、T_2、T_3、…即为相应于压力表读数为 P_1、P_2、P_3、…时的实际作用力，将测得的各值绘成曲线。实际使用时即可由此曲线找出要求的 T 值和相应的 P 值。

（3）压力表应分级标定，级差不大于加载最大值的 10%，应均匀分布。

（4）从初始点开始，驱动千斤顶主动加压，按递增顺序施加力，直到额定力值后退回到初始点。示值定时施加试验力应平稳，加到检定点前应缓慢施加，便于准确读数。

（5）重复以上过程测量 3 次。

3.8.5 校正方程、相关系数的求解、校正系数的算法

千斤顶的作用力 T 和油缸的油压 P 的关系是成线性关系，考虑活塞和油缸之间的摩阻力后，它们的关系可以表示为：

$$T = AP + B \tag{3-12}$$

可以利用千斤顶检验测得的作用力和油压（T_1，P_1）、（T_2，P_2）、（T_3，P_3）、…、（T_n，P_n），对上式进行线性回归，利用最小二乘法原理求上式的回归值：

$$\hat{T} = \hat{A}P + \hat{B} \tag{3-13}$$

$$\hat{A} = L_{\mathrm{PT}} / L_{\mathrm{PP}} \qquad \hat{B} = \hat{T} - \hat{A}\overline{P} \tag{3-14}$$

$$\overline{P}=\frac{1}{n}\sum_{i=1}^{n}P_i \qquad L_{PT}=\sum_{i=1}^{n}P_iT_i-\frac{1}{n}\left(\sum_{i=1}^{n}P_i\right)\left(\sum_{i=1}^{n}T_i\right) \tag{3-15}$$

$$L_{PP}=\sum_{i=1}^{n}P_i^2-\frac{1}{n}\left(\sum_{i=1}^{n}P_i\right)^2 \qquad L_{TT}=\sum_{i=1}^{n}T_i^2-\frac{1}{n}\left(\sum_{i=1}^{n}T_i\right)^2 \tag{3-16}$$

$$r=\frac{L_{PT}}{\sqrt{L_{PP}L_{TT}}} \tag{3-17}$$

式中 A、$\hat{A}$——直线的斜率、回归直线的斜率（回归系数）；

B、$\hat{B}$——直线的截距、回归直线的截距；

$\overline{P}$——实测压力表读数的平均值；

L_{PT}、L_{PP}、L_{TT}——计算过程中的中间变量；

r——相关系数，表示两随机变量间线性联系密切程度的度量。

3.8.6 有关规定

1.《公路桥涵施工技术规范》（JTG TF50—2011）

（1）预应力机具设备及仪表（压力表的精度>1.5 级），应由专人使用和管理，应定期维护和检验。张拉设备（包括活塞的运行方向与实际一致）应配套标定，并配套使用。长期不使用或标定时间超过半年或张拉超过 200 次或在使用中预应力机具设备或仪表出现反常现象或千斤顶检修后应重新标定。弹簧测力计的校验期限不宜超过 2 个月。

（2）校验应在经主管部门授权的法定计量技术机构定期进行。

（3）当采用测力传感器计量张拉力时，测力传感器应按国家相关检定规程规定的检定周期检定，千斤顶和压力表可不再作标定。

2.《城市桥梁工程施工与质量验收规范》（CJJ 2—2008）

（1）预应力钢筋张拉应由工程技术负责人主持，张拉作业人员应经培训考核合格后方可上岗。

（2）张拉设备的校准期限不得超过半年，且不得超过 200 次张拉作业。张拉设备应配套校准，配套使用。

3.《预制后张法预应力混凝土铁路桥简支 T 梁技术条件》（TB/T 3043—2005）

张拉千斤顶的校正系数不应大于 1.05（采用压力环、传感器和试验机校正），千斤顶校正有效期限不应超过 1 个月；油压表应采用防震型，其精度等级不应低于 1.0 级。最小分度值不应大于 0.5 MPa，表盘量程在工作最大油压的 1.25 ~ 2.0 倍之间。油压表检定有效期不应超过 7 d。当采用 0.4 级精度的精密油压表并有计量管理部门按 0.4 级精度进行检定时，其有效期不应超过 1 个月。

4.《预应力混凝土铁路桥简支梁静载弯曲试验方法及评定标准》（TB/T 2092—2003）

（1）加载用千斤顶校验系数不应大于 1.05。

（2）压力表采用防震型，精度等级不低于 0.4 级，最小刻度不应大于 0.2 MPa。表盘量程在工作最大油压的 1.25 ~ 2.0 倍。

（3）采用压力表控制试验荷载时，试验前应将千斤顶在精度不低于三级的试验机进行标定。当采用压力传感器控制试验荷载时，试验前应将压力传感器与度数仪配套后在精度不低于三级的试验机上进行校正。

（4）压力表分级标定，每级应不大于加载最大值的10%，加载速度不应大于3 kN/s，标定的最大荷载宜不小于加载最大值的1.1倍，且持荷10 min。

（5）千斤顶与压力表配套标定时，应采用千斤顶预压试验机或压力传感器的标定方式，其活塞的外露量应约等于试验最大荷载时的外露量，各级荷载下的压力表的表盘读数对应压力机的表盘读数。

（6）配套标定数据应进行线性回归，并确定校正方程，且相关系数不小于0.999。

5.《铁路桥涵施工规范》（TB 10203—2002）

（1）张拉千斤顶宜采用穿心式千斤顶。整体张拉和整体张放宜采用自锁式双作用千斤顶，张拉吨位宜为张拉力的1.5倍，且不得小于1.2倍，张拉千斤顶再张拉前必须经过校正，校正系数不得大于1.05倍。校正有效期为1个月且不超过200次张拉作业，拆修更换配件的张拉千斤顶必须重新校正。

（2）压力表应选择防振型，表面最大读数应为张拉力的1.5～2.0倍，精度不应低于1.0倍，校正有效期为1周。当用0.4级时，校正有效期可为1个月。压力表发生故障后必须重新校正。

（3）油泵、压力表应与张拉千斤顶配套校正使用。

（4）千斤顶与压力表应配套检验、配套使用，即在使用时严格按照标定报告上注明的油泵号、油表号和千斤顶号配套安装成张拉系统使用。

3.9 金属超声波探伤仪斜探头

3.9.1 校准目的

通过校准探头入射点（探头前沿）、探头角度（*K*值）、材料声速、探头零点、制作DAC判定曲线，确保金属超声波探伤仪测试的精度和准确性。

3.9.2 校准仪器和设备

金属超声波探伤仪，CSK-IA试块、IIW试块，可校准K2.0、K2.5、K3.0。

3.9.3 校准内容和步骤

1. 校准入射点（探头前沿）

用IIW试块（又称荷兰试块）或CSK－IA试块测斜探头零点，首选将仪器声速调节为3 230 m/s，显示范围为150 mm，然后开始测试，如图3-10所示将探头放在试块上并移动，使得*R*100 mm的圆弧面的反射体回波达到最高，用直尺量出探头前端面和试块*R*100 mm弧圆心距离，此值即为该探头的前沿值，*R*100 mm弧圆心对应探头上的位置即为探头入射点。

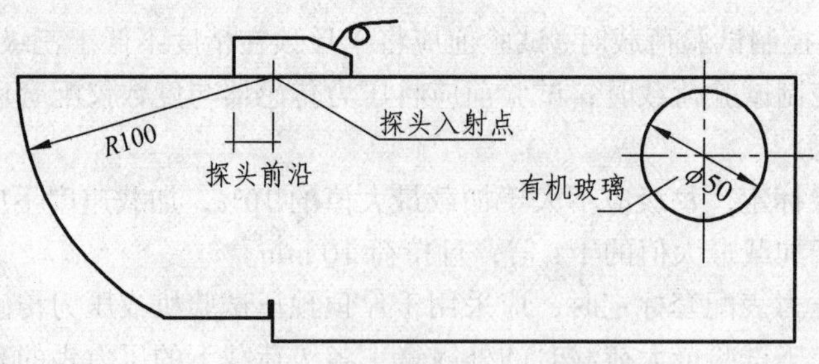

图 3-10　校准斜探头前沿示意图

2. 校准探头角度（K 值）

用角度值标定的探头可用 IIW 试块校准，如果是用 K 值标定的探头，可用 CSK-IA 试块校准。这两种试块上有角度或 K 值的标尺，按探头标称值选择合适的标尺，如图 3-11 所示，在 IIW 试块上侧可校准 60 ~ 76 度的探头，下侧可校准 74 ~ 80 度的探头，CSK-IA 试块上侧可校准 K2.0、K2.5、K3.0 的探头，下侧可校准 K1.0、K1.5 的探头。按试块上的标定值选择用合适的校准试块及校准方法。按图 3-11 所示放置探头，左右移动使得反射体回波达到最高，此时入射点对应的刻度就是探头的角度或 K 值。

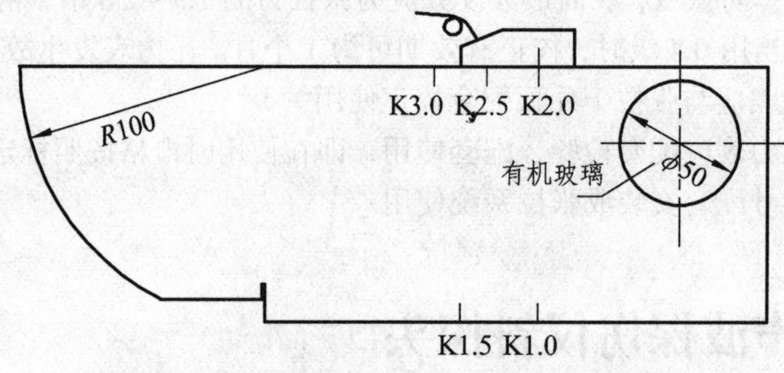

图 3-11　校准斜探头角度（K 值）示意图

3. 校准材料声速

按照第一步中所述找到 $R100$ mm 的最高反射波，调节显示范围使得屏幕上能显示该弧面的二次回波，选择闸门方式为双闸门，调节 A 闸门与一次回波相交，调节 B 闸门与二次回波相交，调节声速值使得状态行中声程测量值（S）为 100，此时得到的声速值即为该材料的实际声速值。

4. 校准探头零点

保持上面的测量状态，将闸门方式改为正或负，调节探头零点使得状态行中声程测量值（S）再次为 100，此时得到的探头零点值即为该探头的零点值。

斜探头的校准方法有很多，并不完全拘泥于用标准试块进行校准，也可以用已知深度的小孔进行校准，理论上参考反射体越小，校准的精度越高，但校准的难度也相应地加大。用小孔校准时可通过测量小孔的深度和水平位置，计算斜率来校准角度，并利用测得的深度或水平位置值校准声速和探头零点。

5. 制作 DAC 曲线

DAC 曲线是用于区分大小相同，但距离不同的反射体幅度的变化。正常情况下，试件内同样大小，距离不同的反射体，由于材料的衰减，波束的扩散而造成波幅的变化。DAC 曲线是用图示方式补偿材料衰减，近场影响，波束扩散和表面光洁度。正常情况下，在绘制好 DAC 曲线后，不管试件中反射体的位置如何，同样大小的反射体产生的回波峰值均在同一条曲线上。同理，比标准试件中反射体较小的被测结构的反射体产生的回波会落在该曲线下面，而较大一些的会落在该曲线上面。其制作 DAC 曲线过程如下：

（1）调整显示范围使 DAC 曲线标定制作时不会超出该显示范围。

（2）进入设备 DAC 标定界面，添加标定点，当添加两个标定点后，将会在仪器上自动绘制 DAC 曲线，可继续添加适当数量的标定点。DAC 曲线制作完成后，保存结果并返回主界面。

（3）调节三条偏置曲线的偏置值，按检测标准规定调整三条偏置曲线，即 DAC 评定线、DAC 定量线、DAC 判废线的偏置值到需要的设置。

（4）调节增益校正功能，对工件表面粗糙度进行补偿，如标准中需要补偿 5 dB，则将增益校正调节为 – 5 dB，此时三条 DAC 偏置曲线将下降 5 dB，然后可相应的调节仪器增益，使得仪器探伤灵敏度相应的增加 5 dB。

（5）绘制好的 DAC 曲线如图 3-12 所示，DAC 曲线将屏幕划分为 1、2、3 三个区域，现场探伤时这三条 DAC 曲线将绘制在屏幕上，操作者可根据反射体回波高度所在的区域来直接确定缺陷性质。

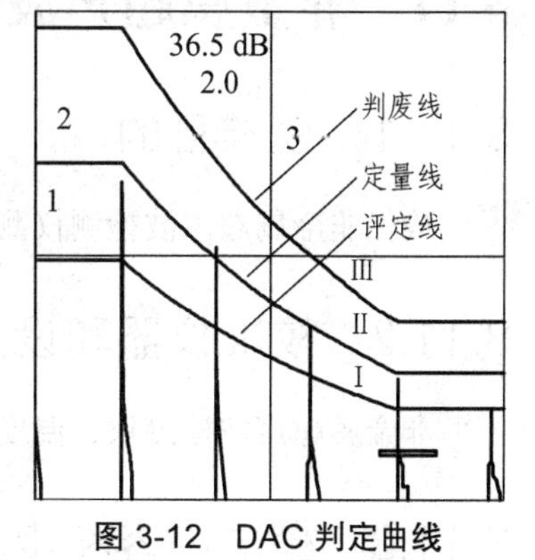

图 3-12 DAC 判定曲线

（6）如果希望测量闸门内缺陷回波的当量值，可通调节当量标准将相应的 DAC 偏置曲线作为测量的标准。

（7）DAC 曲线保存将制作完成的 DAC 曲线以及相关的参数设置保存到波形文件中，以便于以后使用。

（8）现场实际应用时先选择上述制作的 DAC 曲线所在的文件，此时该文件下的 DAC 曲线将被绘制到屏幕上，该文件中的参数设置同时被调入，并成为当前的探伤参数。

3.10 裂缝观测仪

3.10.1 校准目的

确保裂缝观测仪测量精度和准确性。

3.10.2 校准仪器和设备

裂缝观测仪，标准刻度板。

3.10.3 校准内容和步骤

裂缝观测仪由主机、信号线及探头（CCD 摄像头）组成。测量探头把采集到的图像进行放大后在液晶屏上实时显示，通过屏幕上的刻度尺读出裂缝宽度值，或通过软件自动判读，直接将裂缝宽度值显示在屏幕上。

1. **标准刻度板**

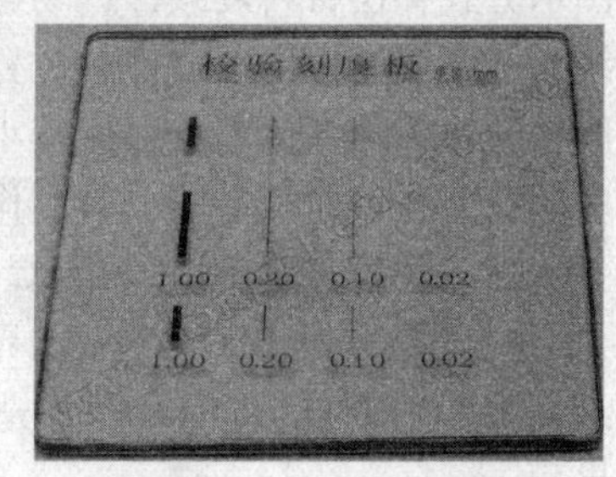

图 3-13 标准刻度板

裂缝观测仪屏幕上的刻度尺分度有：0.02 mm、0.04 mm 和 0.05 mm 等，估测精度可达 0.01 mm。依照标准器的选择原则，校准可采用分度值为 0.01 mm，允许极限误差不超过 ± 2.0 μm 的玻璃标准刻度板作为标准器具，标准刻度板如图 3-13 所示。

2. **校准步骤**

校验时将测量头的两尖脚对准校验刻度板上下边缘的两条基准线，在屏幕上即可看到标准刻度的刻度线。调整测量头的位置，使放大后的刻度线的图像与屏幕上刻度线重合，若误差不超过 0.01 mm，则说明仪器放大倍数属正常范围，可以正常使用。

3.11 非金属超声波检测仪

3.11.1 校准目的

确保非金属超声波检测仪测试精度和准确性。

3.11.2 校准仪器和设备

非金属超声波检测仪，温度计、刻度尺、泡沫塑料。

3.11.3 校准内容和步骤

超声波检测仪的声时计量检验，应按时-距法测量空气中声速实测值 v_o，并与按下列公式计算的空气中声速计算值 v_k 相比较，二者的相对误差不应超过 ± 0.5%。

$$v_k = 331.4\sqrt{1+0.00367T_k} \tag{3-18}$$

式中 331.4 ——0 °C 时空气中的声速值（m/s）；

v_k——温度为 T_k 时空气中的声速计算值（m/s）；

T_k——测试时空气的温度（°C）。

3.11.4 校验步骤

（1）将一对平面换能器置于桌面上，如图 3-14 所示，并在换能器下面垫以海绵或泡沫塑料并保持两个换能器的轴线重合及辐射面相互平行，同时换能器的辐射面相互对准。

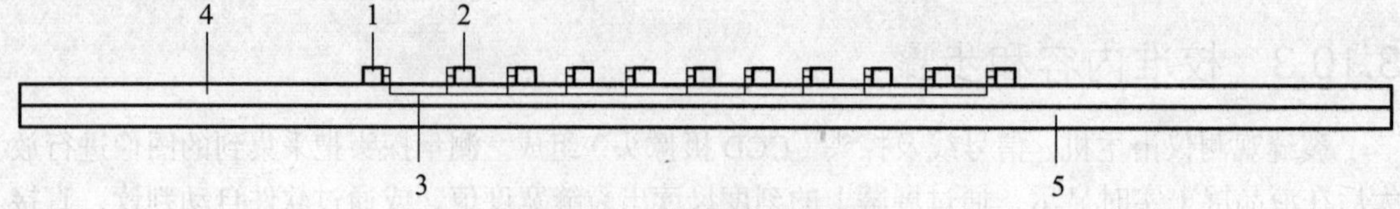

图 3-14 换能器移动示意图

1—发射换能器；2—接收换能器；3—刻度尺；4—泡沫塑料；5—水平桌面

（2）将换能器接于超声仪器上，并以间距为 50、100、150、200、250、300、350、400、450、500 mm 依次放置在空气中，在保持首波幅度一致的条件下，读取各间距所对应的声时值 t_1、t_2、t_3、…、t_n。

（3）测点数应不少于 10 个。

（4）测量空气温度 T_k，精确至 0.5 °C。

（5）以测距 l_i 为纵坐标，以声时读数 t_i 为横坐标，绘制“时-距”坐标图，或用回归分析法求出 l_i 与 t_i 之间的回归直线方程 $l = a + bt$，回归系数 b 便是空气中声速实测值 v_o。

注： 检测时，应根据测试需要在仪器上配置合适的换能器和高频电缆线，并测定声时初读数 t_0，检测过程中如更换换能器或高频电缆线，应重新测定 t_0。

（6）空气声速实测值 v_k 与空气声速标准值 v_o 之间的相对误差 e_r 按下式计算：

$$e_r = (v_k - v_o)/v_k \times 100\% \tag{3-19}$$

通过式（3-19）计算得到的相对误差 e_r 应不大于 ± 0.5%，否则应检查仪器各部位的连接后重测，或更换超声波检测仪。

3.12　钢筋探测仪

3.12.1　校准目的

确保钢筋探测仪测试精度和准确性。

3.12.2　校准仪器和设备

钢筋探测仪，自制校准试件。

3.12.3　校准内容和步骤

1. 校准试件

（1）制作校准试件的材料不得对仪器产生电磁干扰，可采用混凝土、木材、塑料、环氧树脂等。宜优先采用混凝土材料，且在混凝土龄期达到 28 天后使用。

（2）制作标准试件时，宜将钢筋预埋在校准试件中，钢筋埋置时两端应露出试件，长度宜为 50 mm 以上。试件表面应平整，钢筋轴线应平行于试件表面，从试件 4 个侧面量测其钢筋的埋置深度应不相同，并且同一钢筋两外露端轴线至试件同一表面的垂直距离差应在 0.5 mm 之内。

（3）校准的试件尺寸、钢筋公称直径和钢筋保护层厚度可根据钢筋探测仪的量程进行设置，并应与工程中被检钢筋的实际参数基本相同。其校准试件如图 3-15 所示。

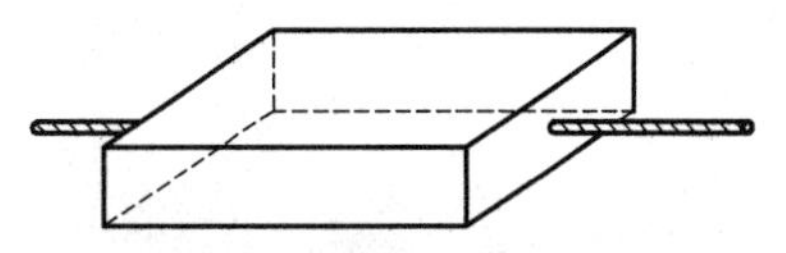

图 3-15　钢筋探测仪校准试件

2. 校准步骤

（1）应在试件各测试表面标记出钢筋的实际轴线位置，用游标卡尺量测两外露钢筋在各测试面上的实际保护层厚度值，取其平均值，精确至 0.1 mm。

（2）应采用游标卡尺量测钢筋，精确至 0.1 mm，并通过相关的钢筋产品标准查出其对应的公称直径。

（3）校准时，钢筋探测仪探头应在试件上进行扫描，并标记出仪器所指定的钢筋轴线，应采用直尺量测试件表面钢筋探测仪所测定的钢筋轴线与实际钢筋轴线之间的最大偏差。记录钢筋探测仪指示的保护层厚度检测值，对于有钢筋公称直径检测功能的钢筋探测仪，应进行钢筋公称直径检测。

（4）钢筋探测仪检测值和实际量测值的对比结果满足如下规定，判定钢筋探测仪合格。

① 当混凝土保护层厚度为 10 ~ 50 mm 时，混凝土保护层厚度检测的容许误差为 ± 1 mm，钢筋间距检测的容许误差为 ± 3 mm。

② 对于校准试件，钢筋探测仪对钢筋公称直径的检测容许误差为 ± 1 mm。

当部分项目指标以及一定量程范围内符合以上要求时，应判定其相应部分合格，但应限定钢筋探测仪的使用范围，并应指明其符合的项目和量程范围以及不符合的项目和量程范围。

（5）经过校准合格或部分合格的钢筋探测仪，应注明所采用的校准试件的钢筋牌号、规格以及校准试件材质。

第4章 基本实验

4.1 结构变形（挠度）的测量实验

4.1.1 实验目的

（1）了解各种测量结构变形仪器的测试原理。
（2）掌握各种测量结构变形仪器的使用方法。
（3）能够根据被测结构特点选择适合的测量方法。

4.1.2 测量原理

1. 百分表

(1) 结构原理与读数方法

百分表是一种精度较高的比较量具，它只能测出相对数值，不能测出绝对数值，可用于小位移的长度测量。百分表的圆表盘上印制有 100 个等分刻度，即每一分度值相当于量杆移动 0.01 mm。百分表的工作原理是将被测尺寸引起的测杆微小直线移动经过齿轮传动放大，变为指针在刻度盘上的转动，从而读出被测尺寸的大小。百分表的结构原理如图 4-1 所示。

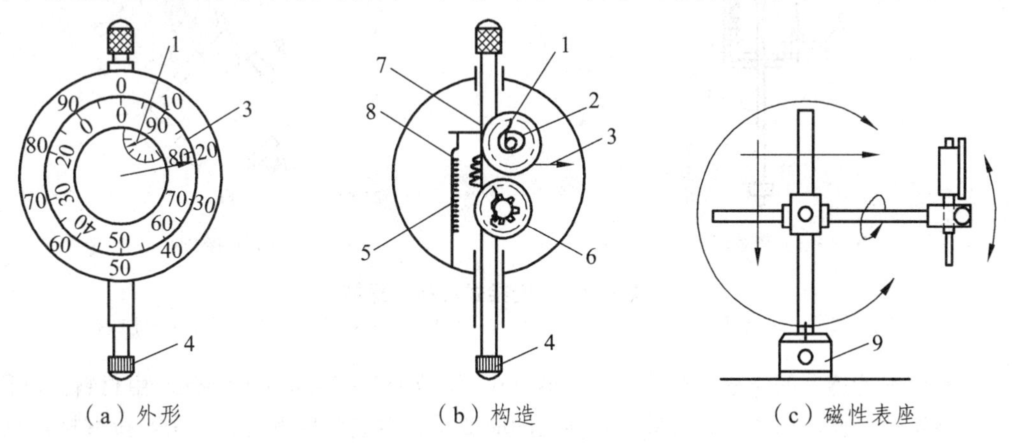

图 4-1 百分表及传动原理

1—短针；2—齿轮弹簧；3—长针；4—测杆；5—测杆弹簧；6、7、8—齿轮；9—表座

使用时将百分表安装在磁性表架上，用表架横杆上的颈箍夹住百分表的颈轴，并将测杆顶住测点，使测杆与侧面保持垂直。表架的表座应放在一个不动点上，打开表座上的磁性开关以固定表座。

百分表的读数方法为：先读小指针转过的刻度线（即毫米整数），再读大指针转过的刻度线（即小数部分），并乘以 0.01，然后两者相加，即得到所测量的数值，读数时应注意要估读一位。

（2）使用注意事项

① 使用前，应检查测量杆活动的灵活性。即轻轻推动测量杆时，测量杆在套筒内的移动要灵活，没有任何卡动现象，每次手松开后，指针能回到原来的刻度位置。使用时，必须把百分表固定在可靠的支架上。切不可贪图省事，随便夹在不稳固的地方，否则容易造成测量结果不准确，或摔坏百分表。

② 测量时，不要使测量杆的行程超过它的测量范围，不要使表头突然撞到结构上，也不要用百分表测量表面粗糙或有显著凹凸不平的结构。

③ 测量平面时，百分表的测量杆要与平面垂直。

④ 为方便读数，在测量前一般都让大指针指到刻度盘的零位。

⑤ 百分表不用时，应使测量杆处于自由状态，以免使表内弹簧失效。

2. 应变梁式位移传感器

应变梁式位移传感器的主要部件是一块弹性好、强度高的铍青铜制成的悬臂梁（弹性簧片），如图 4-2 所示。簧片固定在仪器外壳上。在悬臂梁固定端粘贴 4 片应变片，组成全桥或半桥测量电路。悬臂梁的悬臂端与拉簧相连接，拉簧与指针固接。当测杆随位移移动时，传力弹簧使悬臂梁产生挠曲，即悬臂梁固定端产生应变，通过电阻应变仪即可测得应变与试件位移间的关系。

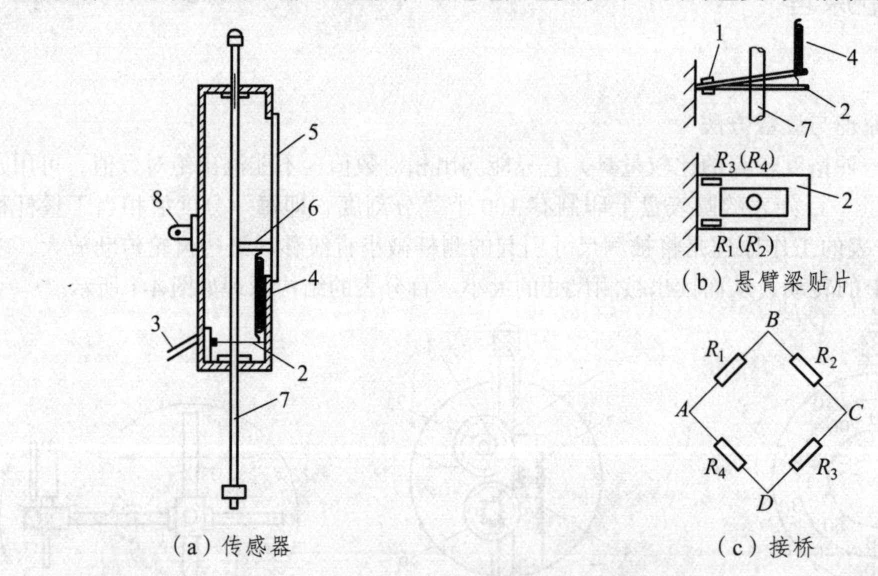

（a）传感器　（b）悬臂梁贴片　（c）接桥

图 4-2　应变梁式位移传感器

1—应变片；2—悬臂梁；3—引线；4—拉簧；5—标尺；6—标尺指针；7—测杆；8—固定环

这种位移传感器的量程一般为 30 ~ 200 mm，读数分辨率可达 0.01 mm。由材料力学得知，位移传感器的位移 $\delta = \varepsilon E$ 。ε 为铍青铜梁上的应变量，由应变仪测定；E 为与拉簧材料性能有关的刚度系数。

悬臂梁固定端的 4 片应变片按图 4-2（b）所示的贴片位置和图 4-2（c）所示的接线方式连接，且取 $\varepsilon_1 = \varepsilon_3 = \varepsilon$ 、$\varepsilon_2 = \varepsilon_4 = -\varepsilon$ ，则桥路输出为：

$$V_o = \frac{1}{4} V_i K(\varepsilon_1 - \varepsilon_2 + \varepsilon_3 - \varepsilon_4) = \frac{1}{4} V_i K \cdot 4\varepsilon \tag{4-1}$$

式中　V_i——输入电压；

V_o——输出电压；

K——应变片灵敏度系数。

由此可见，采用全桥接线且贴片符合图中所示位置时，桥路输出灵敏度最高，应变放大了4倍。

3. 精密水准仪

精密水准仪与一般水准仪比较，其特点是能够精密地整平视线和精确地读取读数，一般精密水准仪的光学测微器可以读到0.1 mm，估读到0.01 mm。其测试原理为利用水准仪提供的水平视线，借助于带有分划的水准尺，直接测定地面上两点间的高差，然后根据已知点高程和测得的高差，推算出未知点高程。精密水准仪在使用时必须与精密水准尺配合使用，一般精密水准尺的分划是漆在铟瓦合金带上，铟瓦合金带则以一定的拉力引张在木质尺身的沟槽中，这样铟瓦合金带的长度不会受木质尺身伸缩的变形影响。

4. 连通管

根据连通管的基本原理将一个面积相对较大的容器放置在被测结构固定不变的位置上，连通管固定在被测结构的侧壁上。如图4-3所示，假设液位离玻璃管顶部的高度为h_1，当被测结构在某点发生竖向变形（挠度变化）Δh时，安置在该点的连通管也随之在竖直方向下移Δh，因沿桥轴向上所有连通管的液位保持不变，液位离该点玻璃管顶部的高度从h_1变化到h，可以看出$\Delta h = h_1 - h$。即液位在玻璃管内的上升量就是该点的结构下沉量（挠度值），通过读取有刻度玻璃管中液位的变化值，就得到了被测结构在该点的挠度值。

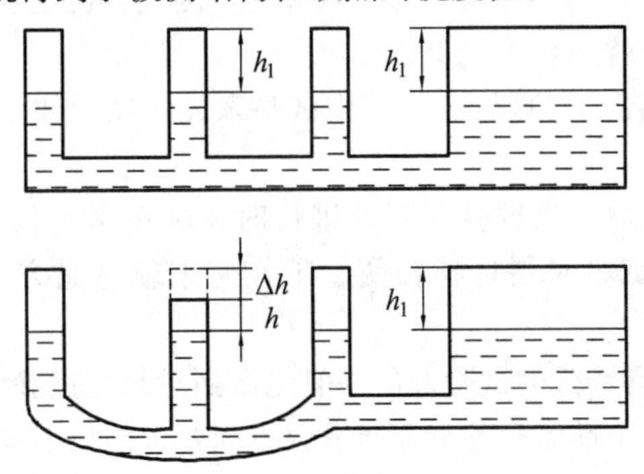

图4-3　连通管液位式挠度测量原理图

液位的变化值也可由电测的方式进行读取，一般通过在液面上的磁性导杆在线圈中的移动，改变线圈电感，进而改变振荡电路的协振频率，通过标定出频率与导杆位移的关系，精确获得液位变化情况，其测试系统如图4-4所示。

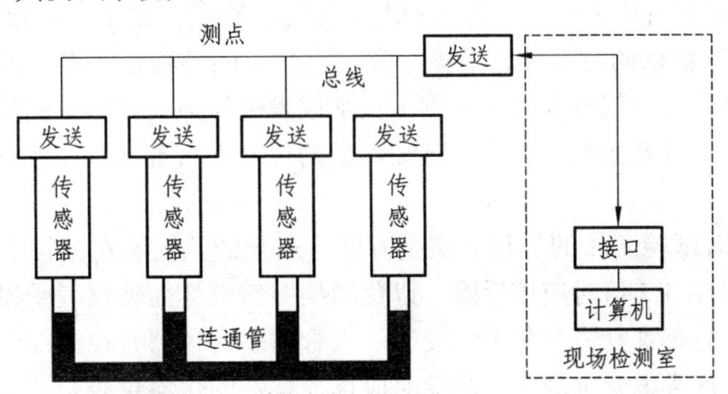

图4-4　连通管式光电液位监测系统

5. **光电挠度仪**

光电挠度仪一般用于大跨度桥梁的变形测试，其测试原理为将专用光电靶标固定于待测桥梁被测点，使靶标与被测结构刚性连接，将桥梁振动转换成特定波长的光源震动，通过光学成像系统将待测光信号传导至专用高精工业 CCD（图像传感器）中，检测靶标在 CCD 上成像的中心坐标的变化即可精确测量被测桥梁在载荷作用下产生的纵向和横向位移及其对时间的响应曲线。系统的 K 值（K_x，K_y），即 CCD 上每个像素代表的实际位移值，可在测量之前进行标定。

6. **全站仪**

利用全站仪内置的三角高程测量程序，直接观测测站点和目标点之间的高差，由于测站点保持不动，则加载前后的两次高差之差即为目标点的挠度变化量。全站仪法具有准备工作简单，操作方便的优点，不受纵坡大小的影响，测程也比水准仪法测量要远。因此，全站仪法比较适合一些变形量较大的结构的测量，如大跨度桥梁结构，但受自然条件限制较大。

7. **仪器选用和测点布置原则**

变形的测点位置可以从比较直观的弹性曲线（或曲面）来估计，经常是布置在结构最大变形处，同时也要注意对结构边界的量测，以修正量测结果并防范结构边界失效。

（1）仪器选择应遵循的原则

① 根据被测试对象的结构情况，选择精度和量程。如被测对象是一座大跨度桥梁，它的试验挠度期望值达几十厘米，那么选精度为毫米级的量测仪器已足够；反之测一座小跨径桥梁的挠度，毫米级的量测精度就不够了。

② 选用可靠性好的仪器。对现场实际结构试验来说，试验往往是一次性的，仪器使用性能的可靠与否至关重要。

③ 考虑试验场地的影响。当试验在野外进行时，尽量考虑仪器设备的便携性，就轻避重，能小不大。因为现场试验时装备越轻便，工作起来就越是方便，更不用说还有路途携带的方便。

④ 要强调经验。一个有经验的试验人员一般能做到对每次试验所需的仪器设备胸中有数，同样，一个有良好的试验单位都应配备有几套适合不同要求的仪器设备以供选用。

（2）测点的选择和布置

用仪器对结构或构件进行内力和变形等参数的量测时，测点的选择与布置有以下几条原则：

① 在满足试验目的前提，测点宜少不宜多，以简化试验内容，节约经费开支，并使重点观测项目突出。

② 测点的位置必须有代表性，以便能测取最关键的数据，便于对试验结果分析和计算。

③ 为了保证测量数据的可靠性，应该布置一定数量的校核性测点。这是因为在试验过程中，由于偶然因素会有部分仪器或仪表工作不正常或发生故障，影响量测数据的可靠性。因此不仅在需要量测的部位设置测点，也应在已知参数的位置上布置校核性测点，以便于判别量测数据的可靠程度。

④ 测点的布置对试验工作的进行应该是方便、安全的。安装在结构上的附着式仪表在达到正常使用荷载的 1.2 ~ 1.5 倍时应该拆除，以免结构突然破坏而使仪表受损。为了测读方便，减少观测人员，测点的布置宜适当集中，便于一人管理多台仪器。控制部位的测点大多处于比较危险的位置，应妥善考虑安全措施，必要时应选择特殊的仪器仪表。

4.1.3　仪器设备

等强度梁（1套，见图4-5），加载砝码（若干），百分表（1个），磁性百分表座（1套），钢尺（1把）。

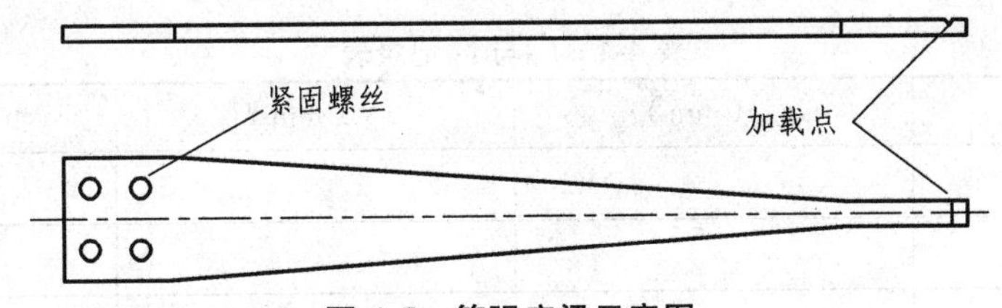

图4-5　等强度梁示意图

注：亦可选择实验桁架、型钢、实际桥梁等进行实验。

4.1.4　实验步骤

1. 检查实验仪器设备

检查待测等强度梁是否完好，固定端螺丝是否连接紧固，等强度梁安放是否平整，测试用百分表、磁性表座是否完好。

2. 安装、调整被测结构与测试设备

安装等强度梁砝码挂钩；确定结构变形测点位置，将百分表安装在磁性表座上；调整磁性表座杆件位置及角度，使百分表测杆与等强度梁测点能够垂直接触；预估等强度梁最大变形值，调整百分表测试量程，避免在实验中出现量程不足的情况；调整百分表大表盘，使百分表长针指示到零刻度位置。

3. 进行预加载、检查设备和仪表

在等强度梁梁端挂钩上放置1～2个砝码，观察百分表工作状况，并熟悉百分表读数。

4. 正式加载，记录读数

对等强度梁逐级加载（施加3～5个砝码），进行变形测试，并记录取百分表读数；对等强度梁逐级卸载，进行变形测试，并记录取百分表读数。

5. 测试结构弹性恢复值

待最后一个砝码卸去5 min后，读取百分表读数，作为结构弹性恢复值。

4.1.5　实验数据整理

（1）根据实测数据计算出各级荷载下实测点的挠度值$f_{测}$，并注意校核结构的线性关系。

（2）手算或使用结构电算软件计算实测点的挠度理论值$f_{理}$。

（3）将实验数据填于表4-1中，比较$f_{测}$与$f_{理}$，算出相对误差。

（4）计算等强度梁的相对残余变位S'_{p}。

$$S'_{\mathrm{p}} = \frac{S_{\mathrm{p}}}{S_{\mathrm{t}}} \times 100\% \qquad (4\text{-}2)$$

式中 S_{p}——残余变位；

S_{t}——总变位。

表 4-1 $f_{测}$与 $f_{理}$记录表

荷载值（N）	$f_{测}$（mm）	$f_{理}$（mm）	相对误差（%）

4.1.6 实验报告编写

（1）简述实验目的。

（2）简述实验原理。

（3）整理实验数据及结果。

① 填写表 4-1 中数据，并校核线性关系。

② 画出结构简图、计算测点理论值。

③ 比较 $f_{测}$与 $f_{理}$，计算相对误差。

④ 计算相对残余变位。

（4）思考回答下列问题：

① 分析误差原因及误差造成的影响。

② 请写出另一种对被测结构相适应的测量方法，并说明理由。

4.2 电阻应变片的认识与粘贴实验

4.2.1 实验目的

（1）了解应变片的测量原理、结构、种类。

（2）掌握应变片的粘贴技术及质量检查与防潮处理方法。

4.2.2 电阻应变片概述

在土木工程测试技术中，由于电阻应变片能准确地测量结构的应变值，因此得以广泛应用。对于应变片的正确选取和粘贴质量的好坏，将直接影响应变片的性能和测量的准确性，其基本构造如图 4-6 所示。

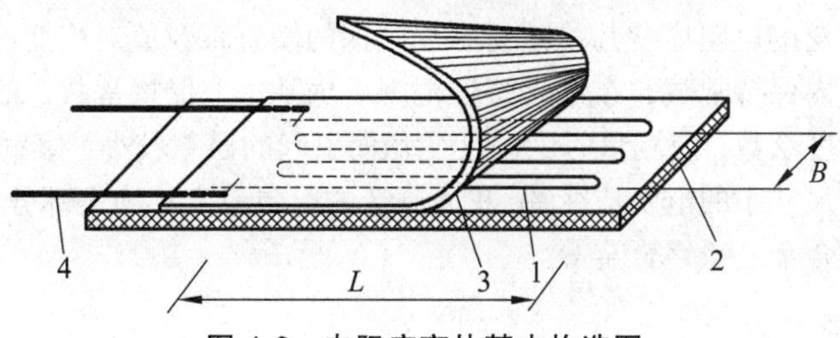

图 4-6　电阻应变片基本构造图

1—敏感丝栅；2—基底；3—覆盖层；4—引出线

1. 应变片的分类

金属式：丝式、箔式、薄膜式。

半导体式：薄膜式、扩散式。

根据基底材料不同又可分为纸基、胶基和金属片基等。

图 4-7 所示为金属丝式应变片，图 4-8 所示为金属箔式应变片。

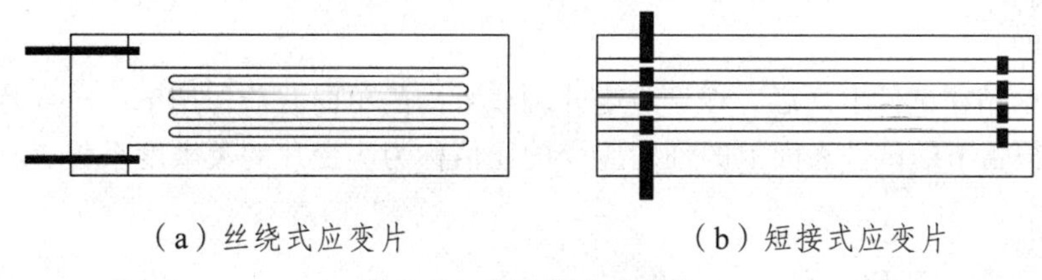

（a）丝绕式应变片　　　（b）短接式应变片

图 4-7　金属丝式应变片

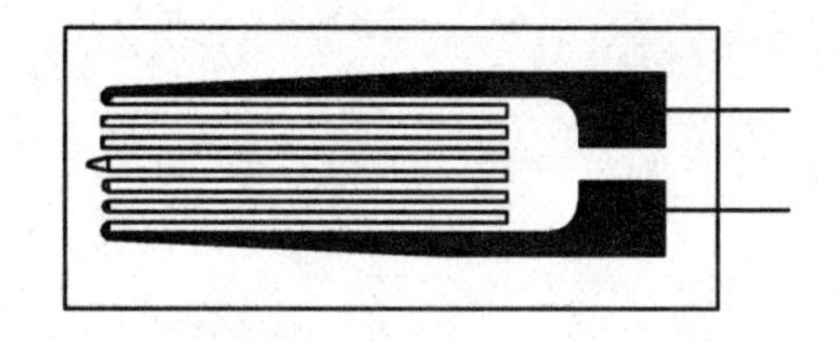

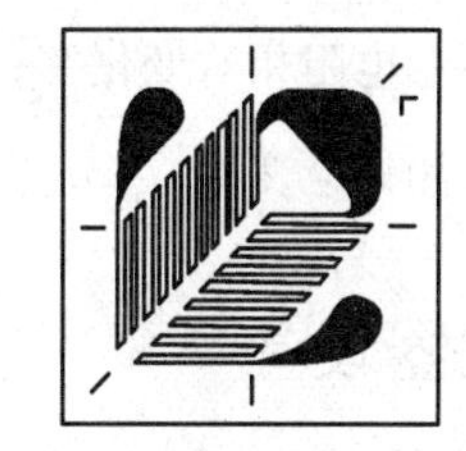

图 4-8　金属箔式应变片

2. 基底材料

基底材料要满足：机械强度高，粘贴容易，电绝缘性好，热稳定性好，抗潮湿性能好，挠性好（能够粘贴在曲率半径很小的曲面上），无滞后和蠕变。由有机聚合材料的薄片作为基底的称为胶基应变片。主要使用的胶基应变片有以下几种：

（1）酚醛、环氧树脂基底（箔式片居多），它具有良好的耐热和防潮性能，使用温度达 180 °C，并且长时间稳定性好。

聚酰亚胺基底，使用温度 – 260 ~ 400 °C，绝缘性能好，可以做得很薄，通常为 0.025 mm，应变片的柔韧性好。

（2）石棉、玻璃纤维增强塑料基底，主要在高温下使用。

3. 敏感元件材料

敏感元件材料要求其在尽可能大的应变范围内是常数，具有足够的热稳定性，即受温度变化的影响小；在一定的电阻值要求下，电阻系数越高，电阻丝的长度越短，因此可以减小电阻应变片的尺寸。

康铜是使用最广泛的电阻应变片敏感材料。康铜的敏感系数值对应变的稳定性非常好，不但在弹性变形的范围内保持常数，在进入塑性范围后仍基本上保持常数，故测量范围大。康铜具有足够小的电阻温度系数，使测量时因温度变化而引起的误差较小。康铜的电阻系数ρ很大，便于做成电阻值大而尺寸小的电阻应变片。我国制造的电阻应变片绝大部分以康铜为敏感材料，除康铜外还有镍铬铁合金、镍铬合金等。

4. 应变片的主要参数

（1）几何尺寸

基长（L）：沿敏感栅金属丝轴线方向上能承受应变的有效长度。

基宽（B）：与金属丝轴线垂直方向上敏感栅之间的距离。

（2）电阻值

指应变片既没有粘贴，又不受外力作用的条件下，在室温中测量的原始电阻值。目前应变片的规格已成为标准系列化，目前我国生产的应变片名义阻值一般为 120 Ω。此外，还有 60 Ω、80 Ω、240 Ω 等。

（3）灵敏度

当应变片粘贴在试件上之后，在沿应变片轴线方向的单向载荷作用下，应变片的电阻变化率与被敏感栅覆盖下的试件表面上的轴向应变的比值称为应变片的灵敏度系数 K。

$$K=\frac{\Delta R}{R\varepsilon} \tag{4-3}$$

式中 $\frac{\Delta R}{R}$——电阻相对变化率；

ε——测试应变值。

4.2.3 仪器设备

粘贴应变片所需的工具如表 4-2、图 4-9 所示。

表 4-2 粘贴应变片所需工具

试件	1个	数字万用表	1块
应变片	1枚	静态应变数据采集仪	1台
KH-501（502）胶	1瓶	镊子	1把
丙酮	1瓶	脱脂棉	若干
聚四氟乙烯薄膜	若干	钢板尺	1支
细砂布	若干		

注：502胶水只能作为常规使用，对于测试精度要求较高及测试环境恶劣的场合必须选用专用粘合剂。

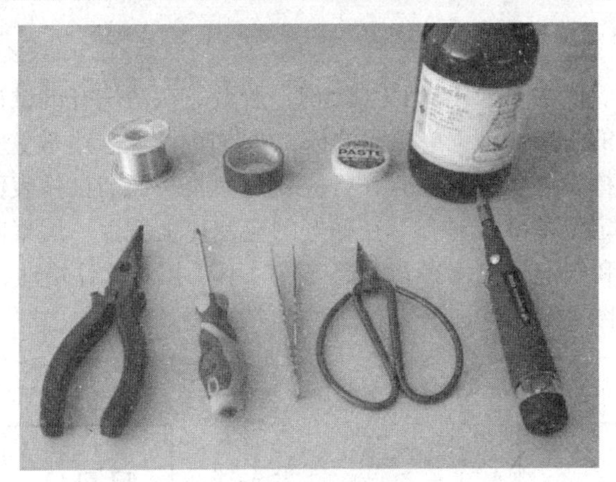

图 4-9　应变片粘贴工具

4.2.4　实验步骤

应变片可以粘贴在标准试件上或等强度梁上，可按不同的测试目的布置不同的桥路。

仔细观察电阻应变片的结构，区分纸基、胶基等应变片，特别注意应变片在粘贴时的正反面。

1. 应变片的选择

（1）根据试件大小、工作温度和受力情况，选取合适的应变片。对于一般的结构试验，当结构材料为匀质（如钢材）或局部应力集中梯度比较大时，宜选用小标距应变片；当结构材料为非匀质（如混凝土）或应变梯度小又均匀时，可选用大标距应变片（对混凝土结构，应变片标距 $L \geqslant 4 \sim 5$ 倍最大集料直径）。

（2）用 5 ~ 10 倍的放大镜选择没有短路、断路、气泡等缺陷，并且要求表面平整、丝栅排列均匀的应变片。

（3）量出所选取应变片的阻值，使阻值相近的应变片放在一起，应保证同组各应变片的阻值差不超过 0.5 Ω，这样在测量时容易调整平衡。

2. 试件的表面处理与划线

（1）预清洗：根据试件的表面状况进行预清洗，一般采用有机溶剂脱脂除渍。

（2）除锈、粗化：一般多采用砂布打磨法，除掉试件表面的锈渍使其露出新鲜的表层，以便使胶液充分浸润以提高粘贴强度。用细砂布沿着与所测应变轴线成 45°方向交叉轻度打磨，使试件表面呈细密、均匀新鲜的交叉网纹状，这样有利于充分传递应变，打磨面要大于应变片的面积，如图 4-10 所示。

（3）清洗：一般采用纯度较高的无水乙醇、丙酮等，用尖镊子夹持脱脂棉球蘸少量的丙酮粗略地洗去打磨粉粒，然后用无污染的脱脂棉球蘸丙酮仔细地从里向外擦拭粘贴表面，擦一次转换一个侧面再擦，棉球四面都用过，更换新棉球用同样的方法擦洗，直到没有污物和油渍为止。应变片背面也要轻轻擦拭干净，干燥后待用。

（4）划定位基准线：根据应变片尺寸，利用钢板尺、硬质铅笔划出确定应变片粘贴位置的定位基准线。划线时，不要划到应变片覆盖范围内。

3. 粘　贴

在无灰尘的条件下，取少量 KH-501（或 502）胶液，在清洗好的试件粘贴表面和应变片背面单方向涂上薄而均匀的一层胶液（单方向涂抹，以防产生气泡），放置少许时间，待涂胶的试件和应变片上胶液溶剂挥发还带有黏性时，将应变片涂胶一面与试件表面贴合，并注意应变片的定位标应与试件上的定位基准线对齐。在贴好的应变片上覆盖一层聚四氟乙烯薄膜用手指单方向轻轻按压，将余胶和气泡挤出压平。手指按压时不要相对试件错动，按压 3 ~ 5 min 后，放在室温下固化待用，如图 4-11 所示。

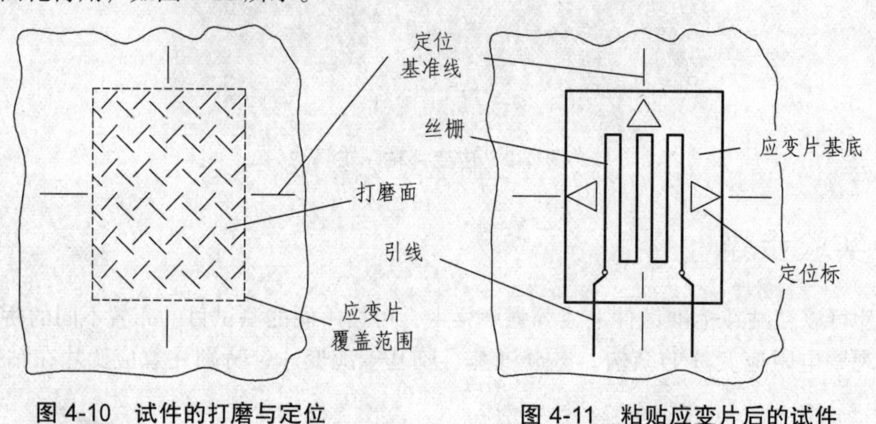

图 4-10　试件的打磨与定位　　**图 4-11　粘贴应变片后的试件**

4. 贴片质量检查

外观检查，用肉眼和量角器检查贴片位置的偏离，应变片有否变形，胶质有否杂质与气泡，测量应变片电阻阻值及绝缘电阻是否达到要求，如发现超差，则要铲除重贴。

将干燥固化后的应变片用数字万用表检查有无短路、断路现象，并测出应变片与试件之间的绝缘电阻，长期测量大于 500 MΩ，临时测量大于 20 MΩ。本实验属于短期测量，达到 20 MΩ ~ 100 MΩ以上即可。低于 20 MΩ 将会严重影响到稳定性，达不到要求的应当重新贴片。

5. 引出线焊接

要可靠地把粘贴好的应变片的两个引出短线，经过事先粘贴好的专用接线端子，用电烙铁、焊锡与引出长导线牢固连接妥当，如图 4-12 所示。

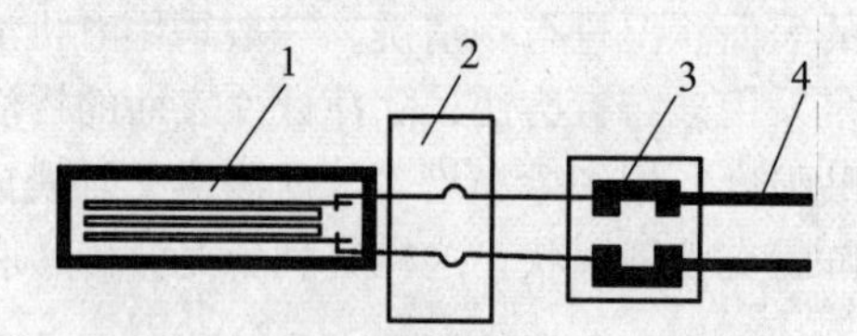

图 4-12　应变片连接导线的固定方法

1—应变片；2—玻璃纸；3—接线端子；4—引出线

6. 应变片防潮密封保护措施

对用于室内短期进行的应力分析的应变片，待应变片达到绝缘度≥100 MΩ后，可采用 703 硅橡胶密封。如需长期在室外或混凝土内部测试的应变片，则必须要严格的做 2 ~ 4 度的防潮密封处理，一般用环氧树脂胶，如图 4-13 所示。

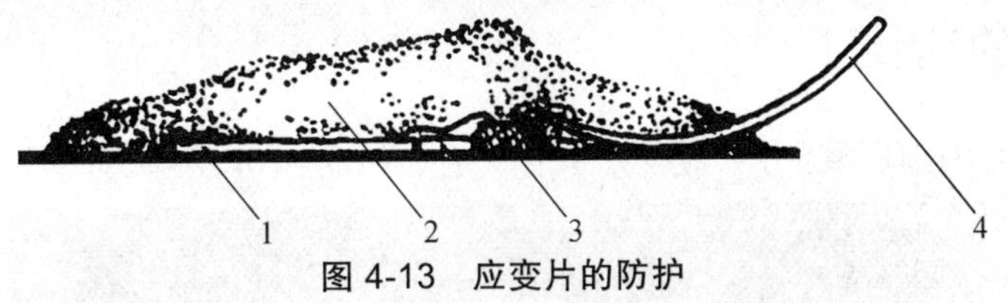

图 4-13　应变片的防护

1—应变片；2—防护剂；3—接线端子；4—导线

7. **应变片质量检查**

对经过严密贴片处理且连接妥当的应变片，再测量电阻值及绝缘电阻，若数据正常则认为达标，然后再把处理好的应变片，连接到应变数据采集测试系统，进行系统应变片质量检查，观察是否可以平衡，测值稳定与否，认为完全达到要求，等待进行应变测试。

4.2.5　常见问题

1. **电阻应变电测长导线的选用及应变电桥连接注意事项**

为了满足小信号、低飘移和抗干扰性的要求，对连接电阻应变测试的导线应选用 2 芯或 4 芯金属屏蔽外加护套的 PVC 电缆线，线径不可太小，如 RVVP4×0.2 ~ 0.3 为好。

电阻应变适调器的连接电路中，任何金属屏蔽线不应用作为电阻应变电桥的连接导线用。电阻应变电测中，为达到良好的抗干扰性能，根据测试场地的条件，对屏蔽线作适当的连接，如要连接屏蔽线则必须要把全部的屏蔽线连成一体，再与仪器接地端良好的连接。

2. **电阻应变测试中的零点漂移问题**

在进行电阻应变测试时，往往会产生零点漂移。所谓零点漂移是任何一个应变测试系统在测试工作状态下，随着外界环境变化如时间、温度和电磁场等干扰会产生测量值变化的现象。

产生漂移的原因很多，大致有如下几点：

（1）测试系统本身存在的漂移。一般在测试前已进行零漂校验，静测时，可用标准电阻接入数据采集箱上的一个点，进行同时采集。

（2）电阻应变片粘贴、接线工艺不妥，如应变片未贴好，有气泡，绝缘未大于 500 MΩ，固化不充分、虚焊，对应变片的防潮措施不好，受潮等，应查明原因进行处理。

（3）接线柱插接件、开关等接触不良。可通过人手来回摆动接插件附近的导线，或重新插接件反复开闭开关，观察是否还有零漂和零点读数。

（4）工作与补偿电阻应变片的温度补偿效果不好。若两者所处温度差别太大，如在野外，测试件向阳或背阳，迎风或背风，或测量件与补偿件吸热、散热不同，测量过程中环境温度变化太大等。为此一般可选在日落夜晚、温度相对稳定的时间进行测试。

（5）检查温度补偿效果好坏。可设置一块与被测试件材料相同、温度条件一致，但不受力的试件，贴上电阻应变片作为工作片，与原设的补偿应变片一起接到采集箱的一个点上。在测试时，同时测出这点的测值，可用来检查温度补偿效果，并可对其他测试值作出适当的修正。

（6）导线的温度效应。导线受温度变化产生电阻变化，如处理不好，会产生零漂，长导线测量时，最好采用全桥、半桥或三线接线法，并注意导线的对称性及所处温度环境的一致。

4.2.6 常见的错误

（1）贴片过程中按压不当导致应变片下有气泡，如图 4-14 所示。

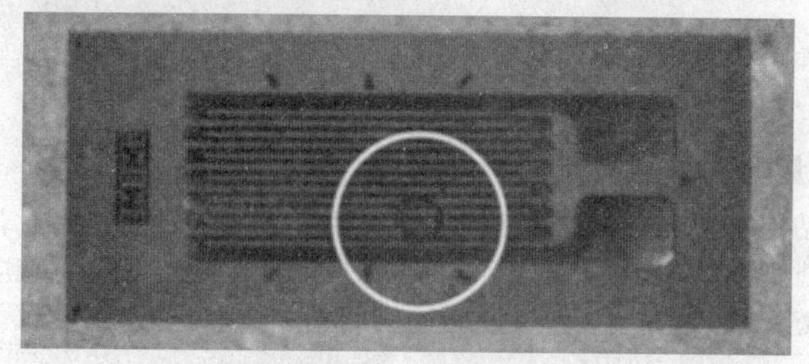

图 4-14 贴片气泡

（2）应变片贴片位置偏离预定贴片位置所划刻度线，如图 4-15 所示。

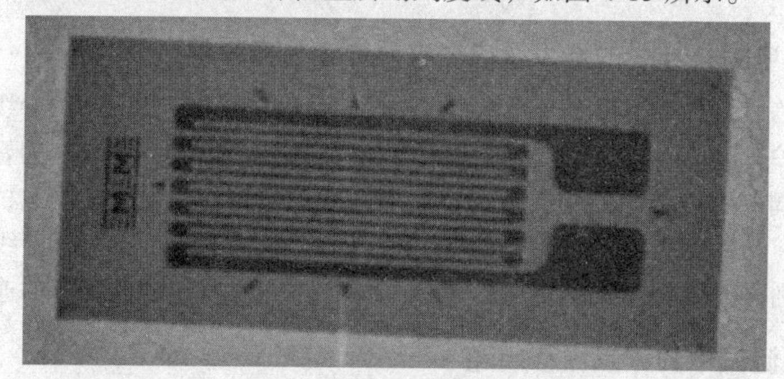

图 4-15 贴片位置偏离

（3）应变片表面有机械损伤，如图 4-16 所示。

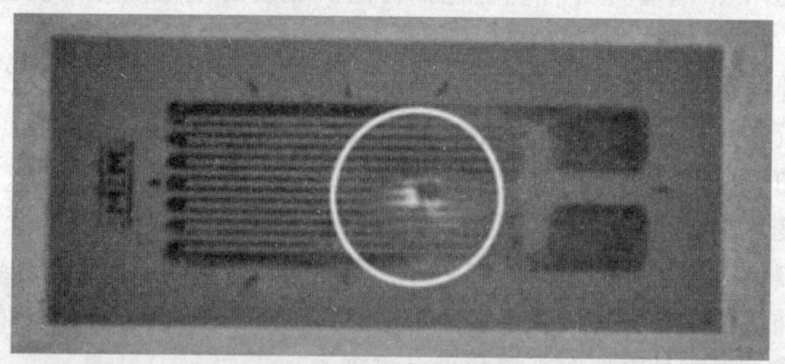

图 4-16 应变片损伤

（4）应变片焊点处焊锡有毛刺，这样容易导致应变片的防护涂层被扎破，如图 4-17 所示。

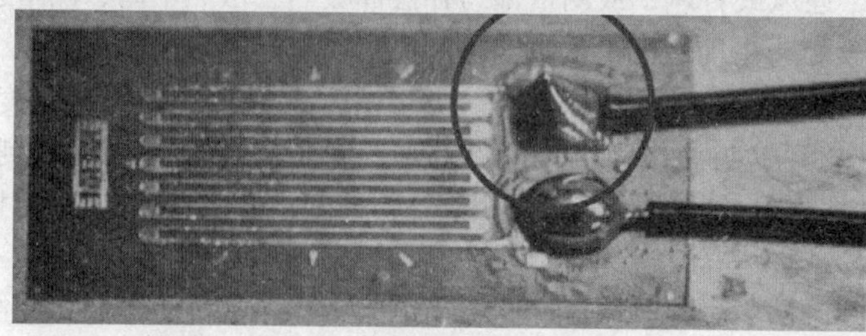

图 4-17 焊点处焊锡有毛刺

（5）应变片焊点处焊锡有搭桥现象，这样将导致应变片短路，桥路平衡不了，如图4-18所示。

图4-18　焊点短路

（6）导线没有完全浸润在焊锡中，易导致虚焊，接触电阻不稳定，测试数据乱跳，如图4-19所示。

图4-19　焊点虚焊

（7）应变片焊点处松香、焊锡膏等助焊剂残留太多，如图4-20所示。

图4-20　助焊剂残留

（8）测点附近没有处理干净导致应变片的防护涂层有剥离现象，失去防护作用，如图4-21所示。

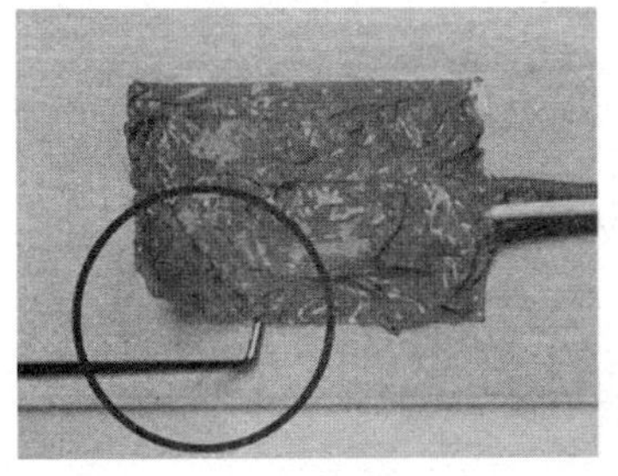

（a）错误

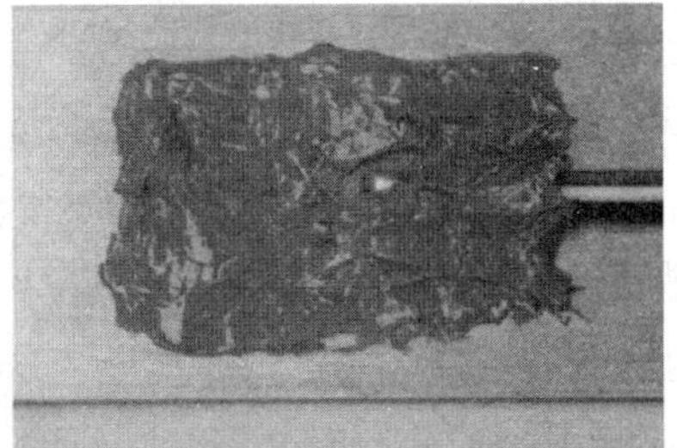

（b）正确

图4-21　防护层剥离

（9）应变片的延长导线没有固定，一旦导线活动将导致应变片和导线脱离，如图 4-22 所示。

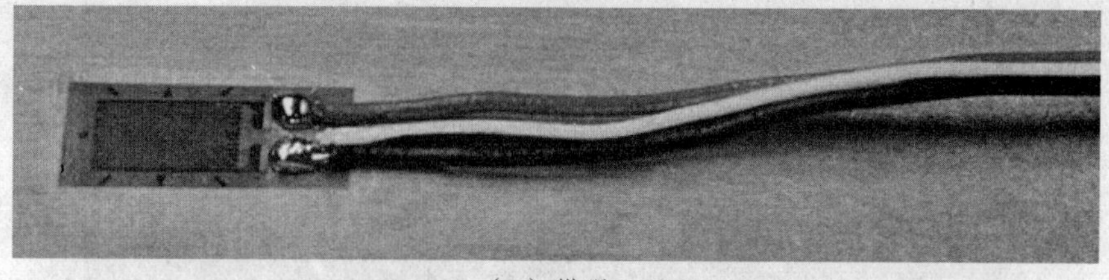

（a）错误

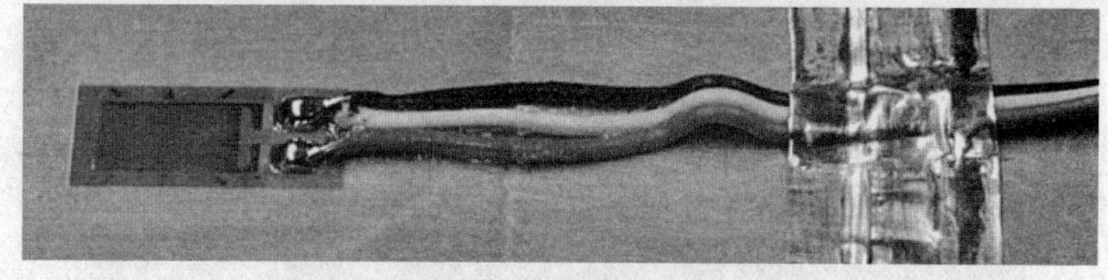

（b）正确

图 4-22　导线未被固定

（10）防护层与延长线之间由于处理不当形成隧道状的空隙，失去防护作用，如图 4-23 所示。

（a）错误

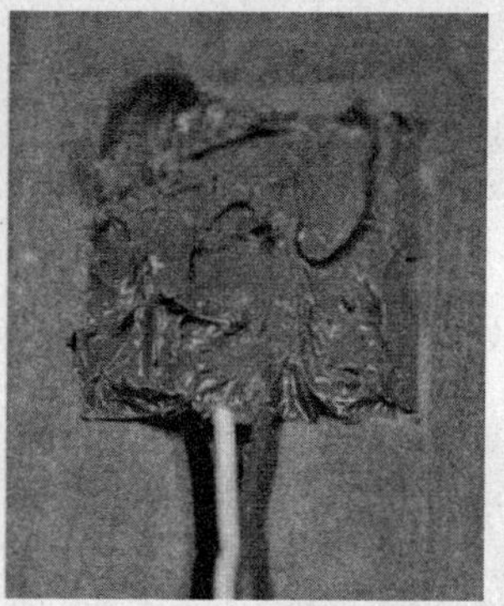

（b）正确

图 4-23　防护不当

4.3　电桥的接桥方式和静态电阻应变仪的使用实验

4.3.1　实验目的

（1）掌握静态电阻应变仪调试及使用方法。

（2）掌握单点、多点测量方法及半桥、全桥接法。

（3）掌握消除温度效应的方法。

4.3.2　实验原理

利用惠斯通电桥原理进行桥路组合，并测试结构的应变值。

4.3.3 仪器设备

贴有电阻应变片的等强梁（1套，见图4-24），静态电阻应变测试仪（1台），砝码（若干），电吹风（1个），万用表（1个），游标卡尺。

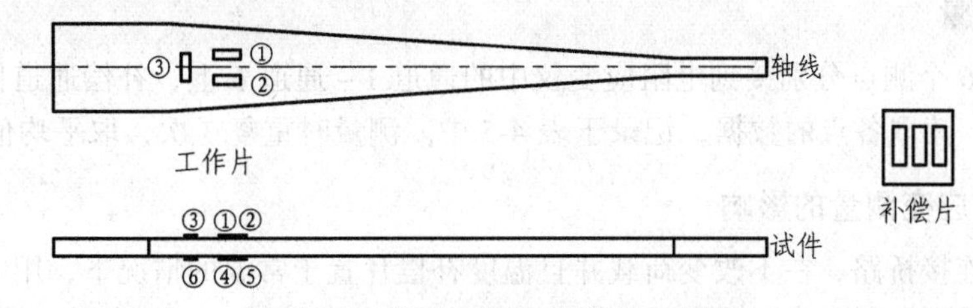

图4-24 等强度梁应变测点布置图

4.3.4 实验步骤

1. 准备工作

（1）检查电阻应变片是否完好。

（2）打开静态应变仪进行预热。

2. 半桥测量

（1）按图4-25（a）所示进行接线（一个工作片 + 一个补偿片），对仪器进行平衡、清零操作。分四级荷载对等强度梁进行加载（4个砝码），再分级卸载至0，每加、卸一级荷载记录一次读数，并记入表格4-3中，加载、卸载各进行一次。待最后一个砝码卸去5 min后，读取应变读数，作为结构弹性恢复值。

（2）分别按图4-25（b）、4-25（c）、4-25（d）所示接线，对仪器进行平衡、清零操作。一次对等强度梁加载4个砝码，读取并记录数据于表4-4中。

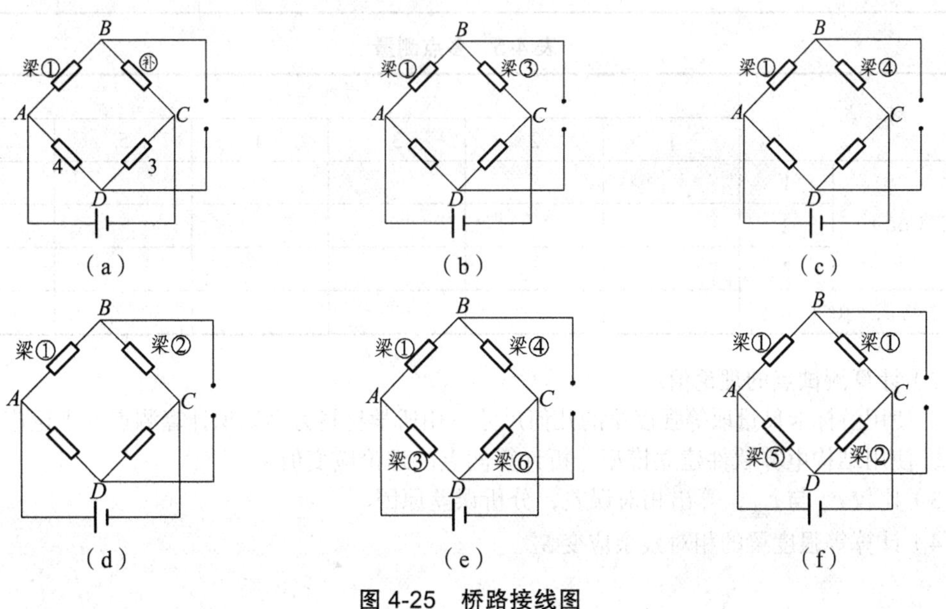

图4-25 桥路接线图

注：测试试件亦可使用型钢。

3. 全桥测量

分别按图 4-25（e）、（f）接线，对仪器进行平衡、清零操作。一次加载 4 个砝码，读取并记录数据于表 4-4 中。

4. 多点测量

将梁上的 6 个测点分别接到电阻应变仪中的通道 1 ~ 通道 6 上，补偿通道接补偿片。一次加载 4 个砝码，读取各点的数据，记录于表 4-5 中。测量时重复 3 次，取平均值。

5. 温度对应变测量的影响

按方式 4 连接桥路，在不改变荷载并且温度补偿片置于常温的情况下，用电吹风加热工作片，观察温度对应变测试的影响。

4.3.5 实验数据整理

（1）实验所得的数据填写于表 4-3 ~ 表 4-5 中，并整理。

表 4-3 按图 4-25（a）接线实验数据

荷载（N）	加载					卸载				
应变（με）										

表 4-4 半桥、全桥实验数据

接线方式（图）	(a)	(b)	(c)	(d)	(e)	(f)
应变（με）						
桥臂系数 b						

表 4-5 多点测量

测点		应变片					
		1	2	3	4	5	6
应变（με）	1						
	2						
	3						
平均值（με）							

（2）计算测试点的理论值。

① 使用游标卡尺量取等强度梁的几何尺寸，用所学材料力学知识计算测点的理论应变值。

② 使用结构电算软件建立模型分析计算测点的理论应变值。

（3）比较 $\varepsilon_{测}$ 与 $\varepsilon_{理}$，算出相对误差，分析误差原因。

（4）计算等强度梁的相对残余应变 S'_{p}。

$$S'_{\mathrm{p}}=\frac{S_{\mathrm{p}}}{S_{\mathrm{t}}}\times 100\% \tag{4-4}$$

式中 S_p——残余应变；

S_t——总应变。

4.3.6 实验报告编写

（1）简述实验目的。

（2）简述实验原理。

（3）整理实验数据及结果。

（4）思考回答下列问题：

① 分析误差原因及误差造成的影响。

② 试述桥臂系数的物理意义。

③ 简述温度效应及消除方法。

4.4 混凝土裂缝观测实验

4.4.1 实验目的

（1）了解测试混凝土裂缝宽度、深度的原理。

（2）掌握混凝土裂缝宽度的测试。

（3）掌握混凝土浅裂缝深度的测试。

4.4.2 实验原理

1. 混凝土裂缝宽度的量测

混凝土结构的裂缝宽度是在混凝土表面量测的、与裂缝方向垂直的宽度。混凝土裂缝宽度的量测可以使用印刷有不同宽度线条的裂缝标准宽度板与裂缝对比量测；或用具有不同标准厚度的塞尺进行试插对比，刚好插入裂缝的塞尺厚度即为裂缝宽度；或用由光学透镜与游标刻度等组成的复合仪器，即读数显微镜进行量测；如今裂缝宽度的量测常使用配置有显微摄像测量探头的电子裂缝观测仪进行裂缝的观测，其精度一般可达到 0.02 mm，如图 4-26 所示。

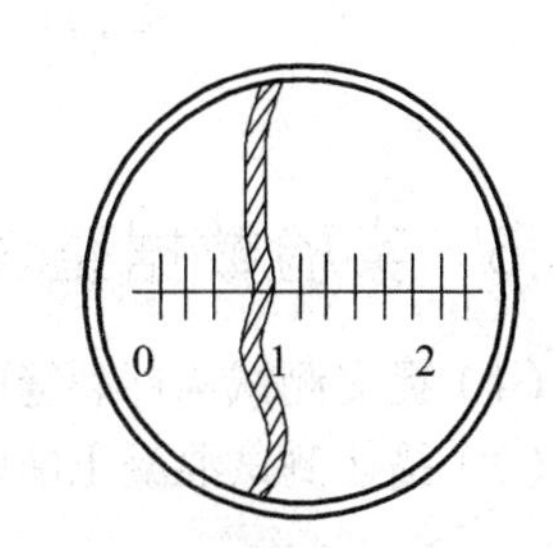

图 4-26 使用裂缝观测仪测量裂缝宽度示意图

2. 混凝土裂缝深度的量测

对混凝土裂缝深度的量测可根据超声波在混凝土中传播时遇到缺陷的绕射现象，按声时和声程的变化来判别和计算裂缝深度的大小。

4.4.3 仪器设备

混凝土裂缝观测仪（1 套），混凝土超声波检测仪（1 套），混凝土裂缝缺陷板（自制）。

4.4.4 实验步骤

1. 裂缝宽度的量测

（1）在实验环境中找一条混凝土结构中的裂缝。

（2）在其周围画出 20 cm 间距的矩形网格。

（3）描述裂缝的走向、裂缝长度并使用裂缝观测仪量取裂缝的宽度。

2. 浅裂缝深度的量测

对于结构混凝土开裂深度小于或等于 500 mm 的裂缝，可使用混凝土超声波检测仪采用对测法、平测法进行量测。需要量测的裂缝中不允许有积水或泥浆。当结构或构件中有钢筋穿过裂缝且与两个换能器的连线大致平行时，布置测点时应使两个换能器的连线与该钢筋轴线至少相距 1.5 倍的裂缝预计深度。

（1）在预制的混凝土缺陷板上以 100 mm 间距，标记出对测测点位置、用对测法逐点测出声时值，如图 4-27（a）所示。

（2）绘制测点声时与距离的关系曲线，如图 4-27（b）所示。曲线 A 段的末端与 B 段的首端之距即为裂缝深度所在区域，对这一区域再采用加密测点的方法即可准确地确定裂缝深度 H_L。

（3）当两探头连线与裂缝平面相交时，随探头的移动，声时逐渐由长变短，未相交时声时不变。实际测量时只要有 3 个不变声时点，即认为声时稳定。

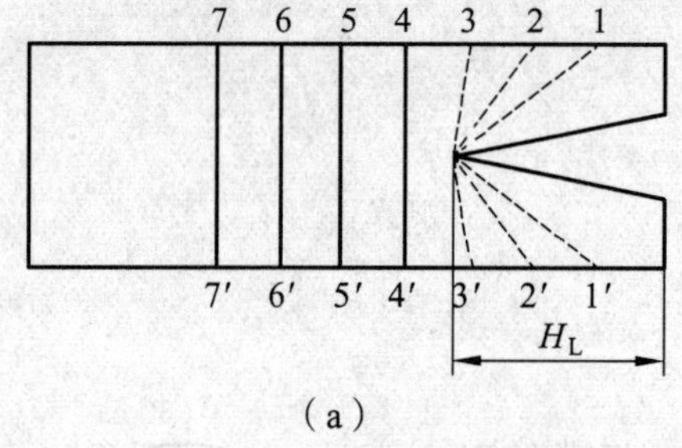

（a）

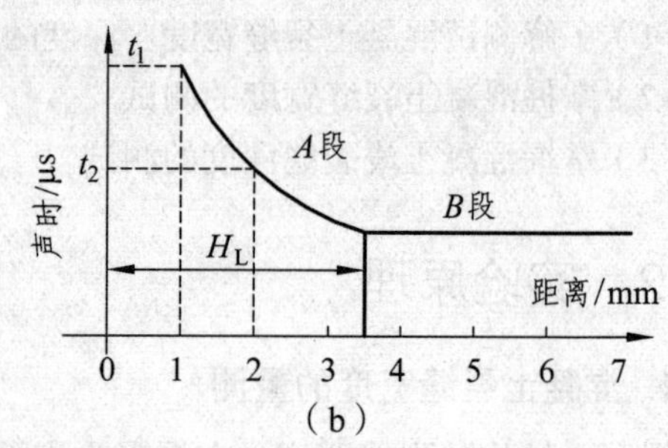

（b）

图 4-27 对测法测试浅裂缝深度

4.4.5 实验数据整理

（1）提交测试构件裂缝图，包括裂缝在构件中的分布状况，裂缝长度，裂缝宽度。

（2）描述测试混凝土缺陷板裂缝深度的过程及测试结果。

4.4.6 实验报告编写

（1）简述实验目的。

（2）简述实验原理。

（3）整理实验数据及结果。

（4）思考回答下列问题：

① 分析所测构件裂缝开展的原因。

② 简述裂缝深度测试的影响因素。

③ 若构件的裂缝宽度随荷载发生变化，怎样测试裂缝的变化状况。

第 5 章　结构静动力实验

5.1　结构静力实验——焊接钢桁架

5.1.1　实验目的

（1）熟悉结构静力实验中常用的加载装置和加载方法。

（2）掌握结构静力实验中量测仪器的使用方法。

（3）掌握结构静力实验的数据处理方法和报告的编写方法。

（4）熟悉结构边界的实现方法及布置准则。

5.1.2　实验概述

焊接钢架是工程中常用的结构形式，其杆件一般为角钢，这样布置可提高杆件的抗压稳定性。焊接钢架在杆件交汇的地方设有连接板，杆件与连接板之间多采用满焊的方式连接，因此焊接钢架的结点既可传递轴力也可传递弯矩，可简化成刚结点。从结构力学对结构定义出发，焊接钢架可谓典型的刚架。但实际工程中，焊接钢架杆件承受弯矩的能力远小于承受轴力的能力，钢架结构多用于只承受结点荷载的场合，此时其内力与桁架内力相差很小，因此习惯上把本是典型刚架的焊接钢架称之为“钢桁架”。

实际桁架的受力情况是比较复杂的，在理论计算中一般只是抓住主要矛盾，对实际桁架作必要的简化。通常在桁架的内力计算中采用下列假定：

（1）桁架的结点都是光滑的铰结点。

（2）各杆的轴线都是直线并通过铰的中心。

（3）荷载和支座反力都作用在结点上。

根据铰结点的定义，实际工程中理想的桁架是不存在的，但人们还是习惯把一些结点性质类似铰结点或力学特性与桁架相似的，荷载类型为结点荷载的结构称为桁架，如钢屋架、刚架桥梁、输电线路铁塔、塔式起重机机架等。

本次实验焊接钢架采用双 40 号等边角钢焊接而成。集中荷载采用油压千斤顶进行加载，荷载的大小通过油表或拉压力传感器测量。杆件的内力可通过粘贴在杆件不同部位的应变片进行测量。钢桁架的变形可通过安装在支座和跨中的位移传感器测量。实验钢架为简支状态并与加载装置一起安装在反力架中，其实际结构如图 5-1 所示。

在应变测试中，由于角钢属于非对称结构，应变片的粘贴位置及计算方式较圆管或方管更为复杂，测试时应变片通常布置在角钢底部、中性轴及翼缘位置，应变测点布置位置及细部尺寸如图 5-2 所示。

图 5-1　焊接钢架静力实验系统

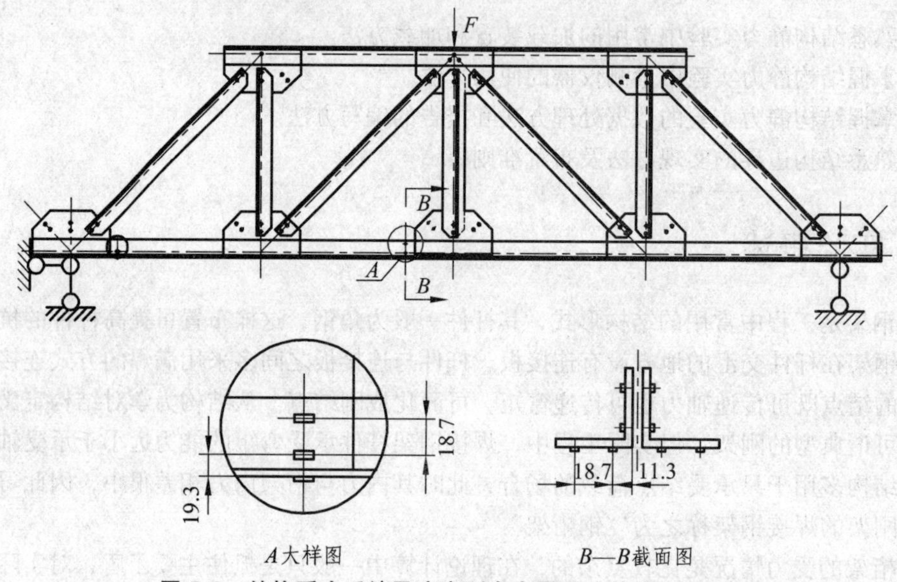

图 5-2　结构受力系统及应变测点布置图（单位：mm）

5.1.3　仪器设备

焊接钢桁架及加载反力架（1 套），带油表或压力传感器的千斤顶（1 套），静态电阻应变仪（1套），百分表及配套表座（6 套），钢卷尺（1 把），游标卡尺（1 个），电脑（1 台）。

5.1.4　实验步骤

1. 实验准备

（1）对加载用千斤顶油表或拉压力传感器进行校准。

（2）检查杆件上粘贴的电阻应变片是否完好，量测应变片阻值和布置位置，收集灵敏度系数等。

（3）量测焊接钢桁架杆件的实际长度及截面尺寸。

（4）根据实测结构尺寸，按桁架结构计算其最大承载力，并制定合理的加载方案，制订方案时应保证杆件的最大应变不应超过 800 με，荷载分 4 级加载；根据加载方案计算出各杆件在各级荷载作用下的理论内力值及下弦杆节点的变形值。

（5）将焊接钢桁架放置在支座上，使其在反力架中处于简支状态。

（6）将加载千斤顶安装在钢架上弦杆中节点位置，注意千斤顶的对中，特别需要避免平面外的偏载。

（7）安装位移传感器或百分表，注意百分表的测试方向应与所测变形方向一致。

（8）对应变测点进行编号，并将其按半桥的接桥方式连接到对应的静态电阻应变采集仪上，预调平衡，使其进入工作状态。

2. 预　载

在正式加载实验前，应进行预加载，对已就位的结构施加少量的荷载（一般为10%的满载）以观察、分析实验数据，检查实验装置、仪表是否工作正常，然后卸载。如有问题，要把发现的问题及时解决、排除。

3. 正式实验

（1）加　载

① 采用油压千斤顶加载，并用油压表或拉压力传感器控制加载值。

② 荷载分 4 级施加，然后分 2 级卸载。

③ 加载过程中，注意油压需平稳缓慢施加，避免产生冲击荷载；同时注意钢架是否有平面外的变形，如发现异常应马上停止实验并报告老师。

（2）数据采集

① 加荷载前应对应变采集系统平衡清零，读取百分表的初读数。

② 正式加载需分级进行加载，达到每级的加载值后，待结构稳定并持荷 5 min，然后测读百分表读数，同时采集应变数据。

③ 实验过程中，应及时检查所记录应变及变形数据的正确性，并与理论计算值进行对比。如：对比对称杆件的测点读数；各级荷载施加完毕后，杆件的应变及变形的级差应等。如有问题，查找原因及时排除。

④ 卸载完毕 5 min 后，测读变形、应变各测点的读数。

5.1.5　实验数据整理

（1）测量并收集被测结构的几何尺寸、跨度及各个测点的位置、应变片的灵敏度系数等。

（2）计算结构在荷载作用下的理论变形及应变值。

（3）记录实验概况和加载过程。

（4）处理测量数据，填写实验记录表格，绘制荷载—杆件应变分析曲线、荷载—节点挠度分析曲线。

（5）分析对比实验结果与理论计算结果。

5.1.6　实验报告编写

（1）简述实验目的。

（2）简述实验原理。

（3）简述加载方案。

（4）绘制加载位置及测点位置图。

（5）整理实验数据及结果。

（6）思考回答下列问题：

① 本次实验为什么可以将焊接钢架按照桁架结构计算？以本模型为例请定量做出分析。

② 集中荷载是否可以作用在焊接钢架的弦杆上，请说明理由。

5.1.7 拓展实验

（1）门式刚架的静力实验，验证门式刚架结构在水平荷载作用下内力分布规律及结点位移，了解刚结点的设计原理，其门式刚架实验系统如图 5-3 所示。

（2）H 型钢梁静力弯曲实验，以验证 H 型钢梁的内力分布规律及挠曲特性，其 H 型钢梁实验系统如图 5-4 所示。

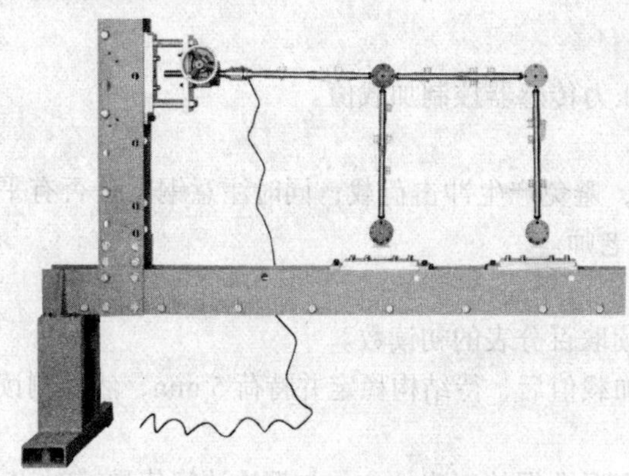

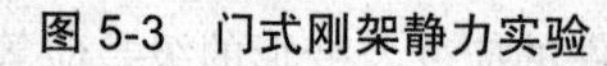

图 5-3 门式刚架静力实验

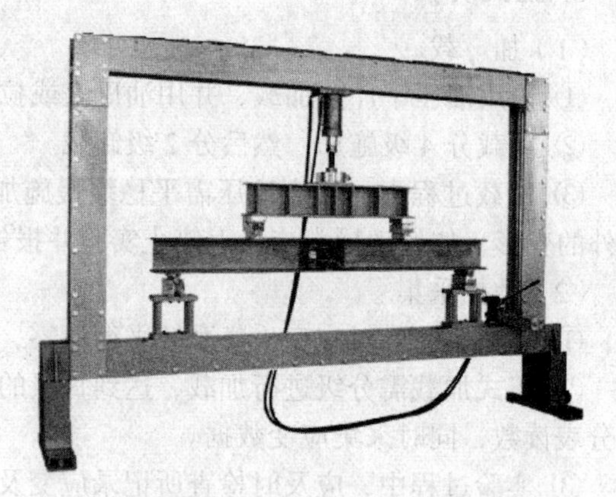

图 5-4 H 型钢梁静力实验

5.2 结构动力特性实验——自由振动法

5.2.1 实验目的

（1）理解用自由振动法测定结构动力特性的原理。

（2）掌握根据自由衰减振动波形确定系统的固有频率和阻尼比。

（3）掌握进行结构动测的仪器使用方法。

5.2.2 实验原理

结构动力特性参数也称结构自振特性参数或振动模态参数，其内容主要包括结构的自振频率（自振周期）、阻尼比和振型等。它们都是由结构形式、建筑材料性能等结构所固有的特性所决定的，与外荷载无关。

测定实际结构动力特性参数的方法主要有自由振动衰减法、强迫振动法和环境随机振动法

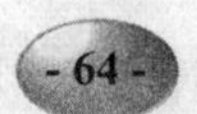

等，原则上任何一种方法都可以测得各种动力特性参数。本次实验采用自由振动衰减法测试结构的动力特性参数，其自由振动衰减量测系统如图 5-5 所示。

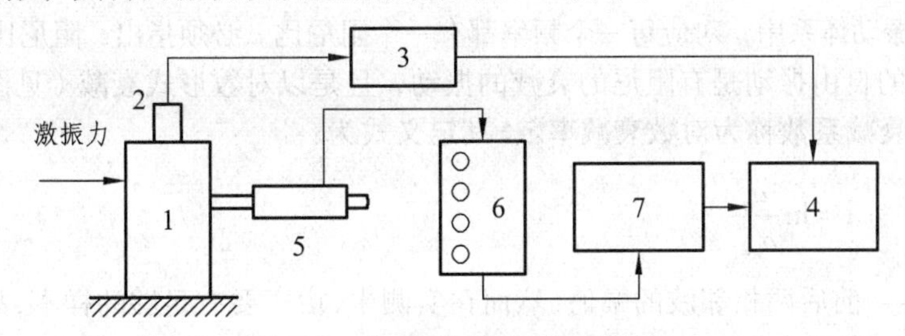

图 5-5　自由振动衰减量测系统

1—结构物；2—拾振器；3—放大器；4—显示、记录仪；5—应变位移传感器；6—应变仪桥盒；7—动态电阻应变仪

对待测结构物施加激振力（如突加或突卸荷载或敲击结构）后，即可激起结构物作有阻尼的自由振动，记录下该自由振动的波形图，即可从中分析结构物的基频、阻尼比等参数，其实测结构自由振动时程曲线如图 5-6 所示。

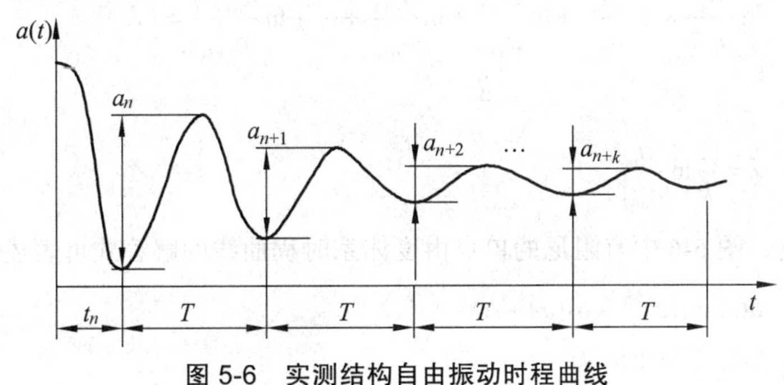

图 5-6　实测结构自由振动时程曲线

1. 自振频率和自振周期

自振频率是动力特性参数中最重要的概念，自振频率物理上指单位时间内完成振动的次数，通常用 f 表示，单位为赫兹（Hz）；也可以用圆频率 $\omega(\omega = 2\pi f)$ 表示，单位为 1/秒（1/s）。

自振周期（T）物理上指物体振动波形重复出现的最小时间，单位为秒（s），它和自振频率互成倒数关系 $T = 1/f$。由于这种倒数关系，工程中一般并不专门区分频率和周期的表达。

对于单自由度体系有如下算式：

$$f = \frac{1}{T} = \frac{1}{2\pi}\sqrt{\frac{K}{m}} \tag{5-1}$$

式中　K—— 结构的刚度；

　　m —— 结构的集中质量。

由此可见，结构的自振频率只与结构的刚度和质量有关，并与刚度 K 成正比，与质量 m 成反比。

对多自由度体系，以上关系同样存在，一般每个自由度都对应有一个自振频率，通常把多个频率按数值从小到大排列成一阶（也称作基本频率）、二阶、…、n 阶频率。

2. 对数衰减率、阻尼比

阻尼是存在于结构中的消耗结构振动能量的一种物理作用，它对结构抵抗振动是有利的。结构工程上假定阻尼属黏滞阻尼，与结构振动速度成正比，并习惯以一个无量纲的系数 ξ（阻尼比）来表示阻尼的量值大小。阻尼比的大小决定了自由振动衰减的快慢程度。从结构抵抗振动的工程意义上说，总希望这种衰减作用能够对结构有利。

在多自由度振动体系中，对应每一个频率都有一个阻尼比。必须指出，阻尼比只能是试验值。

由于结构物的自由振动是有阻尼的衰减的振动，且是以对数形式衰减（见图 5-6），故人们把这种有阻尼的衰减系数称为对数衰减率λ，其定义式为：

$$\lambda = \ln\frac{a_n}{a_{n+1}} \tag{5-2}$$

式中 a_n、a_{n+1}——前后两相邻波的幅值，然而在实测中，由于要有足够的样本，故要拓宽到a_{n+k}故作如下变换：

$$\frac{a_n}{a_{n+k}} = \frac{a_n}{a_{n+1}}\cdot\frac{a_{n+1}}{a_{n+2}}\cdot\frac{a_{n+2}}{a_{n+3}}\cdots\frac{a_{n+k-1}}{a_{n+k}} \tag{5-3}$$

将方程两边取对数：

$$\ln\frac{a_n}{a_{n+k}} = \ln\frac{a_n}{a_{n+1}} + \ln\frac{a_{n+1}}{a_{n+2}} + \ln\frac{a_{n+2}}{a_{n+3}} + \cdots + \ln\frac{a_{n+k-1}}{a_{n+k}} = k\lambda$$

故

$$\lambda = \frac{1}{k}\ln\frac{a_n}{a_{n+k}} \tag{5-4}$$

根据黏滞理论，图 5-6 中有阻尼的单自由度体系时程曲线的解答式可表述为：

$$a(t) = Ae^{-\xi\omega t_n}\cos(\omega t + \alpha) \tag{5-5}$$

则相邻振幅a_n与a_{n+1}的比值为：

$$\frac{a_n}{a_{n+1}} = \frac{Ae^{-\xi\omega t_n}}{Ae^{-\xi\omega(t_n+T)}} = e^{\xi\omega T} \tag{5-6}$$

式中 T——有阻尼时程曲线的振动周期；

ξ——结构的阻尼比；

ω——无阻尼自振圆频率。

两边取对数：

$$\ln\frac{a_n}{a_{n+1}} = \xi\omega T = \lambda \tag{5-7}$$

结构有阻尼的振动周期$T = \dfrac{2\pi}{\omega}$，故有：

$$\xi = \frac{\lambda}{2\pi} = \frac{1}{2\pi k}\ln\frac{a_n}{a_{n+k}} \tag{5-8}$$

5.2.3 仪器设备

悬臂梁或简支梁（1 套），拾振器（1 个），动态信号测试系统（1 套），应变式位移传感器及配套表座（1 套），电脑（1 台）。

5.2.4　实验步骤

（1）检查实验仪器设备，熟悉仪器及配套软件的使用方法，对测试用振动传感器、应变式位移传感器进行校准。

（2）安装、调整被测结构，量取和记录实验梁的主要数据、参数。

（3）连接拾振器或应变式位移传感器，启动动态测试系统，进行预热。

（4）进行预加载、检查、调试、平衡仪器设备。

（5）施加激振力，记录振动曲线。

5.2.5　实验数据整理

（1）计算被测结构的特征周期、频率、圆频率。

（2）计算被测结构的对数衰减率、阻尼比。

5.2.6　实验报告编写

（1）简述实验目的。

（2）简述实验原理。

（3）整理实验数据及结果。

① 画出测试系统简图。

② 画出振动图形记录图。

③ 根据实验数据计算该模型结构的实测自振频率、结构的圆频率、对数衰减率、阻尼比。

（4）思考回答下列问题：

① 测试结构的动力特性还有哪些实验方法？

② 阻尼对结构振动有何影响？

③ 若对实际结构，如 20 m 简支板梁桥，怎样采用自由振动法测定结构的动力特性？

5.2.7　拓展实验

（1）采用手算或电算方法，计算被测结构的理论基频值，并与实验结果进行对比。

（2）采用共振法测试结构动力特性。

（3）在实验测试的悬臂梁或简支梁上装配附加质量块，测试附加质量对结构自振频率的影响。

（4）改变附加质量块在悬臂梁或简支梁上的分布，测试质量分布对结构自振频率的影响。

5.3　结构动力特性实验——脉动法

5.3.1　实验目的

（1）理解用脉动法测定结构动力特性的原理。

（2）掌握根据幅频特性曲线确定系统的固有频率和半功率带宽法求阻尼比。

（3）掌握进行结构动测的仪器使用方法。

5.3.2 实验原理

脉动法是借助于被测结构周围外界的不规则微弱干扰（如地面脉动、空气流动等等）所产生的微弱振动作为激励来测定结构动力特性的一种方法。通过对结构的脉动测试能明显反应被测结构的固有频率。其优点是不用专门的激振设备，简便易行，且不受结构物大小的限制，因而得到了广泛的应用。

脉动法的原理与利用激振设备来作为激励的共振法的原理是相类似的。结构是坐落在地面上的，地面的脉动对结构的作用也类似于激振设备，它也是一种强迫激励。只不过这种激励不再是稳态的简谐振动，而是近似于白噪声的多种频率成分组合的随机振动。当地面各种频率的脉动通过被测结构时，与此结构自振频率相接近的脉动被放大突出出来，同时与被测结构不相同的频率成分被掩盖住，这样结构像个滤波器。因此，实测到的波形频率即与被测结构的自振频率相当。也正因如此，实测所看到的脉动波形，常以“拍振”的形式显现出来。通常在用脉动法实测结构自振特性时，其记录的时间要长些，这样测得高次频率的机会也就大些。

在用脉动法测量结构动力特性时，要求高灵敏度的拾振器。测量时只要将拾振器放在被测物上，并连线于放大器及记录仪，记录下振动波形，然后对振动波形进行傅里叶积分分析，即可得出结构的自振频率。例如对楼房，可将拾振器按层分别放在各层的楼梯间，便可对结构进行测试。

对实测的响应信号通过傅里叶变换得到结构的频谱图，对各阶频谱峰值采用半功率带宽法即可求得结构的各阶阻尼比。半功率带宽法求结构阻尼比方法为，频谱图的峰值所在横坐标上的对应值为结构的自振频率，纵坐标除以频率的平方，即在曲线峰值的 70.7%处，作一平行于频率轴的直线与曲线交于两点，这两点对应的横坐标上的频率差$\Delta f = f_2 - f_1$，如图 5-7 所示，据此可求出阻尼比。

$$\xi = \frac{1}{2f}(f_2 - f_1) = \frac{\Delta f}{2f} \tag{5-9}$$

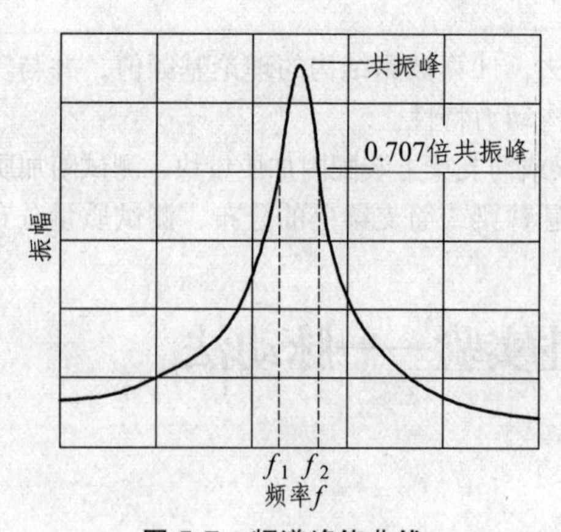

图 5-7　频谱峰值曲线

5.3.3　仪器设备

多层框架结构模型（1个），拾振器（若干），动态信号测试系统（1套），耦合剂（石膏、橡皮泥、凡士林）（1盒），电脑（1台）。

注：测试模型亦可采用刚度较小的简支梁模型。

5.3.4　实验步骤

1. 实验准备

（1）对测试用拾振器进行校准，检查测试屏蔽导线是否完好。

（2）选择测点布置位置。

（3）使用耦合剂将拾振器固定于被测结构上。

（4）将已装好的拾振器与导线连接、编号，并连接到动态信号测试系统，进行平衡调零。

2. 预采样

在正式实验前，应进行预采样，打开振动采集仪中的振动时域信号窗口和频谱分析功能中的实时谱分析窗口，观察各个拾振器信号是否工作正常，实时谱分析窗口是否有实时的频率峰值出现，并将此频率与理论计算的基频做比较。如有问题，要把发现的问题及时解决、排除。

3. 正式采样

对被测结构连续采集 30 min 以上。

4. 应当注意的问题

在应用脉动法分析结构的动力特性时，应注意以下问题：

（1）由于被测结构的脉动是由于环境随机振动引起的，可能带来各种频率分量，因此为得到具有足够精度的数据，要求记录仪器有足够宽的频带，使所需要的频率不失真。

（2）脉动记录中不应有规则的干扰，因此测量时应避免其他有规则振动的影响，以保持记录信号的“纯净”。

（3）为使每次记录的脉动均能够反映被测结构的自振特性，每次观测应持续足够长的时间，且重复几次。

（4）为使高频分量在分析时能满足要求的精度，减小由于时间间隔带来的误差，记录设备应有足够快的记录速度。一般采样频率与分析频率有 1∶2.56 的关系，即最高采样频率为 100 Hz 时，以此得到的不失真的最高分析频率为 39.06 Hz。

（5）布置测点时为得到扭转频率应将结构视为空间体系，应在高度方向和水平方向同时布置拾振器。

（6）每次观测最好能记录当时附近地面振动以及天气、风向风速等情况，以便分析误差。

5.3.5　实验数据整理

（1）在测试软件中截取一个拾振器振动时程信号数据。

（2）画出频谱分析图。

（3）分析出结构的基频、阻尼比。

5.3.6 实验报告编写

（1）简述实验目的。

（2）简述实验原理。

（3）整理实验数据及结果。

（4）思考回答下列问题：

脉动测试中，若有临时扰动，如对被测结构轻微碰撞，是否会对测试结果产生影响？

5.3.7 拓展实验

（1）采用脉动法测试实际结构的振型、频率和阻尼比。

（2）对被测结构采用理论计算或有限元方法计算出结构的基频，并与实验结果进行对比。

（3）若测试使用的拾振器（如 891 型拾振器）挡位可以调节，请用小速度、中速度、大速度、加速度档位分别测试被测结构，并对比测试分析结果。

5.4 结构动力反应实验——测试结构冲击系数

5.4.1 实验目的

（1）理解冲击系数的概念。

（2）掌握由实测曲线确定结构冲击系数的方法。

（3）掌握结构动测仪器的使用方法。

5.4.2 实验概述

在桥梁结构设计中，行驶在桥梁上的车辆因受到多种复杂因素的影响，对桥梁结构产生的动力效应往往会大于其静止作用在桥上所产生的静力效应。理论分析表明，由于桥梁上的车辆荷载是移动的，而且车辆荷载本身也是一个带有质量与弹簧的振动系统，使车辆—桥梁耦合系统的动力特性随荷载位置的移动而不断变化，动力放大系数是时间变量的函数，不仅与结构的固有频率 ω 和阻尼比 ξ 有关，而且还与移动车辆的竖向相对加速度 $\ddot{z}(t)/g$ 和车速 v 相关。这些正是桥梁车辆荷载激振问题的特点和复杂性所在。

尽管现代车桥耦合振动理论有了很大的发展，但是由于车辆动力特性的复杂性和参数的不确定性，公路桥梁钢筋混凝土或预应力混凝土承重结构动刚度的变化特性，桥梁结构阻尼的离散性和桥面不平的随机性，都使精确分析十分困难。即使对于桥跨上只有一辆载重汽车的情况，要通过理论分析的途径来解决动力效应的计算问题也还有一定的困难。对于桥跨上同时有多于一辆车的更复杂情况，在基于概率论的分析方法以及对相关的参数进行统计等问题没有解决之前，人们在设计实践中仍不得不借助于试验的方法，通过经验的“冲击系数”来近似地考虑移动车辆荷载的动力效应。通过动载试验测试桥梁结构冲击系数，是目前获取冲击效应的唯一可靠的方法。

桥梁动载试验一般安排标准汽车车列（对小跨径桥也可用单排车）在不同车速情况下进行跑车试验，跑车速度一般定为 5、10、20、30、40、50、60（km/h）。当车在桥上时为车桥耦合振动，当车跨出桥后为自由衰减振动。对铁路桥跨结构，同样安排以一定轴重装载的车列，以不同车速过桥，测量不同行驶速度下控制断面（一般取跨中或中支点处）的动应变和动挠度，记录时间一般不少于 0.5 h 或以波形衰减完为止。测试时需记录轴重、车速，并在时程曲线上标出首车进桥和尾车出桥的对应时间。

1. 动力试验荷载效率

桥跨结构动力荷载试验，宜采用接近设计荷载的车列，单车冲击系数较大，动力荷载效率较低，误差也较大。

2. 冲击系数的测定

桥跨结构在不同车速下的冲击系数可根据动测记录的动应变或动挠度曲线如图 5-8 所示，进行分析整理而得，并按下式计算：

$$1+\mu=\frac{S_{\mathrm{max}}}{S_{\mathrm{mean}}} \tag{5-10}$$

式中　S_{max}——动载作用下该测点最大应变（或挠度）值，即最大波峰值；

S_{mean}——相应的静载作用下该测点最大应变（或挠度）值（可取本次波形的振幅中心轨迹线的顶点值），$S_{\mathrm{mean}}=\frac{1}{2}(S_{\mathrm{max}}+S_{\mathrm{min}})$。其中 S_{min} 为与 S_{mean} 相应的最小应变（或挠度）值（即同周期的波谷值）。

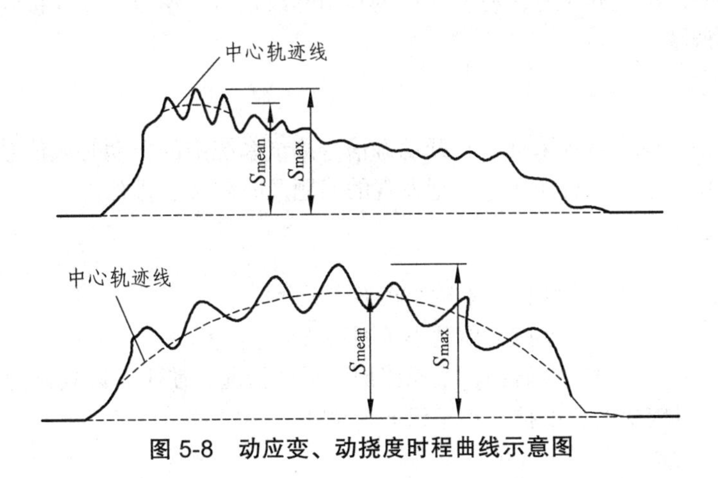

图 5-8　动应变、动挠度时程曲线示意图

不同部位的冲击系数是不同的。一般情况是梁桥给出跨中和支点部位的冲击系数；斜拉桥和悬索桥给出吊点和加劲梁节段中点部位的冲击系数；而桁架桥应区别弦杆、腹杆、纵梁、横梁分别给出冲击系数。

本次实验可使用有机玻璃制作梁体，测试结构的冲击系数，梁体模型如图 5-9 所示。

图 5-9　有机玻璃实验梁

5.4.3　仪器设备

有机玻璃实验梁（1 套），加载小车（若干），动态信号测试系统（1 套），电脑（1 台），应变式位移传感器及配套表座（1 套），应变片（若干）。

5.4.4　实验步骤

1. 实验准备

（1）在测试断面安装应变式位移传感器、粘贴应变片。

（2）将已装好的应变式位移传感器、应变片与导线连接、编号，并连接到动态信号测试系统上，进行平衡调零。

2. 预采样

在正式实验前，应进行预采样，打开动态信号测试系统中的振动时域信号窗口，观察各个测点信号是否工作正常。如有问题，要把发现的问题及时解决、排除。

3. 正式实验

（1）工况 1：以较慢的速度拉动单辆小车通过梁体。

（2）工况 2：以较快的速度拉动单辆小车通过梁体。

（3）工况 3：在梁体设置障碍物，模拟路面不平整情况，使小车以较慢的速度通过梁体。

（4）工况 4：以较快的速度拉动小车组通过梁体。

5.4.5　实验数据整理

（1）粘贴出各实验工况变形、应变时程信号数据。

（2）计算工况 1 ~ 工况 4 的动力系数。

5.4.6　实验报告编写

（1）实验目的。
（2）实验原理。
（3）整理实验数据及结果。
（4）思考回答下列问题：
① 单车跑车与小车组跑车测得的结构冲击系数有何差别，产生差别的原因是什么？
② 单车通过梁体时，速度对冲击系数有何影响？
③ 单车通过梁体时，结构的平整性对冲击系数有何影响？

5.4.7　拓展实验

在梁体设置一个三角形障碍物，使小车通过障碍物，模拟跳车试验，测试结构自振频率。

5.5　索力测试实验

5.5.1　实验目的

（1）理解索力测试的原理。
（2）掌握索力测试方法。

5.5.2　实验原理

拉索是斜拉桥和悬索桥的重要承重构件，设计和施工时通过调整拉索的索力，使塔、梁处于最佳受力状态。在运营过程中，亦应不断监测索力变化，及时调整索力，使之处于设计要求的状态。因此，无论施工过程还是运营过程中均需准确地测知索力。

目前频率法是索力测试的普遍应用方法，索的边界条件为两端固定，索的质量均匀分布时，索力计算公式为：

$$T=\frac{4ML^2}{n^2}f_n^2 \tag{5-11}$$

式中　T——索的拉力（N）；
M——索单位长度的质量（kg/m）；
L——索的长度（m）；
f_n——第 n 阶自振频率（Hz）；
n——频率阶数。

在本实验中采用钢丝模拟拉索，进而测试钢丝的拉力。钢丝的质量可以忽略不计，在钢丝上加一块质量块，形成集中的单自由度系统，激励质量块，产生自由衰减振动，测得其频率，就可通过下列公式来计算得到钢丝上的拉力：

$$T=\pi^2 f^2 L_m \tag{5-12}$$

当采用两个集中质量块均匀分布，并且两个质量块质量相等为 m 时，激励质量块，产生自由衰减振动，测得其二阶频率，就可通过下式计算：

$$T=\frac{4\pi^2 f_n^2 L_m}{3\times(2n-1)}\ (n=1,2) \tag{5-13}$$

当采用三个集中质量块均匀分布，并且三个质量块质量相等为 m 时，激励质量块，产生自由衰减振动，测得其三阶频率，就可通过下式计算：

$$T=\frac{\pi^2 f_n^2 L_m}{2+(n-2)\sqrt{2}}\ (n=1,2,3) \tag{5-14}$$

式中　m—— 小质量块质量（kg）；

L_m—— 钢丝两端支承间距（m）；

f_n—— 第 n 阶自振频率（Hz）。

5.5.3　仪器设备

振动教学实验装置（1 套，见图 5-10），动态信号测试系统（1 套），电涡流位移传感器（1 个），电脑（1 台），电子秤（1 台），钢卷尺（1 把）。

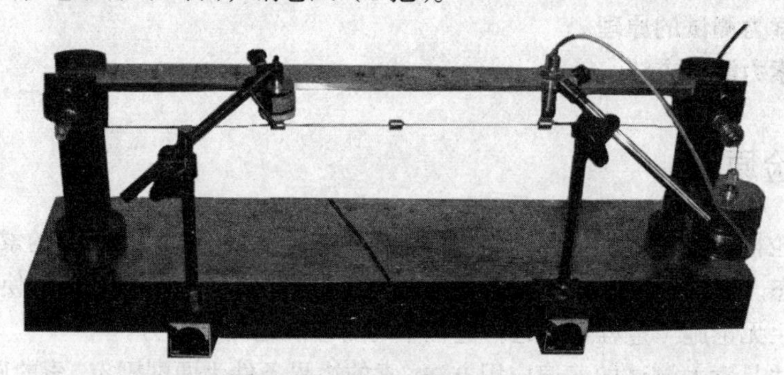

图 5-10　钢丝索力测试实验装置

5.5.4　实验步骤

（1）仪器安装、调试，量取两固定端之间钢丝的长度，称量配重质量块及小质量块质量。

（2）安装配重块和钢丝质量块组成的单自由度悬索系统，电涡流位移传感器安装在质量块上面，距离质量块约为 4 mm，将电涡流传感器的电缆接入输入端。

（3）打开测试仪器，设置采样频率，打开时程曲线、频谱分析窗口，对测试系统进行平衡、清零。

（4）轻轻敲击质量块，使其离开平衡位置做自由衰减振动，在频谱分析窗口读取频率峰值，计算索力值。

（5）改变配重块质量，重复以上步骤。

5.5.5 实验数据整理

将实验测试得到的频率值填入表5-1，并计算索力值。

表5-1 实验索力计算表

配重质量块（kg）	试验次数	测试频率（Hz）	小质量块（g）	支承钢丝长度（m）	索力（N）
1	1				
	2				
2	1				
	2				
3	1				
	2				
3.5	1				
	2				

5.5.6 实验报告编写

（1）简述实验目的。

（2）简述实验原理。

（3）整理实验数据及结果。

（4）思考回答下列问题：

① 在现场索力测试中，对拉索往往需要安装减振装置，请分析减振装置对索力测试的影响。

② 在现场拉索施工中，还可以使用什么方法对索力进行测试？并对比各种测试方法的精度。

③ 对于索力计算公式中的频率，除了使用电涡流位移传感器进行测试外，还可以使用什么传感器进行测试？

5.5.7 拓展实验

（1）对单根张拉的钢绞线的张拉力进行测试。

（2）对实桥索力进行测试。

第 6 章 钢筋混凝土受弯构件性能实验

6.1 钢筋混凝土受弯构件正截面性能实验

6.1.1 实验目的

（1）掌握钢筋混凝土受弯构件正截面实验的方法和操作程序。

（2）加深对钢筋混凝土受弯构件正截面受力特点、变形性能和裂缝开展规律的理解。

6.1.2 实验概述

根据梁正截面受弯破坏过程及破坏形态，可将梁分为适筋梁、超筋梁和少筋梁三种类型。下面以纯弯段内只配置纵向受拉钢筋的截面为例，说明这三种破坏模式。

1. 适筋梁的受弯破坏过程

当梁中纵向受力钢筋的配筋率适中时，梁正截面受弯破坏过程表现为典型的三个阶段。

第一阶段——弹性阶段（Ⅰ阶段）：当荷载较小时，混凝土梁如同两种弹性材料组成的组合梁，梁截面的应力呈线性分布，卸载后几乎无残余变形。当梁受拉区混凝土的最大拉应力达到混凝土的抗拉强度，且最大的混凝土拉应变超过混凝土的极限受拉应变时，在纯弯段某一薄弱截面出现首条垂直裂缝。梁开裂标志着第一阶段的结束。此时，梁纯弯段截面承担的弯矩 M_{cr} 称为开裂弯矩。

第二阶段——带裂缝工作阶段（Ⅱ阶段）：梁开裂后，裂缝处混凝土退出工作，钢筋应力激增，且通过粘接力向未开裂的混凝土传递拉应力，使得梁中继续出现受拉裂缝。压区混凝土中压应力也由线性分布转化为非线性分布。当受拉钢筋屈服时标志着第二阶段的结束。此时梁纯弯段截面承担的弯矩 M_y 称为屈服弯矩。

第三阶段——破坏阶段（Ⅲ阶段）：钢筋屈服后，在很小的荷载增量下，梁会产生很大的变形。裂缝的高度和宽度进一步发展，中性轴不断上移，受压区混凝土应力分布曲线渐趋丰满。当受压区混凝土的最大压应变达到混凝土的极限压应变时，受压区混凝土压碎，梁正截面受弯破坏。此时，梁承担的弯矩 M_u 称为极限弯矩。适筋梁的破坏始于纵筋屈服，终于混凝土压碎。整个过程要经历相当大的变形，破坏前有明显的预兆。这种破坏称为适筋破坏，属于延性破坏。

2. 超筋梁的受弯破坏过程

当梁中纵筋配筋率很大时，梁正截面受弯破坏只经历上述的Ⅰ、Ⅱ两个阶段。当荷载较小时，梁处于线弹性破坏状态，梁截面的应力呈线性分布，卸载后几乎无残余变形。当梁受拉区混凝土的拉应力达到混凝土的抗拉强度，且最大的混凝土拉应变达到混凝土极限受拉应变时，梁开裂。随着荷载的增大，裂缝不断增加。但是，由于钢筋很多，钢筋中的应力增加不显著，裂缝多而且密。当受压区混凝土的最大压应变达到混凝土的极限压应变时，受压区混凝土压碎，梁正截面受弯破坏。此时，纵筋尚未屈服。超筋梁中虽然出现大量的裂缝，但是裂缝宽度较小，梁的变形较小，没有明显征兆，破坏具有突然性。这种破坏称为超筋破坏，属于脆性破坏。

3. 少筋梁的受弯破坏过程

当梁中纵向钢筋的配筋很小时，梁正截面的破坏仅经历上述的I阶段（即弹性阶段）。当荷载较小时，梁处于线弹性状态。梁开裂后裂缝截面受压区混凝土承受的拉力全部传给钢筋。由于配筋率很小，钢筋无法承受混凝土转嫁来的拉力，钢筋应力激增，并迅速越过屈服平台和强化段达到极限强度而拉断，受拉裂缝发展至梁顶，梁由于脆性断裂而破坏，混凝土的抗压强度未得到充分发挥。少筋梁钢筋拉断后，梁断为两截，破坏前梁仅出现一条集中裂缝，只产生了弹性变形，这种破坏称为少筋破坏，它是突发性的脆性破坏，具有很大的危险性。

6.1.3　实验内容

（1）量测各级荷载作用下实验梁的跨中混凝土截面应变。

（2）量测各级荷载作用下实验梁中的受拉主筋应变。

（3）量测实验梁在各级荷载作用下的挠度。

（4）估计实验梁的开裂荷载，观察裂缝的出现，实测实验梁的开裂荷载。

（5）估计实验梁的破坏荷载，观察实验梁的破坏形态，实测实验梁的破坏荷载。

（6）量测实验梁裂缝的宽度和间距，记录实验梁破坏时裂缝的分布情况。

6.1.4　仪器设备

实验所使用的试件、仪器、设备见表6-1。

表6-1　实验仪器设备表

设备名称	数　量	设备名称	数　量
钢筋混凝土实验梁	1片	静态电阻应变仪	1套
反力框架	1套	百分表及磁性表座	若干
支撑边界	2套	裂缝观测仪	1套
千斤顶加载系统	1套	钢卷尺	1把
振弦式应变计	若干	振弦信号测试仪	1台
分配梁	1片	钢筋探测仪	1套
压力传感器	1个	电脑	1台
放大镜	若干		

6.1.5　实验步骤

在进行实验前应认真阅读本实验指导书，复习混凝土结构设计原理中的相关知识；了解有关测试设备和测试仪表的性能、原理、操作方法及使用时的注意事项。

1. 实验前准备

（1）收集试件的原始设计资料、设计图纸和计算书；施工和制作记录；混凝土梁体内纵向钢筋应变片埋置位置和编号，如图6-1所示；原材料的物理力学性能实验报告等文件资料。

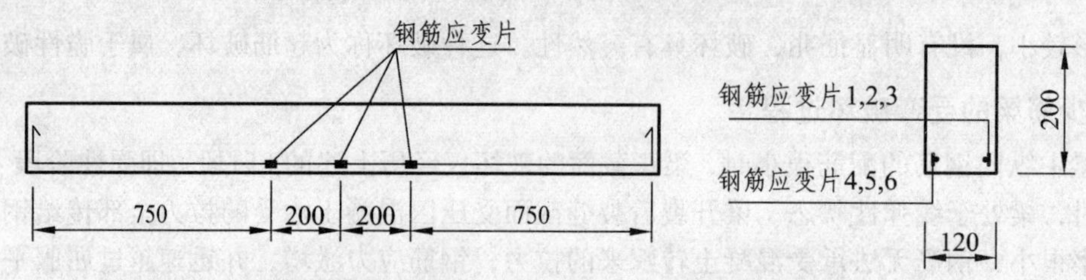

图 6-1 混凝土实验梁体尺寸及纵筋应变测点布置图（单位：mm）

（2）对试件的跨度、截面、钢筋位置、保护层厚度等实际尺寸及初始挠曲、变形、裂缝和其他缺陷，作详细量测和书面记录、并绘制详图。钢筋位置与保护层厚度可先用钢筋探测仪测定，再于实验结束后敲开试件保护层实测校对。

（3）将试件表面用白灰水或 106 白色涂料刷白，待干燥后再用铅笔画出 10 × 10 cm 方格网。

（4）安装实验梁，布置安装实验仪表，对量测及加载设备进行调试，实验装置安装示意图如图 6-2 所示，混凝土梁体跨中截面延梁高应变测点布置如图 6-3 所示，变形测点布置如图 6-4 所示。

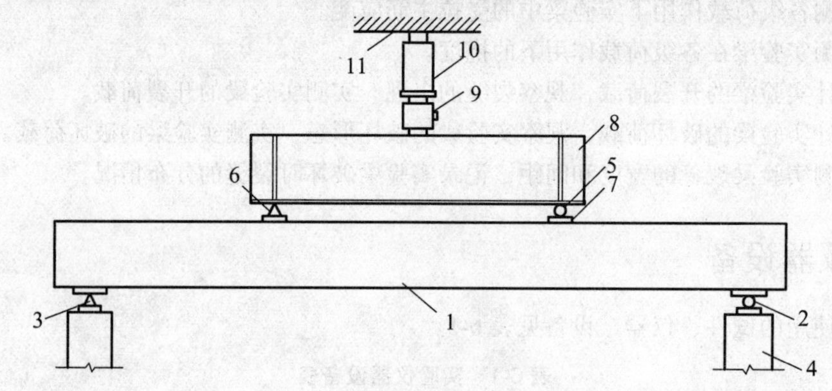

图 6-2 梁受弯实验装置示意图

1—实验梁；2—滚动铰支座；3—固定铰支座；4—支墩；5—分配梁滚动铰支座；6—分配梁固定铰支座；7—分配梁支座下的垫板；8—分配梁；9—压力传感器；10—千斤顶；11—反力梁及龙门架

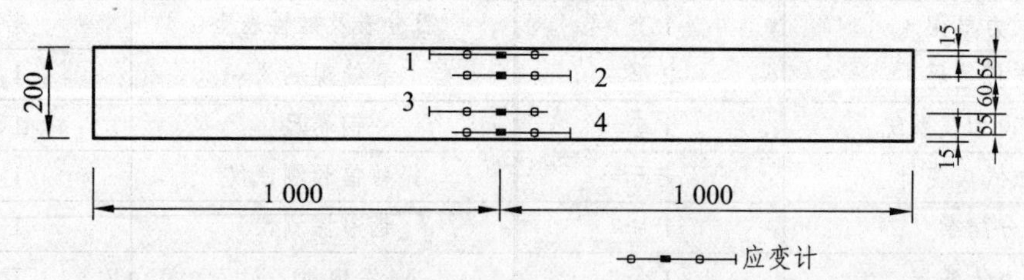

图 6-3 混凝土梁体跨中截面延梁高应变测点布置图（单位：mm）

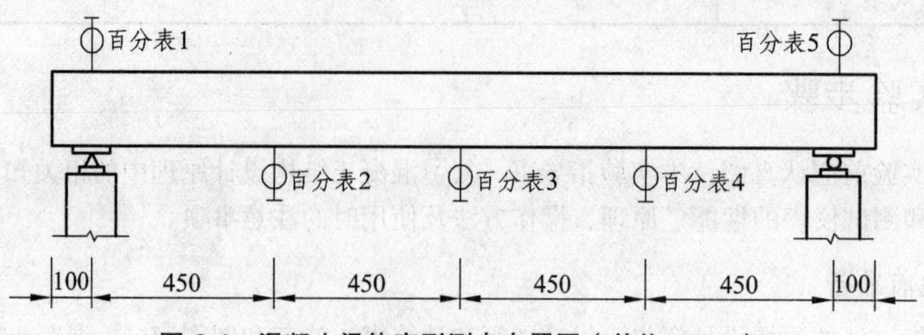

图 6-4 混凝土梁体变形测点布置图（单位：mm）

（5）根据实验梁的截面尺寸、配筋数量、材料强度等估算实验梁的破坏荷载值，制定相应的加载方案。

2. 预加载

对实验梁体进行预加载，其加载值一般为10%的破坏荷载值，测试加载系统、测量系统、人员状况等是否工作正常，如有问题及时检查、排除。

3. 正式实验

（1）利用压力传感器进行荷载控制，按估算开裂荷载值的1/5左右对实验梁分级加载，相邻两次加载的间隔时间为4 ~ 5 min。在每级加载后的间歇时间内，认真观察实验梁上是否出现裂缝，记录各级荷载下应变和变形读数。

（2）实验梁上发现第一条裂缝后，在实验梁表面对裂缝进行标记，记录开裂荷载值。

（3）继续利用压力传感器进行控制，按估算破坏荷载值的1/10左右对实验梁分级加载，相邻两次加载的间隔时间为 5 ~ 10 min。在每级加载后的间歇时间内，认真观察实验梁上是否出现裂缝，记录电阻应变仪、百分表读数。

（4）继续加载，当所加荷载达到受拉钢筋屈服值后，每级荷载控制在开裂荷载值的 5%左右对实验梁进行加载，并认真观察实验梁上是否出现裂缝，记录各级荷载下电阻应变仪、百分表读数。

（5）加载至实验梁临近破坏前，拆除跨中百分表，然后加载至破坏，实验过程中应密切观察构件裂缝开展和变形情况，记录电阻应变仪读数。

（6）卸载，拆除仪器，并清理实验现场。

4. 开裂荷载判断方法

（1）放大镜观察法

用放大倍率不低于四倍的放大镜观察裂缝的出现；当加载过程中出现第一条裂缝时，应取前一级荷载作为开裂荷载实测值；当在规定的荷载持续时间内出现第一条裂缝时，应取本级荷载值与前一级荷载的平均值作为开裂荷载实测值；当在规定的荷载持续时间结束后出现第一条裂缝时，应取本次荷载值作为开裂荷载实测值。

（2）荷载-挠度曲线判别法

测定试件的最大挠度，取其荷载-挠度曲线上斜率首次发生突变时的荷载值作为开裂荷载的实测值。

（3）连续布置应变计法

在截面受拉区最外层表面，沿受力主筋方向在拉应力最大区段的全长范围内连续搭接布置应变计监测应变值的发展，取任一应变计的应变增量有突变时的荷载值作为开裂荷载实测值。

5. 承载力极限状态判断方法

对梁试件进行受弯承载力实验时，在加载或持荷过程中出现下列标记即可认为该结构构件已经达到或超过承载力极限状态，即可停止加载：

（1）对有明显物理流限的热轧钢筋，其受拉主筋的受拉应变达到0.01。

（2）受拉主钢筋拉断。

（3）受拉主钢筋处最大垂直裂缝宽度达到1.5 mm。

（4）挠度达到跨度的 1/30。

（5）受压区混凝土压坏。

6.1.6 实验数据整理

1. 绘制内力图

根据加载方式画出受弯实验梁的内力图。

2. 试件加载值估算

（1）开裂弯矩估算

$$M_{cr}=0.292(1+2.5\alpha_A)f_{tk}bh^2 \tag{6-1}$$

式中 α_A —— 等于 $\dfrac{2\alpha_E A_s}{bh}$，其中 α_E 为 钢筋弹性模量与混凝土弹性模量的比值；

f_{tk} —— 混凝土轴心抗拉强度标准值；

b —— 实验梁截面宽度；

h —— 实验梁截面高度。

（2）屈服弯矩估算

作为估算，可以假定钢筋屈服时，压区混凝土的应力为线性分布，因此有：

$$M_y=f_y A_s(h_0-x_n/3)\approx 0.9M_u \tag{6-2}$$

式中 f_y —— 钢筋的抗拉强度设计值；

A_s —— 受拉区、受压区纵向非预应力钢筋的截面面积；

h_0 —— 截面有效高度；

x_n —— 中性轴至受压区最外侧边缘的距离；

M_u —— 构件的正截面受弯承载力设计值。

（3）极限弯矩估算

对于适筋梁：

$$M_u=\alpha_1 f_c b{h_0}^2\xi(1-0.5\xi) \tag{6-3}$$

式中 ξ —— 等于 $\dfrac{f_y A_s}{\alpha_1 f_c b h_0}$；

f_y —— 钢筋强度设计值；

f_c —— 混凝土轴心抗压强度设计值；

α_1 ——曲线应力图形最大应力 σ_0 与混凝土抗压强度 f_c 的比值。α_1 可由实验资料的统计分析确定，有截面轴向力平衡条件可得 $\alpha_1=\dfrac{E_s\varepsilon_s A_s}{\gamma_1 f_c \xi b h_0}$，现行国家标准《混凝土结构设计规范》GB50010 规定：$f_{cu,k}\leqslant 50$ MPa，α_1 取为 1.0；当 $f_{cu,k}=80$ MPa，α_1

取为 0.94；其间按直线内插法取用；γ_1 为等效矩形应力图形应力与曲线应力图形最大应力的比值。

对于超筋梁：

$$M_u = \alpha_1 f_{ck} b h_0^2 \xi (1-0.5\xi) = \sigma_s A_s h_0 (1-0.5\xi) \tag{6-4}$$

式中 $\xi = \dfrac{0.8 f_{yk} A_s}{\alpha_1 f_{ck} b h_0 (0.8-\xi_b) + f_{yk} A_s}$，$\sigma_s = f_{yk} \dfrac{\xi - 0.8}{\xi_b - 0.8}$。

对于少筋梁：

$$M_u \approx M_{cr} \tag{6-5}$$

3. 裂缝发展情况及破坏形态描述

（1）绘制各级实验荷载作用下的裂缝发生、发展的展开图，并说明各级实验荷载下的最大裂缝宽度和最大裂缝所在位置。

（2）画出实验梁在各级荷载作用下，考虑支座沉降、加载设备自重影响的荷载-挠度关系曲线。

（3）画出实验梁受拉区主筋在各级荷载作用下的荷载-纵筋应变关系曲线。

6.1.7 实验报告编写

（1）简述实验目的。

（2）简述实验原理。

（3）整理实验数据及结果。

（4）思考回答下列问题：

① 描述混凝土梁破坏过程，并说明梁体是适筋梁、超筋梁和少筋梁中的哪一种？

② 根据实验梁的实测几何数据、材料特性数据、配筋状况计算实验梁的正截面承载力，并对计算值和实验值进行比较，分析差异的原因。

③ 根据实验梁的实测几何数据、材料特性数据、配筋状况计算实验梁的裂缝及跨中挠度，并对计算值和实验值进行比较，分析差异的原因。

6.1.8 拓展实验

分别计算适筋梁、超筋梁和少筋梁的钢筋数量，按计算结果制作梁体，完成各配筋条件下钢筋混凝土受弯构件正截面性能实验。

6.2 钢筋混凝土受弯构件斜截面性能实验

6.2.1 实验目的

（1）掌握钢筋混凝土受弯构件斜截面实验的一般程序和实验方法。

（2）理解钢筋混凝土受弯构件的斜截面受力特点和斜裂缝的开展规律。

（3）验证斜截面强度计算方法，加深认识剪压破坏形态的主要破坏特征，以及产生破坏特征的机理。

（4）了解箍筋在斜截面抗剪中的作用。

6.2.2 实验概述

混凝土梁在一般情况下的破坏形式有两类：正截面破坏和斜截面破坏。前者是由与构件纵向轴线相垂直截面上的正应力引起的，后者则是由构件中与构件轴线成一定角度的主拉应力引起的。一般情况下，这两种应力均存在，究竟构件会发生哪种形式的破坏，取决于两种应力之中的哪一种先达到其相应的强度。梁斜截面破坏包括斜截面受剪破坏和斜截面受弯破坏。斜截面受剪破坏又可分为剪压、斜压和斜拉三种破坏模式。

1. 剪压破坏

当剪跨比$1 \leqslant \lambda \leqslant 3$，且配箍量适中时多发生剪压破坏。试件的受力过程可按裂缝出现前后划分为两个阶段。第Ⅰ阶段，当荷载很小时，梁上无裂缝发生，纵筋和箍筋的应力都很小。随着荷载的增加，先在纯弯区段出现垂直裂缝，随后在弯剪共同作用的区段出现斜裂缝。在几条斜裂缝中形成一条主斜裂缝后，梁的受力过程进入第Ⅱ阶段。此时因开裂混凝土退出工作，与斜裂缝相交的箍筋的应力急剧增加，出现明显的应力重分布现象，这在荷载-箍筋应力曲线上表现为明显的转折。随着荷载的增加，箍筋应力迅速增长，斜裂缝不断扩展并向加载点（通常是加载板的外侧）延伸，使斜裂缝上端接近加载点处的混凝土剪压区的截面面积不断减小。当箍筋达到其屈服强度时，随着上述剪压区混凝土被剪压破坏，第Ⅱ阶段的受力过程结束。这种破坏称为剪压破坏，如图 6-5（a）所示。

2. 斜压破坏

当剪跨比$\lambda<1$时，或虽剪跨比适中但配置的箍筋数量过多时，支座与集中荷载加载点之间的混凝土犹如一个斜压短柱。斜裂缝起始于梁的腹部，并向集中荷载点和支座扩展。随着荷载的增加，斜裂缝增多，最后在梁腹部发生类似短柱的破坏，这种破坏称为斜压破坏，如图 6-5（b）所示。斜压破坏梁中的箍筋一般未屈服。

3. 斜拉破坏

当剪跨比$\lambda>3$，且配箍率很小时，斜裂缝一出现即迅速延伸到集中荷载作用点处，使梁斜向被拉断成两部分而破坏，称为斜拉破坏，如图 6-5（c）所示。一般情况下，实验梁先出现受弯裂缝后出现受剪裂缝，且受剪破坏为脆性破坏，无明显预兆，梁斜向被拉断，无剪压区混凝土压碎现象。梁的抗剪能力取决于混凝土抗拉强度，其承载力明显低于剪压破坏的梁。

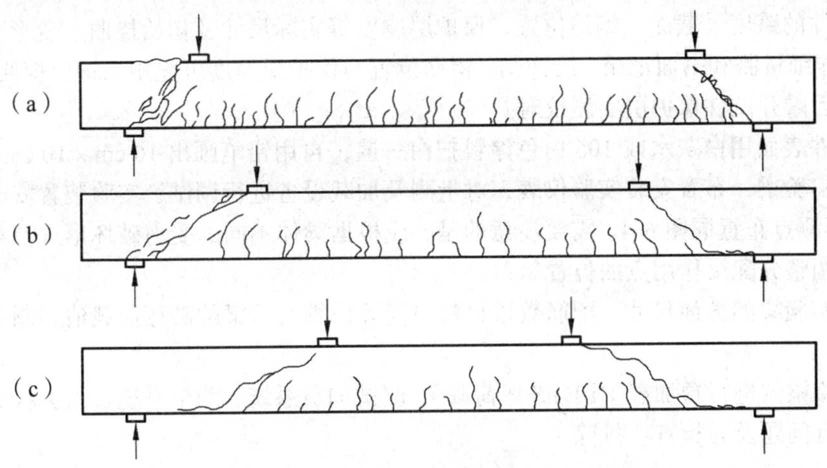

图 6-5　无腹筋梁斜截面的主要破坏形态

6.2.3　实验内容

（1）估算实验梁的斜裂缝开裂荷载，观测实验梁斜裂缝。

（2）量测实验梁的最大斜裂缝宽度和临界斜裂缝的水平投影长度，记录实验梁破坏时斜裂缝分布情况。

（3）观察实验梁的破坏形态，测定实验梁的破坏荷载。

6.2.4　仪器设备

所用实验仪器、设备同表 6-1。

6.2.5　实验步骤

在进行实验前应认真阅读本实验指导书，复习混凝土结构设计原理中的相关知识；了解各种测试设备和测试仪表的性能、原理、操作方法及使用时的注意事项。

1. 实验前准备

（1）收集试件的原始设计资料、设计图纸和计算书；施工和制作记录；混凝土梁体内纵向钢筋应变片埋置位置和编号，同图 6-1，及箍筋应变片埋置位置和编号，如图 6-6 所示，需要指出的是箍筋应变测点，应根据不同的受剪破坏形式及相应的梁体配筋设计进行布置；原材料的物理力学性能实验报告等文件资料。

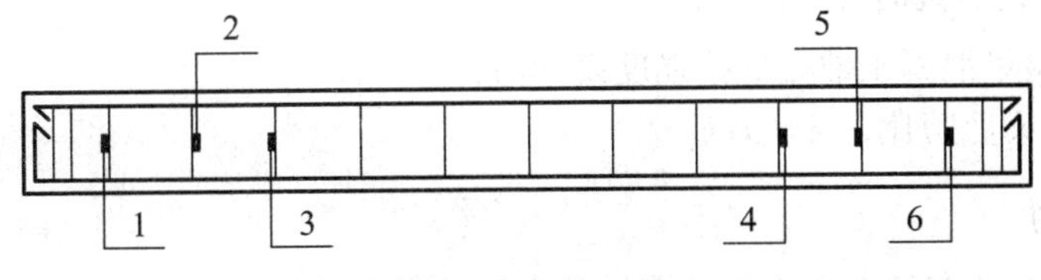

▮—箍筋应变测点

图 6-6　箍筋应变测点布置示意图

（2）对试件的跨度、截面、钢筋位置、保护层厚度等实际尺寸及初始挠曲、变形、裂缝和其他缺陷，作详细量测和书面记录、绘详图。钢筋位置与保护层厚度可先用保护层探测仪测定，再于实验结束后敲开试件保护层实测校对。

（3）将试件表面用白灰水或106白色涂料扫白一遍，再用铅笔画出10 cm×10 cm方格网。

（4）安装实验梁，布置安装实验仪表，对量测及加载设备进行调试，实验装置安装示意图同图6-2，变形测点布置同图6-4。需要注意的是，应根据梁体不同的受剪破坏形式及相应的梁体配筋设计，调整分配梁作用点的位置。

（5）根据实验梁的截面尺寸、配筋数量材料强度等估算实验梁的破坏荷载值，制定相应的加载方案。

（6）对实验梁体进行预加载（10%破坏荷载），测试加载系统、测量系统、人员状况等是否工作正常，如有问题及时检查、排除。

2. 正式实验

（1）利用压力传感器进行荷载控制，在最大斜裂缝宽度发展至0.6 mm以前，根据预计的受剪破坏荷载分级进行加载，每级荷载约为破坏荷载的20%，每次加载时间间隔为15 min。

（2）当最大斜裂缝宽度发展至0.6 mm以后，拆除所有仪表，然后加载至破坏，并记录破坏时的极限荷载。

（3）卸载，拆除仪器，并清理实验现场。

3. 承载力极限状态确定方法

对试件进行受剪承载力实验时，在加载或持载过程中出现下列标记即可认为该结构构件已经达到或超过承载力极限状态，即可停止加载：

（1）斜裂缝端部受压区混凝土剪压破坏。

（2）沿斜截面混凝土斜向受压破坏。

（3）沿斜截面撕裂形成斜拉破坏。

（4）钢筋与斜裂缝交会处的斜裂缝宽度达到1.5 mm。

6.2.6 实验数据整理

1. 开裂剪力

实验梁开裂剪力计算值V_{cr}可按下式计算：

$$V_{cr}=1.8bh_0f_t^T/(\lambda+1.3) \tag{6-6}$$

式中 b——实验梁的截面宽度；

h_0——实验梁的截面有效高度；

f_t^T——实验梁混凝土轴心抗拉强度设计值；

λ——实验梁剪跨比，$\lambda=a/h_0$。

2. 抗剪承载力

试件受弯极限荷载可按上节内容计算，其中材料强度采用设计值。对于梁受剪承载力可参照规范GB 50010的有关公式计算，其中材料强度采用标准值，即：

$$V_u = \frac{1.75}{\lambda+1} f_{tk} b h_0 + f_{yk} \frac{A_{sv}}{S} h_0 \quad (6\text{-}7)$$

$$P_{uQ} = 2V_u \quad (6\text{-}8)$$

式中 f_{tk}——混凝土轴心抗拉强度标准值；

f_{yk}——箍筋标准值强度；

A_{sv}——箍筋截面面积；

V_u——截面抗剪承载力；

S——箍筋间距。

其中，当 $\lambda<1.5$ 时，取 $\lambda=1.5$；当 $\lambda>3$ 时，取 $\lambda=3$。

3. 最大斜裂缝宽度

实验梁最大斜裂缝宽度计算值 w_{max} 可按下式计算：

$$w_{max} = (s+18)(2.6\lambda-1)(V^T - 0.9V_{cr}^T)/1\,000A_{sv} \quad (6\text{-}9)$$

式中 V^T——实验梁实验剪力；

V_{cr}^T——实验梁实测开裂剪力。

4. 斜裂缝水平投影长度

实验梁斜裂缝水平投影长度计算值 c 可按下式计算：

$$c = \lambda^{1/2} h \quad (6\text{-}10)$$

式中 h——实验梁截面高度。

5. 绘制实验图

绘制各级实验荷载作用下的裂缝发生、发展的展开图，并说明各级实验荷载下的最大裂缝宽度和最大裂缝所在位置。

6.2.7 实验报告编写

（1）简述实验目的。

（2）简述实验原理。

（3）整理实验数据及结果。

（4）思考回答下列问题：

① 描述钢筋混凝土梁的破坏过程，并说明梁体破坏是斜压破坏、剪压破坏、斜拉破坏中的哪一种？

② 根据实验梁的实测几何数据、材料特性数据、配筋状况计算实验梁的斜截面抗剪承载力，并对计算值和实验值进行比较，分析差异的原因。

6.2.8 拓展实验

根据钢筋混凝土斜截面斜压破坏、剪压破坏、斜拉破坏的特征，分别计算调整箍筋的用量和加载点的位置，按计算结果制作梁体，完成各配筋条件下钢筋混凝土受弯构件斜截面性能实验。

6.3 钢筋混凝土柱偏心受压性能实验

6.3.1 实验目的

（1）掌握钢筋混凝土偏心受压柱静载实验的程序和方法。
（2）加深对钢筋混凝土柱的大、小偏心受压破坏过程和特征的理解。

6.3.2 实验概述

偏心受压构件可分为两种典型的破坏形态，即大偏心受压破坏和小偏心受压破坏。

1. **大偏心受压**

对于大偏心受压构件，当荷载较小时，构件处于弹性阶段，受压区及受拉区混凝土和钢筋的应力都较小，构件中部的水平挠度随荷载线性增长。随着荷载的不断增大，受拉区的混凝土首先出现横向裂缝而退出工作，远离轴向力一侧钢筋的应力及应变增加较快；接着受拉区的裂缝不断增多并向受压区延伸，受压区高度逐渐减小，受压区混凝土应力增大。当远离轴向力一侧钢筋应变达到屈服应变时，钢筋屈服，截面处形成一条主裂缝。当受压一侧的混凝土压应变达到其极限抗压应变时，受压区较薄弱的某处出现纵向裂缝，混凝土被压碎而使构件破坏。此时，靠近轴向力一侧的钢筋也达到抗压屈服强度，混凝土压碎区大致呈三角形，如图 6-7（a）所示。对于大偏心受压构件的破坏是始于远离轴向力一侧钢筋的受拉屈服，钢筋屈服后主裂缝不断发展，压区混凝土的应力不断增加，当混凝土被压碎时，构件破坏，整个破坏过程与受弯构件中的双筋矩形截面类似。

2. **小偏心受压**

对于小偏心受压构件，随着荷载的增大，靠近轴向力一侧的混凝土压应力不断增大，直至达到其抗压强度而破坏。此时该侧的钢筋应力也达到抗压屈服强度，而远离轴向力一侧混凝土及钢筋的应力均较小。构件破坏时受压区段较长，开裂荷载与破坏荷载很接近，破坏前无明显预兆，如图 6-7（b）所示。破坏时，构件因荷载引起的水平挠度比大偏心受压构件小得多。对

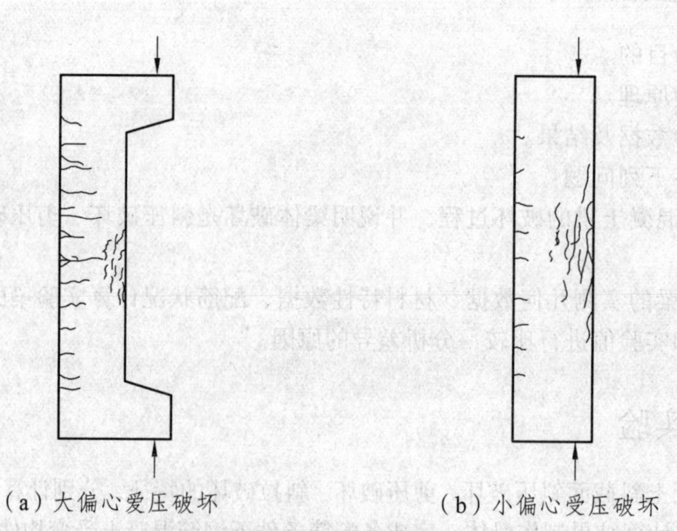

图 6-7　柱体偏心受压时的破坏形态

于小偏压构件的破坏直接始于受压区混凝土的压碎，构件破坏时，远离轴向力一侧的钢筋或受拉或受压，构件的破坏形态与轴心受压构件类似。

6.3.3 实验内容

（1）量测各级荷载作用下实验柱的侧向挠度。

（2）量测各级荷载作用下实验柱中部截面应变。

（3）观察出现的裂缝，量测裂缝的宽度和间距。

（4）观察实验柱的破坏形态，测定实验柱的破坏荷载。

6.3.4 仪器设备

实验所使用的试件、仪器、设备见表 6-2。

表 6-2 实验仪器设备表

设备名称	数 量	设备名称	数 量
钢筋混凝土实验柱	1 片	静态电阻应变仪	1 套
压力试验机	1 套	百分表及磁性表座	若干
单刀铰支座	2 套	裂缝观测仪	1 套
放大镜	若干	钢卷尺	1 把
振弦式应变计	若干	振弦信号测试仪	1 台
电脑	1 台	数码相机	1 台

6.3.5 实验步骤

在进行实验前应认真阅读本实验指导书，复习混凝土结构设计原理中的有关知识；了解各种测试设备和测试仪表的性能、原理、操作方法及使用时的注意事项。

1. 实验前准备

（1）收集试件的原始设计资料、设计图纸和计算书；施工和制作记录；混凝土柱体内纵向钢筋应变片埋置位置和编号，如图 6-8 所示；原材料的物理力学性能实验报告等文件资料。

（2）对试件的高度、截面、钢筋位置、保护层厚度等实际尺寸及初始变形、裂缝和其他缺陷，作详细量测和书面记录、绘详图。钢筋位置与保护层厚度可先用保护层探测仪测定，再于实验结束后敲开试件保护层实测校对。

（3）将试件表面用白灰水或 106 白色涂料刷白，待干燥后再用铅笔画出 10 cm × 10 cm 方格网。

（4）安装实验梁，布置实验仪表，对量测及加载设备进行调试，实验装置及混凝土柱体表面应变测点、变形测点布置如图 6-9 所示。

（5）根据实验梁的截面尺寸、配筋数量材料强度等估算实验梁的破坏荷载值，制定相应的加载方案。

2. 预加载

对实验梁体进行预加载，其加载值一般为 10%的破坏荷载值，测试加载系统、测量系统、人员状况等是否工作正常，如有问题及时检查、排除。

3. 正式加载实验

（1）在达到预计的受压破坏荷载的 80%之前，根据预计的受压破坏荷载分级进行加载，每级荷载约为破坏荷载的 20%，每级加载时间间隔为 15 min。

（2）当达到预计的受压破坏荷载的 80%以后，拆除所有仪表，然后加载至破坏，并记录破坏时的极限荷载。

（3）卸载，关闭仪器，并清理实验现场。

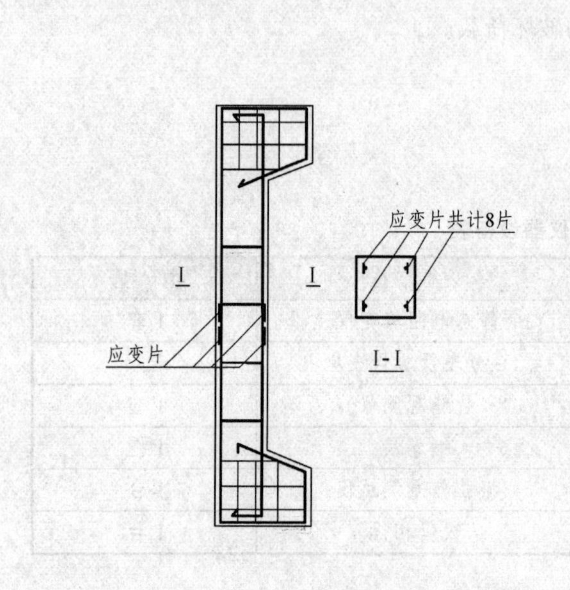

图 6-8 偏心受压柱实验纵向钢筋应变测点布置

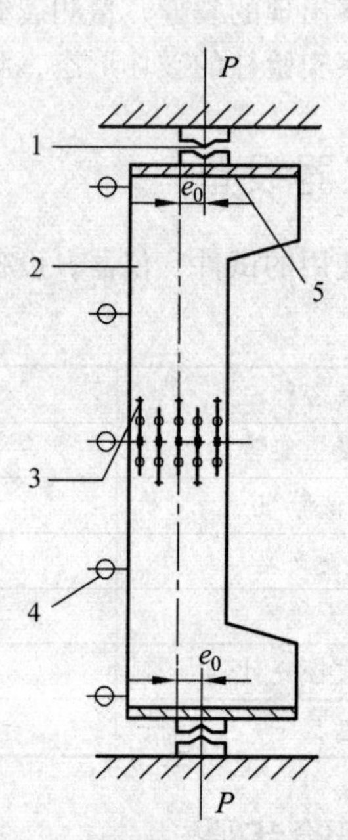

图 6-9 偏心受压柱实验装置及测点布置示意图

1—铰支座；2—实验柱体；3—振弦式应变计；4—百分表；5—钢垫板

6.3.6 实验数据整理

（1）试件加载估算。

对于对称配筋的大偏心受压短柱有：

$$N_c = \alpha_1 f_c b h_0 \xi \tag{6-11}$$

$$N_c e = \alpha_1 f_c b h_0^2 \xi (1 - 0.5\xi) + f_y' A_s' (h_0 - a_s') \tag{6-12}$$

$$e = e_0 + 0.5h - a_s \tag{6-13}$$

式中 N_c——截面的极限轴向承载力；

ξ——截面混凝土受压区相对计算高度；

f_y'——普通钢筋抗压强度设计值；

A_s'——受压区纵向普通钢筋的截面面积；

a_s'——受压区钢筋合力作用点至截面受压边缘的距离；

e_0——轴向力对截面中心轴的偏心距。

令：$A=\dfrac{\alpha_1 f_c b h_0^2}{2}$，$B=\alpha_1 f_c b h_0(e-h_0)$，$C=-f_y' A_s'(h_0-a_s')$，从而有：

$$\xi=\frac{-B+\sqrt{B^2-4AC}}{2A} \tag{6-14}$$

对于对称配筋的小偏心受压短柱有：

$$N_c=\alpha_1 f_c b h_0 \xi+f_y' A_s'-\sigma_s A_s \tag{6-15}$$

$$N_c e=\alpha_1 f_c b h_0^2 \xi(1-0.5\xi)+f_y' A_s'(h_0-a_s') \tag{6-16}$$

$$\sigma_s=\frac{0.8-\xi}{0.8-\xi_b} f_y \tag{6-17}$$

$$e=e_0+0.5h-a_s \tag{6-18}$$

式中　ξ_b——相对界限混凝土受压区高度；

　　　σ_s——远离轴向力 N 一侧纵向钢筋 A_s 的应力。

令：$D=\dfrac{\alpha_1 f_c b h_0^2}{2}$，$E=\alpha_1 f_c b h_0(e-h_0)+\dfrac{f_y A_s e}{0.8-\xi_b}$，$F=-\dfrac{0.8 f_y A_s e}{0.8-\xi_b}-f_y' A_s'(h_0-a_s'-e)$，从而有：

$$\xi=\frac{-E+\sqrt{E^2-4DF}}{2D} \tag{6-19}$$

（2）根据实验过程中记录的振弦式应变计读数，计算量测标距范围内的平均应变值，作平均应变分布图。

（3）绘制裂缝分布图。

（4）计算实验柱承载力、最大裂缝宽度并与实验结果进行比较分析。

6.3.7　实验报告编写

（1）简述实验目的。

（2）简述实验原理。

（3）整理实验数据及结果。

（4）思考回答下列问题：

① 描述钢筋混凝土柱破坏过程，并说明构件破坏是大偏心破坏、小偏心破坏中的哪一种？

② 根据实验柱的实测几何数据、材料特性数据、配筋状况计算实验柱的抗压承载力值，并对计算值和实验值进行比较，分析差异的原因。

6.3.8　拓展实验

根据钢筋混凝土柱大偏心破坏、小偏心破坏的特征，分别计算调整主筋的用量和加载点的位置，按计算结果制作梁体，完成各钢筋混凝土柱的偏心受压实验。

第7章　无损检测实验

7.1　回弹法测试混凝土强度实验

7.1.1　实验目的

（1）了解回弹仪的工作原理。

（2）掌握使用回弹仪测定结构或构件的混凝土强度的操作方法。

（3）掌握测定混凝土碳化深度的方法。

（4）掌握对回弹数据的处理方法，并能够评定结构或构件的混凝土强度值。

7.1.2　实验概述

1. 实验原理

回弹法是用一弹簧驱动的重锤，通过弹击杆（传力杆），弹击混凝土表面，并测出重锤被反弹回来的距离，以回弹值（反弹距离弹簧初始长度之比）作为强度相关的指标，来认定混凝土强度一种方法。由于测量是在混凝土表面进行，所以应属于表面硬度法的一种。

回弹仪按冲击力的大小可分为轻型、中型和重型三种，其构造如图7-1所示。

（1）轻型回弹仪可用于水泥砂浆和普通烧结黏土砖的抗压强度检测。

（2）中型回弹仪用于检测一般混凝土强度，标称能量为2.207 J，是一种直射捶击式仪器。

（3）重型回弹仪用于高强混凝土的抗压强度检测。

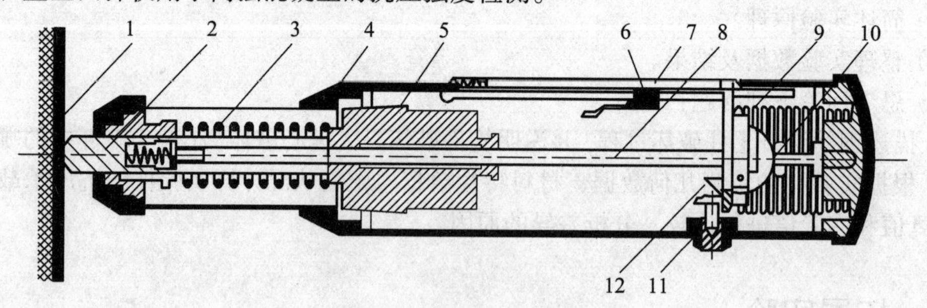

图7-1　回弹仪构造图

1—试验构件表面；2—弹击杆；3—拉力弹簧；4—套筒；5—重锤；6—指针；7—刻度尺；8—导杆；9—压力弹簧；10—调整螺丝；11—按钮；12—挂钩

回弹值的大小取决于与冲击能量有关的回弹能力，而回弹能量主要取决于被测混凝土的弹塑性性能。回弹距离主要取决于混凝土的塑性变形，混凝土强度越低，则塑性变形越大，消耗与塑性变形的功越大，弹击锤所获得的回弹能就越小，回弹距离相应也越小，从而回弹值就越小，反之亦然。

2. 回弹仪检测混凝土强度的影响因素

（1）原材料的影响

普通混凝土是建筑构件生产中使用最普遍的一种，它是由水泥、水及粗骨料、细骨料的混合料制备而成。因此原材料的影响因素有：水泥，细骨料，粗骨料，外加剂。

（2）成型方法的影响

手工插捣、振动一般成型工艺试验表明，只要成型后混凝土基本密实，对回弹法测强无显著影响。采用离心法、真空法、压浆法、喷射法和混凝土表层经物理、化学等方法处理成型的混凝土，应慎重使用统一测强曲线。

（3）养护方法及湿度的影响

① 主要养护方法有养护室内的标准养护、空气中自然养护及蒸气养护等。

② 标准养护与自然养护有明显差别。

③ 蒸气养护出池后 7 天以内的混凝土应建立专用曲线；蒸养出池再经自然养护 7 天以上的混凝土可按自然养护混凝土看待。

④ 湿度对回弹法测强有较大影响。最好在混凝土表面风干状态下进行检测，否则应采用建立专用曲线或采用钻芯法进行修正。

（4）碳化及龄期的影响

水泥一经水化就游离出大约 35%的氢氧化钙，它对于混凝土的硬化起了重大作用。已硬化的混凝土表面受到空气中二氧化碳的作用，使氢氧化钙逐渐变化，生成硬度较高的碳酸钙，这就是混凝土的碳化现象，它对回弹法测强有显著的影响。因为碳化使混凝土表面硬度增高，回弹值增大，但对混凝土强度影响不大，从而影响“f_{cu}-m_R”相关关系，不同的碳化深度对其影响不一样。

消除碳化影响的方法，国内外并不相同。国外通常采用磨去碳化层或不允许对龄期较长的混凝土进行测试。

对于自然养护一年内不同强度的混凝土，虽然回弹值随着碳化深度的增长而增大，但当碳化深度达到一定的某一数值时，如大于等于 6 mm，这种影响作用基本不再增长。

（5）模板的影响

使用吸水性模板（如木模）时，会改变混凝土表层的水灰比，使混凝土表面硬度增大，但对混凝土强度并无显著影响。回弹法规程中没有强制规定，使用中应注意。

（6）其　他

混凝土的分层泌水现象，使一般构件底部石子较多，回弹值读数偏高；表层因泌水，水灰比略大，面层疏松回弹值偏低。

钢筋对回弹值的影响视混凝土的保护层厚度，钢筋直径及密集程度而定。现场测试，由于应力状态的不同，回弹值有一些差异。

此外，试验时的大气湿度、构件的曲率半径及测试技术等对回弹法测强均有程度不同的影响，测试过程中应予注意和考虑。

7.1.3 仪器设备

中型回弹仪（1 套），酚酞酒精（1 瓶）、凿子（1 把）、碳化尺（1 副），钢砧（1 个）。

7.1.4 实验步骤

详见第 2 篇 11.1 节内容。

7.1.5 实验数据整理

详见第 2 篇 11.1 节内容。

7.1.6 实验报告编写

（1）简述实验目的。

（2）简述实验原理。

（3）整理实验数据及结果。

① 当回弹仪水平方向测试混凝土构件浇筑侧面的一个测区时，计算该测区的混凝土强度预算值（碳化深度按 4.0 mm 考虑）。

② 当回弹仪非水平方向测试混凝土构件浇筑侧面的一个测区时，计算该测区的混凝土强度预算值（碳化深度按 3.0 mm 考虑，角度按向上 45°考虑）。

（4）思考回答下列问题：

① 影响回弹测试结果的主要因素有哪些？

② 碳化深度如何测试？

③ 当有专用测强曲线、地区测强曲线、统一测强曲线时，在进行混凝土回弹强度检测时应首先选用哪种测强曲线，为什么？

7.1.7 拓展实验

使用 Excel 编制回弹法检测混凝土强度自动计算表格。

7.2 超声回弹综合法测试混凝土强度实验

7.2.1 实验目的

（1）掌握混凝土回弹仪的使用方法。

（2）掌握非金属超声波检测仪的使用方法。

（3）掌握超声回弹综合法测试混凝土强度的方法。

（4）掌握压力试验机测试混凝土试块强度的方法。

7.2.2 实验概述

超声回弹综合法实质上就是超声法和回弹法两种单一测强方法的综合应用，以超声波速度和回弹值综合反映混凝土抗压强度的一种非破损检测方法。超声波在混凝土材料中的传播速度反映了材料的弹性性质。由于超声波穿透被检测的材料，因此它反映了混凝土内部构造的有关信息。回弹法的回弹值反映了混凝土的弹性性质，同时在一定程度上也反映了混凝土的塑性性质，但它只能确切反映混凝土表层 3 cm 左右厚度的状态。当采用超声和回弹综合法时，既能反映混凝土的弹性，又能反映混凝土的塑性；既能反映混凝土的表层状态，又能反映混凝土的内部构造。这样可以由表及里、较为确切地反映混凝土的强度。

采用超声回弹综合法检测混凝土强度，能对混凝土的某些物理量在采用超声法或回弹法单一测量时产生的影响得到相互补偿。如在综合法中碳化因素可不予修正，原因是碳化深度较大的混凝土，由于其龄期较长而其含水量相应降低，以致使超声波速稍有下降，因此在综合关系中可以抵消回弹上升所造成的影响。所以，用综合法的 f_{cu}^{c}-v-R_m 关系推算混凝土强度时，不需测量碳化深度和考虑它所造成的影响。试验证明，超声回弹综合法的测量精度优于超声或回弹的单一方法，减少了量测误差。

超声回弹综合法检测混凝土强度不适用于检测因冻害、化学侵蚀、火灾、高温等已造成表面疏松、剥落的混凝土。

7.2.3　仪器设备

（1）试件：150 mm×150 mm×150 mm 的标准立方体试块一组（3 个试件）。

（2）测试仪器：非金属超声波检测仪（1 套）、中型混凝土回弹仪（1 个）、压力试验机（1 台）和游标卡尺（1 个）。

7.2.4　实验步骤

1. 整理试件

将被测试件四个浇筑侧面上的尘土、污物等擦拭干净。

2. 在试件测试面上标示超声测点

取试块浇筑方向的一个侧面为测试面，在测试面上画出相对应的 3 个测点如图 7-2 所示。

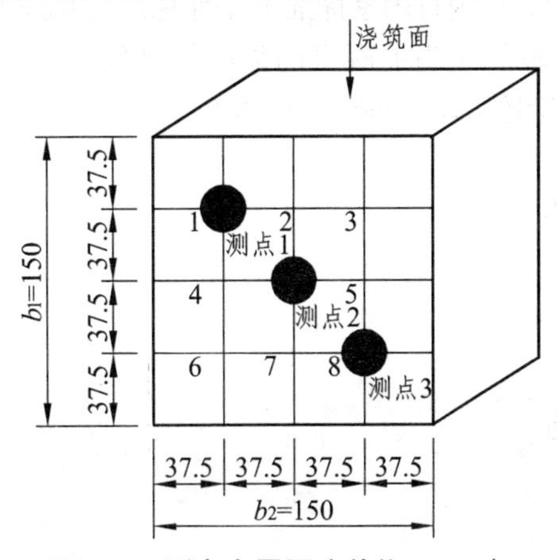

图 7-2　测点布置图（单位：mm）

3. 测量试件的超声测距

采用游标卡尺，在超声测试面的两侧边缘处逐点测量两测试面的垂直距离，精确到 1 mm，作为测点的超声测距值。

4. 测量试件的声时值

换能器直接耦合，校核仪器的声时初读数 t_0，精确至 0.1 μs。在试件两个测试面的对应测点位置涂抹耦合剂，将一对发射和接收换能器耦合在对应测点上，并始终保持两个换能器的轴线在同一直线上。逐点测读声时读数 t_1、t_2、t_3，精确至 0.1 μs。

5. 计算声速值

分别计算 3 个测点的声速值 v，取 3 个测点声速的平均值作为该试件混凝土中声速代表值 v，即：

$$v=\frac{1}{3}\sum_{i=1}^{3}\frac{l_i}{t_i-t_0} \tag{7-1}$$

式中 v——试件混凝土中声速代表值（km/s），精确至 0.01 km/s；

l_i——第 i 个测点超声测距（mm），精确至 1 mm；

t_i——第 i 个测点混凝土中声时读数（μs），精确至 0.1 μs；

t_0——声时初读数（μs）。

6. 测量回弹值

先将试件超声测试面的耦合剂擦拭干净，再置于压力机上下承压板之间，使另外一对侧面朝向便于回弹测试的方向，然后加压至 30 ~ 50 kN 并保持此压力。回弹测试时，应始终保持回弹仪的轴线垂直于混凝土测试面，分别在试件两个相对侧面上各测 8 点回弹值（共 16 个测点），精确至 1。回弹测点具体位置如图 7-2 所示。剔除 3 个最大值和 3 个最小值，取余下 10 个有效回弹值的平均值作为该试件的回弹代表值 R，计算精确至 0.1。

7. 抗压强度试验

回弹值测试完毕后，卸去荷载，用游标卡尺测量回弹面的尺寸，精确到 1 mm。将回弹测试面放置在压力机承压板正中，按现行国家标准《普通混凝土力学性能试验方法》（GB/T 50081）的规定速度连续均匀加荷至破坏（当混凝土的强度等级低于 C30 时，加荷速度应为 0.3 ~ 0.5 MPa/s）。计算抗压强度实测值 f_{cu}，精确至 0.1 MPa。

7.2.5 实验数据整理

详见第 2 篇 11.2 节内容。

7.2.6 实验报告编写

（1）简述实验目的。

（2）简述实验原理。

（3）整理实验数据及结果。

（4）思考回答下列问题：

① 把超声回弹综合法测得的混凝土强度与压力机实际测得的强度进行对比，比较两者的区别并分析原因。

② 超声回弹综合法推定混凝土强度是否需要测试碳化深度？

7.2.7　拓展实验

使用 Excel 编制超声回弹法检测混凝土强度自动计算表格。

7.3　反射波法检测桩基完整性及信号分析实验

7.3.1　实验目的

（1）掌握反射波法的基本原理及基本操作方法。

（2）熟悉相关技术规范。

7.3.2　实验原理

由于埋设于地下的桩的长度要远大于其直径，因此可将其简化为无侧限约束的一维弹性杆件，在桩顶初始扰力的作用下产生的应力波沿桩身向下传播。弹性波沿桩身向下传播过程中，在桩身夹泥、离析、扩颈、断裂、桩端等桩身阻抗变化处将发生反射和透射，用记录仪记录下反射波在桩身中传播的波形，通过对反射波曲线特征的分析即可对桩身的完整性、缺陷的位置进行判断，并对桩身混凝土强度进行评估。反射波法检测桩基质量如图 7-3 所示。

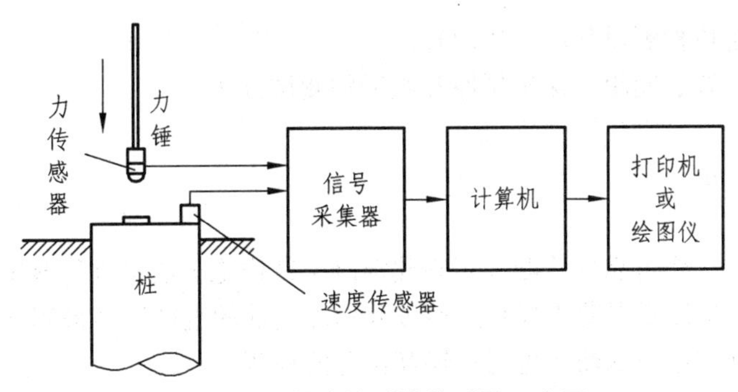

图 7-3　反射波检测桩基质量示意图

7.3.3　仪器设备

低应变桩基测试仪（1 套），自制实验桩（2 根）。

7.3.4 实验步骤

详见第 2 篇 12.4 节内容。

7.3.5 实验数据整理

详见第 2 篇 12.4 节内容。

7.3.6 实验报告编写

（1）简述实验目的。
（2）简述实验原理。
（3）整理实验数据及结果。
① 简述或画图表示反射波法桩基检测系统的基本组成。
② 绘出测试的波形图并对桩身完整性进行判断，如存在缺陷请判断出缺陷位置。
③ 推断所测基桩混凝土强度。
（4）思考回答下列问题：
① 力锤可否直接敲击传感器？
② 力锤敲击的高度及力量对测试结果有影响吗？
③ 该种测试方法可否测出桩基的承载能力？
④ 如果对测试结果有质疑，还可以采用什么更可靠的方法对桩基完整性进行测试？

7.4 电磁感应法检测钢筋位置、间距、保护层厚和直径实验

7.4.1 实验目的

（1）理解钢筋定位检测设备的工作原理。
（2）掌握钢筋位置、间距、保护层厚和直径的测试方法。

7.4.2 实验概述

对已建混凝土结构作可靠性诊断和对新建混凝土结构施工质量进行鉴定时，要求确定钢筋位置、布筋情况，正确测量混凝土保护层厚度和估测钢筋的直径。当采用钻芯法检测混凝土强度时，为了在取芯部位避开钢筋，也需作钢筋位置的检测。

测试原理：仪器探头产生一个电磁场，当某条钢筋或其他金属物体位于这个电磁场内时，会引起这个电磁场磁力线的改变，造成局部电磁场强度的变化。电磁场强度的变化和金属物的大小与探头距离存在一定的对应关系。如果把特定尺寸的钢筋和所要调查的材料进行适当标定，通过探头测量并由仪表显示出来这种对应关系，即可估测混凝土中钢筋位置、深度和尺寸。

电磁感应法不适合含有铁磁性物质的混凝土检测。对于具有饰面层的结构和构件，应清除饰面层后在混凝土面上进行测试。

7.4.3 仪器设备

钢筋位置测定仪（1套），钢卷尺（1把），自制钢筋混凝土实验板（1块）。

7.4.4 实验步骤

详见第2篇11.5节内容。

7.4.5 实验数据整理

详见第2篇11.5节内容。

7.4.6 实验报告编写

（1）实验目的。
（2）实验原理。
（3）整理实验数据及结果。
① 绘制出钢筋混凝土实验板中的钢筋网图。
② 在绘制的钢筋网图上标明各根钢筋的保护层厚度、钢筋直径。
（4）思考回答下列问题：
为什么在测试前要把探头拿到空中放置一会？

第2篇 工程检测

第8章 建筑结构检测与鉴定

8.1 建筑结构检测鉴定的背景和任务

8.1.1 背 景

8.1.1.1 自然灾害

1. 地 震

地震是一种不分国界的全球性自然灾害，它是迄今最具破坏性和危险性的灾害。我国 46%的城镇和许多重大工程设施分布在地震带上，有 2/3 的大城市处于地震区，200 余个大城市位于里氏 7 级（M7）及以上地震区，20 个百万以上人口的特大城市位于地震烈度大于 8 度的高强地震区。

2. 风 灾

我国东南部沿海地区常年遭受热带暴风雨的威胁，此外东起台湾、西达陕甘、南迄二广、北至漠河，以及湘黔丘陵和长江三角洲，均有强龙卷风。据统计，风灾平均每年损坏房屋 30 万间，经济损失达 10 多亿元。

3. 水 灾

我国大陆海岸线长达 18 000 km，全国 70%以上的城市，55%的国民经济收入分布在沿海地带，每年仅因海洋灾害造成的直接经济损失超过 20 亿元。我国目前有 1/10 的国土，100 多座大中城市的高程在江河洪水位之下。我国每年因水灾房屋倒塌数十万到数百万起，比地震倒房更为严峻。

4. 火 灾

随着国民经济的发展和城市化进程的加速，人口和建筑群的密度不断增大，建筑物的火灾概率大大增加，我国平均每年火灾 6 万余起，其中建筑物火灾就占总数的 60%左右。其中不少火灾使建筑物提前夭折，使更多的建筑物受到严重损坏。

因此，对于因遭受地震、风灾、水灾、火灾、爆炸而损伤的结构，产生了过度变形和裂缝的结构，都要通过试验为加固和修复工作提供依据。

8.1.1.2　改变建筑使用功能

随着经济建设的发展，在新建建筑的同时还强调对已有建筑的技术改造，在改造过程中，往往要求增加房屋高度、增加荷载、增加跨度、增加层数，即实施对房屋的改造。据资料统计，改造比新建可节约投资约 40%，缩短工期约 50%，收回投资比新建快 3～4 倍。

而当建筑结构由于使用功能发生了变化，原有结构需要加固、改造时往往需要通过试验实测及分析，从而确定原有结构物的实际潜力。

8.1.1.3　设计、施工的缺陷

1. 设计缺陷

对待建结构进行工程地质勘查时有时，由于勘察孔间距过大，勘察深度不足，不能全面准确反映地质情况，造成基础设计承载力不足。设计时有时由于结构方案不合理，计算模型考虑不周、作用荷载估计不足、构造不当、片面强调节约材料降低一次性投资等原因，导致建筑结构的安全度降低。

2. 施工缺陷

建筑结构进行施工时有时存在不按图施工、偷工减料、使用劣质材料、钢筋偏移、保护层厚度不足、配合比混乱等情况，更有甚者是违反基本建设程序，无证设计或越级设计、无图施工、盲目蛮干等，这些都给建筑物留下大量隐患。

因此，对新建成的建筑结构需进行总体的结构性能检验，以综合评价其结构设计及施工质量的可靠性。

8.1.1.4　老旧建筑达到设计基准期

20 世纪 50～60 年代，全国共建成各类工业项目 50 多万个，各类公共建筑项目近 100 万个，累计竣工的工业和民用建筑数十亿平方米，相当比例的房屋已进入中老年期，不少房屋已是危房。这类建筑结构在使用过程中受到风化、碳化、气温变化、氯离子侵蚀等环境因素的影响和在结构上任意开孔、挖洞、超载等使用因素的影响，建筑物在继续使用时人们对其安全性及可靠性持有怀疑。鉴定这类结构的性能首先应进行全面的科学调查。调查的方法包括观察、检测和分析。检测手段大多采用无损检测方法。在调查和分析基础上评定其所属安全等级，最后推算其可靠性。这类鉴定工作应按照可靠性鉴定规程的有关规定进行。

综上所述，不论是对新建筑物工程质量的鉴定，还是对在用建筑物安全性的判断；不论是为抗御灾害进行的加固，还是为灾后进行的修复；不论是为适应新的使用要求而对建筑物实施的改造，还是对建筑进入中老年期进行正常诊断处理，都需要对建筑物进行检测和鉴定，以期对结构的安全性和可靠性作出科学的评估，以保证建筑物能够安全、正常的使用。

8.1.2　建筑结构检测鉴定的任务

8.1.2.1　建筑结构检测的任务

建筑结构的检测可分为建筑结构工程质量的检测和既有建筑结构性能的检测。

1. 建筑结构工程质量的检测

当遇到下列情况之一时，应进行建筑结构工程质量的检测：

（1）涉及结构安全的试块、试件以及有关材料检验数量不足。

（2）对施工质量的抽样检测结果达不到设计要求。

（3）对施工质量有怀疑或争议，需要通过检测进一步分析结构的可靠性。

（4）发生工程事故，需要通过检测分析事故的原因及对结构可靠性的影响。

2. 既有建筑结构性能的检测

当遇到下列情况之一时，应对既有建筑结构现状缺陷和损伤、结构构件承载力、结构变形等涉及结构性能的项目进行检测：

（1）建筑结构安全鉴定。

（2）建筑结构抗震鉴定。

（3）建筑大修前的可靠性鉴定。

（4）建筑改变用途、改造、加层或扩建前的鉴定。

（5）建筑结构达到设计使用年限要继续使用的鉴定。

（6）对既有建筑结构的工程质量有疑虑或争议。

8.1.2.2　建筑结构鉴定的任务

建筑结构鉴定分为四类：民用建筑可靠性鉴定、工业厂房可靠性鉴定、危险房屋鉴定以及建筑抗震鉴定。详细内容见本章第 8.4 节内容。

8.2　建筑结构检测的方法和依据

8.2.1　建筑结构检测的方法

8.2.1.1　结构检测程序

结构检测可分为结构工程质量的检测和既有结构性能的检测。检测的对象往往是某一具体结构，一般不存在试件设计和制作问题，但需要收集和研究该试件设计的原始资料、设计计算书和施工文件等，并应对构件进行实地考察，检查结构的设计和施工质量状况，最后根据检测目的制订检测方案。检测程序宜按图 8-1 所示框图进行。

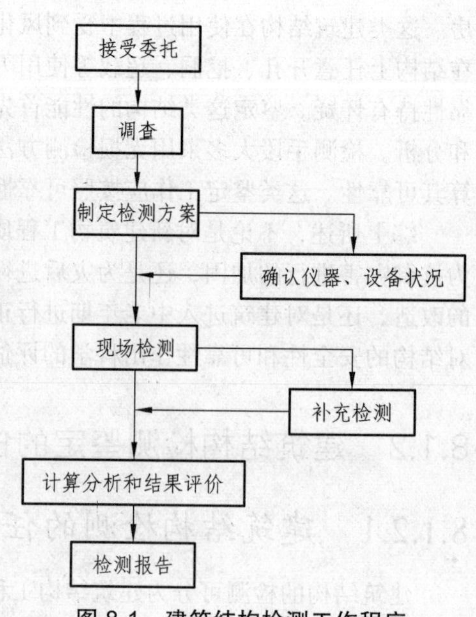

图 8-1　建筑结构检测工作程序

1. 现场调查

现场和有关资料的调查应包括：收集被检测建筑结构的设计图纸、设计变更、施工记录、施工验收和工程勘察等资料；调查被检测建筑结构现状、环境条件、使用期间的加固与维修情况、用途与荷载等变更情况；向有关人员进行调查；进一步明确委托方的检测目的和具体要求，并了解是否已进行过检测。

2. 编制检测方案

结构的种类很多，结构现状千差万别，必须在初步调查的基础上，针对每一个具体的工程制定检测计划和完备的检测方案，检测方案应征求委托方的意见，并应经过审定，其主要内容包括：概况，主要包括结构类型，建筑面积，总层数，设计、施工及监理单位，建造年代等；检测目的或委托一方的检测要求；检测依据，主要包括检测所依据的标准及有关的技术资料等；检测项目和选用的检测方法以及检测的数量；检测人员和仪器设备情况；检测工作进度计划；所需要的配合工作；检测中的安全措施和环保措施。

3. 现场检测

结构检测的内容很广，凡是影响结构可靠性的因素都可以成为检测的内容，从这个角度，检测内容根据其属性可以分为：几何量（如结构的几何尺寸、地基沉降、结构变形、混凝土保护层厚度、钢筋位置和数量、裂缝宽度等）、物理力学性能（如材料强度、地基的承载能力、桩的承载能力、预制板的承载能力、结构自振周期等）和化学性能（混凝土碳化、钢筋锈蚀等）的检测。

4. 检测数据的整理与分析

在现场检测工作结束后，便获得了人工记录或计算机采集的检测数据，这些数据是数据处理所需要的原始数据，但这些原始数据往往不能直接说明试验的结果或解答试验所提出的问题。将原始数据经过整理换算、统计分析及归纳演绎后，得到能反映结构性能的数据。

5. 检测报告

结构工程质量的检测报告应做出所检测项目是否符合设计文件要求或相应验收规范规定的评定。既有结构性能的检测报告应给出所检测项目的评定结论，并能为结构的鉴定提供可靠的依据。检测报告应结论准确、用词规范、文字简练，对于当事方容易混淆的术语和概念可书面予以解释。检测报告至少应包括以下内容：

（1）委托单位名称。

（2）建筑工程概况，包括工程名称、结构类型、规模、施工日期及现状等。

（3）检测原因、检测目的，以往检测情况概述。

（4）检测项目、检测方法及依据的标准。

（5）抽样方案及数量。

（6）检测日期，报告完成日期。

（7）检测数据的汇总，检测结果、检测结论。

（8）主检、审核和批准人员的签名。

8.2.1.2 检测要求

1. 检测的基本要求

建筑结构的检测应为建筑结构工程质量的评定或建筑结构性能的鉴定提供真实、可靠、有效的检测数据和检测结论。为此，检测时应做到以下几点：

（1）测试方法必须符合国家有关的规范标准要求，测试单位必须具备资质，测试人员必须取得上岗证书。

（2）测试仪器必须标准，应确保所使用的仪器设备在检定或校准周期内，并处于正常状态，其精度应满足检测项目的要求。

（3）被测构件的抽取、测试手段的确定、测试数据的处理要有科学性，切忌头脑里先有结论而把检测作为证明来对待。

（4）检测的原始记录，应记录在专用记录纸上，数据准确，字迹清晰，信息完整，不得追记、涂改，如有笔误，应进行更改。当采用自动记录时，应符合有关要求。原始记录必须由检测及记录人员签字。

（5）现场取样的试件或试样应予以标识并妥善保存。当发现检测数据数量不足或检测数据出现异常情况时，应补充检测。

（6）建筑结构现场检测工作结束后，应及时修补因检测造成的结构或构件局部的损伤。修补后的结构构件，应满足承载力的要求。检测数据计算分析，结构检测结果的评定，应符合《建筑结构检测技术标准》（GB/T 50344—2004）和相应标准的规定。

2. 检验数量要求

结构检测的对象为已建工程结构，根据已建结构的性质，可分为新建结构和既有（服役）建筑。新建结构工程的质量检测目的在于控制施工过程可能出现的质量问题，处理工程质量事故，评估新结构、新材料和新工艺的应用等。鉴定既有结构的性能目的在于评估既有结构的安全性和可靠性，为结构的改造和加固处理提供依据。

检测数量与检测对象的确定可以有两类，一类是指定检测对象和范围，另一类是抽样的方法。对于建筑结构的检测两类情况都可能遇到。当指定检测对象和范围时，其检测结果不能反映其他构件的情况，因此检测结果的适用范围不能随意扩大。

对抽样方法，可根据检测项目的特点按下列原则抽样：

（1）外部缺陷的检测，宜选用全数检测方案。

（2）几何尺寸与尺寸偏差的检测，宜选用一次或二次计数抽样方案。

（3）结构连接构造的检测，应选择对结构安全影响大的部位进行抽样。

（4）构件结构性能的实荷检验，应选择同类构件中荷载效应相对较大和施工质量相对较差构件或受到灾害影响、环境侵蚀影响构件中有代表性的构件。

（5）按检测批检测的项目应进行随机抽样，检测批的最小样本容量不宜小于表 8-1 的限定值。表中检测类别通常划分为三个类别。检测类别 A 适用于一般施工质量的检测，检测类别 B 适用于结构质量或性能的检测，检测类别 C 适用于结构质量或性能的严格检测或复检。

表 8-1　建筑结构抽样检测的最小样本容量

检测批的容量	检测类别和样本最小容量			检测批的容量	检测类别和样本最小容量		
	A	B	C		A	B	C
2 ~ 8	2	2	3	501 ~ 1 200	32	80	125
9 ~ 15	2	3	5	1 201 ~ 3 200	50	125	200
16 ~ 25	3	5	8	3 201 ~ 10 000	80	200	315
26 ~ 50	5	8	13	10 001 ~ 35 000	125	315	500
51 ~ 90	5	13	20	35 001 ~ 150 000	200	500	800
91 ~ 150	8	20	32	150 001 ~ 500 000	315	800	1250
151 ~ 280	13	32	50	>50 0000	500	1250	2000
281 ~ 500	20	50	80	—	—	—	—

建筑结构按检测批检测时抽样的最小样本容量，其目的是要保证抽样检测结果具有代表性。最小样本容量不是最佳的样本容量，实际检测时可根据具体情况和相应技术规程的规定确定样本容量，但样本容量不应少于表 8-1 的限定量。

对于计量抽样检测的检测批来说，表 8-1 的限制值可以是构件也可以是取得测试数据代表值的测区。例如对于混凝土构件强度检测来说，可以以构件总数作为检测批的容量，抽检构件的数量满足表 8-1 中最小样本容量的要求；在每个构件上布置若干个测区，取得测区测试数据的代表值。用所有测区测试数据代表值构成数据样本，确定推定区间。例如，砌筑块材强度的检测，可以以墙体的数量作为检测批的容量，抽样墙体数量满足表 8-1 中样本最小容量的要求，在每道抽检墙体上进行若干块砌筑块材强度的检测，取每个块材的测试数据作为代表值，形成数据样本，确定推定区间；也可以以砌筑块材总数作为检测批的容量，使抽样检测块材的总数满足表 8-1。

（6）《建筑工程施工质量验收统一标准》（GB 50300—2013）或相应专业工程施工质量验收规范规定的抽样方案。

（7）当为下列情况时，检测对象可以是单个构件或部分构件；但检测结论不得扩大到未检测的构件或范围。

① 委托方指定检测对象或范围。

② 因环境侵蚀或火灾、爆炸、高温以及人为因素等造成部分构件损伤时。

8.2.1.3 检验结果的评定

1. 检测批的合格判定

依据《逐批检查计数抽样程序及抽样表》（GB 2828—87）给出的建筑结构检测的计数抽样的样本容量和正常一次抽样、正常二次抽样结果的判定方法。

计数抽样检测时，检测批的合格判定，应符合下列规定：

（1）计数抽样检测的对象为主控项目时，正常一次抽样应按表 8-2 判定，正常二次抽样应按表 8-3 判定。

表 8-2 主控项目正常一次性抽样的判定

样本容量	合格判定数	不合格判定数	样本容量	合格判定数	不合格判定数
2－5	0	1	80	7	8
8－13	1	2	125	10	11
20	2	3	200	14	15
32	3	4	>315	21	22
50	5	6			

表 8-3 主控项目正常二次性抽样的判定

抽样次数与样本容量	合格判定数	不合格判定数	抽样次数与样本容量	合格判定数	不合格判定数
（1）2－6	0	1	（1）－50 （2）－100	3 9	6 10

续表 8-3

抽样次数与样本容量	合格判定数	不合格判定数	抽样次数与样本容量	合格判定数	不合格判定数
（1）－5 （2）－10	0 1	2 2	（1）－80 （2）－160	5 12	9 13
（1）－8 （2）－16	0 1	2 2	（1）－125 （2）－250	7 18	11 19
（1）－13 （2）－26	0 3	3 4	（1）－200 （2）－400	11 26	16 27
（1）－20 （2）－40	1 3	3 4	（1）－315 （2）－630	11 26	16 27
（1）－32 （2）－64	2 6	5 7	…	…	…

注：（1）和（2）表示抽样批次；（2）对应的样本容量为二次抽样的累计数量。

（2）计数抽样检测的对象为一般项目时，正常一次抽样应按表 8-4 判定，正常二次抽样应按表 8.5 判定。

以表 8-4 和表 8-5 为例说明使用方法。当为一般项目正常一次性抽样时，样本容量为 13，在 13 个试样中有 3 个或 3 个以下的试样被判为不合格时，检测批可判为合格；当 13 个试样中有 4 个或 4 个以上的试样被判为不合格时则该检测批可判为不合格。对于一般项目正常二次抽样，样本容量为 13，当 13 个试样中有 1 个被判为不合格时，该检测批可判为合格；当有 3 个或 3 个以上的试样被判为不合格时，该检测批可判为不合格；当 2 个试样被判为不合格时进行第二次抽样，样本容量也为 13 个，两次抽样的样本容量为 26，当第一次的不合格试样与第二次的不合格试样之和≤4 时，该检测批可判为合格，当第一次的不合格试样与第二次的不合格试样之和≥5 时，该检测批可判为不合格。一般项目的允许不合格率为 10%，主控项目的允许不合格率为 5%。主控项目和一般项目应按相应工程施工质量验收规范确定。当其他检测项目按计数方法进行评定时，可参照上述方法实施。

表 8-4　一般项目正常一次性抽样的判定

样本容量	合格判定数	不合格判定数	样本容量	合格判定数	不合格判定数
2-5	1	2	32	7	8
8	2	3	50	10	11
13	3	4	80	14	15
20	5	6	≥125	21	22

表 8-5　一般项目正常二次性抽样的判定

抽样次数与样本容量	合格判定数	不合格判定数	抽样次数与样本容量	合格判定数	不合格判定数
（1）－2 （2）－4	0 1	2 2	（1）－80 （2）－160	9 23	14 24

续表 8-5

抽样次数与样本容量	合格判定数	不合格判定数	抽样次数与样本容量	合格判定数	不合格判定数
（1）-3 （2）-6	0 1	2 2	（1）-125 （2）-250	9 23	14 24
（1）-5 （2）-10	0 1	2 2	（1）-200 （2）-400	9 23	14 24
（1）-8 （2）-16	0 3	3 4	（1）-315 （2）-630	9 23	14 24
（1）-13 （2）-26	1 4	3 5	（1）-500 （2）-1 000	9 23	14 24
（1）-20 （2）-40	2 6	5 7	（1）-800 （2）-1 600	9 23	14 24
（1）-32 （2）-64	4 10	7 11	（1）-1 250 （2）-2 500	9 23	14 24
（1）-50 （2）-100	6 15	10 16	（1）-2 000 （2）-4 000	9 23	14 24

注：（1）和（2）表示抽样次数；（2）对应的样本容量为二次抽样的累计数量。

2. 检验结果的判定

根据计量抽样检测的理论，随机抽样不能得到被推定参数的准确数值，只能得到被推定参数的估计值，因此推定结果应该是一个区间。

对于一次性的检测，可以得到随机变量 m_1 的一个确定的值 $m_{1,1}$。由于 $m_{1,1}$ 落在区间$[\mu - ks,\ \mu + ks]$之内的概率为 0.90，所以区间$[m_{1,1} - ks,\ m_{1,1} + ks]$包含检测批均值$\mu$的概率为 0.90，0.90 为推定区间的置信度。

推定区间的置信度表明被推定参数落在推定区间内的概率。错判概率表示被推定值大于推定区间上限的概率（生产方风险），漏判概率为被推定值小于推定区间下限的概率（使用方风险）。本条的规定与《建筑工程施工质量验收统一标准》（GB 50300—2013）的规定是一致的，推定区间实际上是被推定参数的接收区间。

（1）检测批推定的一般规定

① 计量抽样检测批的检测结果，宜提供推定区间。推定区间的置信度宜为 0.90，并使错判概率和漏判概率均为 0.05。在特殊情况下，推定区间的置信度可为 0.85，使漏判概率为 0.10，错判概率仍为 0.05。

② 结构材料强度计量抽样的检测结果，推定区间的上限值与下限值之差值应予以限制，不宜大于材料相邻强度等级的差值和推定区间上限值与下限值算术平均值的 10%两者中的较大值。

③ 当检测批的检测结果不能满足第①条和第②条的要求时，可提供单个构件的检测结果，单个构件的检测结果的推定应符合相应检测标准的规定。

（2）计量抽样检测批均值的推定区间

检测批的标准差σ为未知时，计量抽样检测批均值μ（0.5 分位值）的推定区间上限值和下限值可按下列式子计算：

$$\mu_1 = m + ks \tag{8-1}$$

$$\mu_2 = m - ks \tag{8-2}$$

式中 μ_1—— 均值（0.5 分位值）μ 推定区间的上限值；

μ_2—— 均值（0.5 分位值）μ 推定区间的下限值；

m —— 样本均值；

s —— 样本标准差；

k —— 推定系数，取值见表 8-6。

（3）计量抽样检测批标准值的推定区间

检测批的标准差σ为未知时，计量抽样检测批具有 95%保证率的标准值（0.05 分位值）x_k 的推定区间上限值和下限值可按下式计算：

$$x_{k,1} = m - k_1 s \quad [8\text{-}3（a）]$$

$$x_{k,2} = m - k_2 s \quad [8\text{-}3（b）]$$

式中 $x_{k,1}$——标准值（0.05 分位值）推定区间的上限值；

$x_{k,2}$——标准值（0.05 分位值）推定区间的下限值；

m——样本均值；

s——样本标准差；

k_1、k_2——推定系数，取值见表 8-6。

表 8-6　标准差未知时推定区间上限值与下限值系数

样本容量	0.5 分位值		0.05 分位值			
	k（0.05）	k（0.1）	k_1（0.05）	k_2（0.05）	k_1（0.1）	k_2（0.1）
5	0.953 39	0.685 67	0.817 78	4.202 68	0.982 18	3.399 83
6	0.822 64	0.602 53	0.874 77	3.707 68	1.028 22	3.091 88
7	0.734 45	0.544 18	0.920 37	3.399 47	1.065 16	2.893 80
8	0.669 83	0.500 25	0.958 03	3.187 29	1.095 70	2.754 28
9	0.619 85	0.465 61	0.989 87	3.031 24	1.121 53	2.649 90
10	0.579 68	0.437 35	1.017 30	2.910 96	1.143 78	2.568 37
11	0.546 48	0.413 73	1.041 27	2.814 99	1.163 22	2.502 62
12	0.518 43	0.393 59	1.062 47	2.736 34	1.180 41	2.448 25
13	0.494 32	0.376 15	1.081 41	2.670 50	1.195 76	2.402 40
14	0.473 30	0.360 85	1.098 48	2.614 43	1.209 58	2.363 11
15	0.454 77	0.347 29	1.113 97	2.566 00	1.222 13	2.328 98
16	0.438 26	0.335 15	1.128 12	2.523 66	1.233 58	2.299 00
17	0.423 44	0.324 21	1.141 12	2.486 26	1.244 09	2.272 40
18	0.410 03	0.314 28	1.153 11	2.452 95	1.253 79	2.248 62
19	0.397 82	0.305 21	1.164 23	2.423 04	1.262 77	2.227 20
20	0.386 65	0.296 89	1.174 58	2.396 00	1.271 13	2.207 78

续表 8-6

样本容量	0.5 分位值		0.05 分位值			
	k（0.05）	k（0.1）	k_1（0.05）	k_2（0.05）	k_1（0.1）	k_2（0.1）
21	0.376 36	0.289 21	1.184 25	2.371 42	1.278 93	2.190 07
22	0.366 86	0.282 10	1.193 30	2.348 96	1.286 24	2.173 85
23	0.358 05	0.275 50	1.201 81	2.328 32	1.293 10	2.158 91
24	0.349 84	0.269 33	1.209 82	2.309 29	1.299 56	2.145 10
25	0.342 18	0.263 57	1.217 39	2.291 67	1.305 66	2.132 29
26	0.334 99	0.258 16	1.224 55	2.275 30	1.311 43	2.120 37
27	0.328 25	0.253 07	1.231 35	2.260 05	1.316 90	2.109 24
28	0.321 89	0.248 27	1.237 80	2.245 78	1.322 09	2.098 81
29	0.315 89	0.243 73	1.243 95	2.232 41	1.327 04	2.089 03
30	0.310 22	0.239 43	1.249 81	2.219 84	1.331 75	2.079 82
31	0.304 84	0.235 36	1.255 40	2.208 00	1.336 25	2.071 13
32	0.299 73	0.231 48	1.260 75	2.196 82	1.340 55	2.062 92
33	0.294 87	0.227 79	1.265 88	2.186 25	1.344 67	2.055 14
34	0.290 24	0.224 28	1.270 79	2.176 23	1.348 62	2.047 76
35	0.285 82	0.220 92	1.275 51	2.166 72	1.352 41	2.040 75
36	0.281 60	0.217 70	1.280 04	2.157 68	1.356 05	2.034 07
37	0.277 55	0.214 63	1.284 41	2.149 06	1.359 55	2.027 71
38	0.273 68	0.211 68	1.288 61	2.140 85	1.362 92	2.021 64
39	0.269 97	0.208 84	1.292 66	2.133 00	1.366 17	2.015 83
40	0.266 40	0.206 12	1.296 57	2.125 49	1.369 31	2.010 27
41	0.262 97	0.203 51	1.300 35	2.118 31	1.372 33	2.004 94
42	0.259 67	0.200 99	1.303 99	2.111 42	1.375 26	1.999 83
43	0.256 50	0.198 56	1.307 52	2.104 81	1.378 09	1.994 93
44	0.253 43	0.196 22	1.310 94	2.098 46	1.380 83	1.990 21
45	0.250 47	0.193 96	1.314 25	2.092 35	1.383 48	1.985 67
46	0.247 62	0.191 77	1.317 46	2.086 48	1.386 05	1.981 30
47	0.244 86	0.189 66	1.320 58	2.080 81	1.388 54	1.977 08
48	0.242 19	0.187 61	1.323 60	2.075 35	1.390 96	1.973 02
49	0.239 60	0.185 63	1.326 53	2.070 08	1.393 31	1.969 09
50	0.237 10	0.183 72	1.329 39	2.064 99	1.395 59	1.965 29
60	0.215 74	0.167 32	1.354 12	2.022 16	1.415 36	1.933 27
70	0.199 27	0.154 66	1.373 64	1.989 87	1.430 95	1.909 03
80	0.186 08	0.144 49	1.389 59	1.964 44	1.443 66	1.889 88
90	0.175 21	0.136 10	1.402 94	1.943 76	1.454 29	1.874 28
100	0.166 04	0.129 02	1.414 33	1.926 54	1.463 35	1.861 25
110	0.158 18	0.122 94	1.424 21	1.911 91	1.471 21	1.850 17
120	0.151 33	0.117 64	1.432 89	1.899 29	1.478 10	1.840 59

（4）计量抽样检测批检测结果的判定

计量抽样检测批的判定，当设计要求相应数值小于或等于推定上限值时，可判定为符合设计要求；当设计要求相应数值大于推定上限值时，可判定为低于设计要求。例如，混凝土立方体抗压强度推定区间为 17.8 ~ 22.5 MPa，当设计要求的 $f_{cu,k}$ 为 20 MPa 混凝土时，可判为立方体抗压强度满足设计要求，当设计要求的 $f_{cu,k}$ 为 25 MPa 时，可判为低于设计要求。

8.2.2 建筑结构检测的依据

建筑结构的检测应以国家及有关部门颁布的标准、规范或规程为依据，按照其规定的方法、步骤进行检测和计算，在此基础上对结构的可靠性作出科学的评判。我国已颁布了《建筑结构检测技术标准》（GB/T 50344—2004）、《砌体工程现场检测技术标准》（GB/T 50315—2011）、《钢结构现场检测技术标准》（GB/T 50621—2010）、《建筑基桩检测技术规范》（JGJ 106—2014）、《砌体基本力学性能试验方法标准》（GB/T 50129—2011）、《建筑基坑工程监测技术规范》（GB 50497—2009）、《混凝土强度检验评定标准》（GB/T 50107—2010）、《回弹法检测混凝土抗压强度技术规程》（JGJ/T 23—2011）、《超声法检测混凝土缺陷技术规程》（CECS 21：2000）、《超声回弹综合法检测混凝土强度技术规程》（CECS 02：2005）、《钻芯法检测混凝土强度技术规程》（CECS 03：2007）、《剪压法检测混凝土抗压强度技术规程》（CECS 278：2010）、《贯入法检测砌筑砂浆抗压强度技术规程》（JGJ/T 136-2001）、《建筑工程饰面砖粘接强度检验标准》（JGJ 110-2008）、《混凝土中钢筋检测技术规程》（JGJ/T 152—2008）、《木结构试验方法标准》（GB/T 50329-2002）、《混凝土结构试验方法标准》（GB/T 50152—2012）等一系列检测标准和技术规程，这是对大量结构物科学研究和工程检测实践所做的总结。

8.3 建筑结构鉴定的方法和依据

8.3.1 建筑结构鉴定的方法

建筑结构的可靠性鉴定方法由低级向高级主要有传统经验法，实用鉴定法和可靠度法。传统经验法简单、精度差，可靠度法复杂、精确、很难实施，实用鉴定法结合了二者的优点。

1. 传统经验法

这种方法仅凭工程技术人员的经验现场调查、观察后，按原设计规范进行验算以判断结构的可靠性。其程序是根据结构在使用期发现的问题，委托有鉴定实践经验的技术人员，在不具备检测仪器、设备的条件下，对建筑结构的材料强度、损伤、结构布置进行简单的视察后，结合设计资料按原设计规范进行承载力计算校核。结构布置及构造措施核查之后，作出建筑结构的可靠性评定。这种方法以鉴定人员的个人作用为前提，调查工作简单、快速、经济，曾是我国 20 世纪 50 ~ 80 年代结构可靠性鉴定的主要方法。它没有或较少实施现场检测手段，以鉴定人员的主观判断为主体，对同一结构不同鉴定人员往往得出的结论差异较大，难以对结构作出全面的、客观的评价，易出现争议。目前它只适于对建筑结构出现简单的局部问题时的可靠性判断。

2. 实用鉴定法

实用鉴定法是运用先进的检测仪器和检测技术，通过对组成结构的材料的强度、老化、腐蚀，构件的裂缝、变形、连接、构造等进行现场实际检测的基础上，以随机过程、概率论与数理统计、模糊数学、计算机等有效手段，对已有建筑结构的可靠性进行描绘、计算、分析和预测，进而给出建筑结构较为科学的可靠性鉴定结论的方法。实用鉴定法对于新、旧规范设计的建筑结构，均按现行规范进行校核验算。实用鉴定法是在传统经验法的基础上经过科研院所、大专院校大量的研究后发展起来的，随着科学技术的发展，还在不断地完善。

实用鉴定法将鉴定对象从构件到鉴定单元划分为 3 个层次，每个层次再划分为 3 ~ 4 个等级。评定从构件开始，通过现场调查、检测测试、验算分析确定等级，然后按该层次的等级构成评定上一层次的等级，最后评定鉴定单元的可靠性等级。我国现行的《民用建筑可靠性鉴定标准》(GB 50292—1999) 就属于实用鉴定法，实用鉴定法的工作程序如图 8-2 所示。

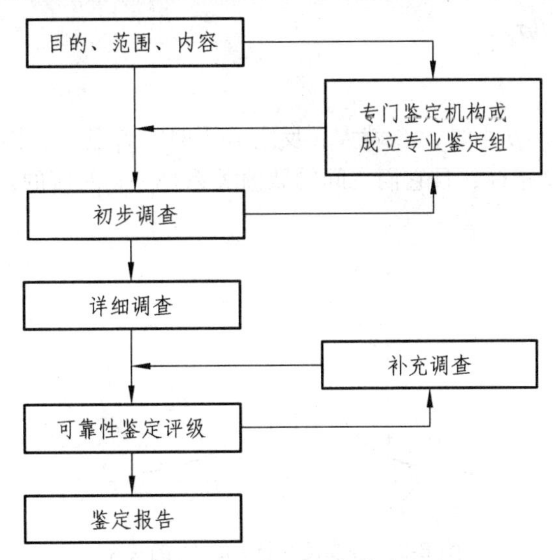

图 8-2　实用鉴定法的鉴定程序

实用鉴定法花费人力较多、时间较长、费用较高，目前检测手段还不能满足工程鉴定的需要，对于受损构件的承载力分析还缺少深入的研究，评价理论也不够完善，在可靠度分析中采用静态分析法，对未来使用年限抗力随时间衰减对可靠度的影响较难准确估计。

已有建筑结构是一个复杂的系统，经过多年的使用以后情况更是千变万化，大量的信息是不确定的。结构所受的各种作用和材料的腐蚀、老化以及抗力衰减都是随机过程，应用概率分析求解 t 时刻的可靠度，才是服役结构可靠性的科学度量方法。构件受损以后往往带来结构构件性能的一系列变化，例如钢筋锈蚀到一定程度，会使钢筋的屈服强度降低，延伸率下降、与混凝土的粘接力降低或丧失、构件的刚度变小。因此，运用现行设计规范给出的承载力可能会产生较大的误差。此外，服役结构已使用了若干年，受到荷载作用的考验，可靠性分析中应考虑这一因素。在建筑结构体系中，除了大量随机信息以外，还存在很多模糊性信息，如设计方案的好坏、结构布置、支撑布置的优劣等，它们对保证建筑结构的空间刚度、整体稳定、抗震性能具有重要的作用，但是这些很难用常规数学表达式定量描述，必须用模糊数学等手段来解决。因此，现代化的可靠性鉴定方法将是常规数学、概率与数理统计、随机过程、模糊数学、系统工程等多种评价技术的有机结合。

3. **可靠度法**

将建筑结构的抗力 R 和作用效应 S 作为随机变量或随机过程，可靠度法就是用概率的概念分析建筑结构的可靠度。$R>S$ 表示结构可靠；$R=S$ 表示达到极限状态；$R<S$ 表示结构失效。当结构失效的可能性大小用概率表示时，称之为失效概率，失效概率用 P_f 表示；若可靠概率用 P_s 表示，即有下式：

$$P_f + P_s = 1 \tag{8-4}$$

概率法在理论上是完善的，但要达到实用还有很大的困难。目前概率法的实际应用只是近似概率法，从概率分布曲线和形态，用均值和标准差度量并找出安全指标。图 8-3 为近似概率法示意图，从 0 到平均值 μ_z 这段距离，用标准差 σ 来度量，即：

$$\mu_z = \beta\sigma_z \tag{8-5}$$

式中　β——安全指标。

从图 8-3 可以看出，β 小时，P_f 就大；反之 β 大时，P_f 就小；因此 β 和 P_f 一样是度量已有建筑结构可靠度的一个指标，且它们之间的数值关系是一一对应的。因此，通常称指标 β 为可靠指标。

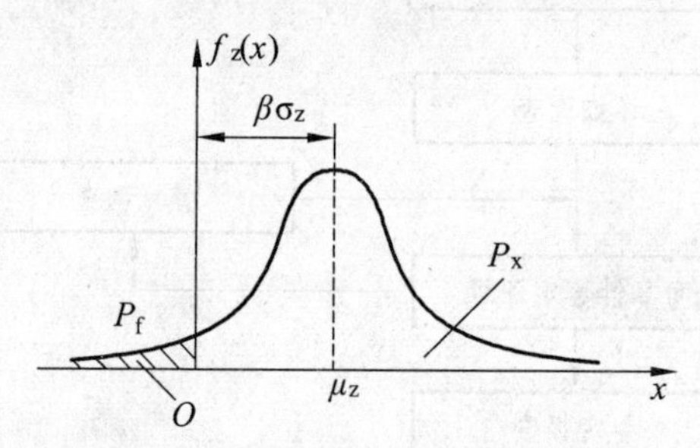

图 8-3　可靠度 β 与 P_f、P_s 的关系

当抗力 R 和作用效应 S 都服从正态分布时，可靠指标 β 可按下式计算。

$$\beta = \frac{\mu_z}{\sigma_z} = \frac{\mu_R - \mu_S}{\sqrt{\sigma_R^2 + \sigma_S^2}} \tag{8-6}$$

则失效概率为：

$$P_f = \Phi(\cdot)(1-\beta) \tag{8-7}$$

式中　μ_z、σ_z——功能函数 Z 的平均值和标准差；

μ_R、σ_R——抗力 R 的平均值和标准差；

μ_S、σ_S——荷载效应 S 的平均值和标准差；

$\Phi(\cdot)$——标准正态分布函数。

当基本变量不按正态分布时，结构构件可靠指标应以结构构件作用效应和抗力当量正态分布的平均值和标准差代入上述公式进行计算，这时往往需要经过若干次迭代才能求得 β 值。

8.3.2　建筑结构鉴定的依据

建筑结构的鉴定应以国家及有关部门颁布的标准、规范或规程为依据，按照其规定的方法、步骤进行鉴定和计算，在此基础上对结构的可靠性作出科学的评判。我国已颁布了《民用建筑可靠性鉴定标准》(GB 50292—1999)、《工业建筑可靠性鉴定标准》(GB 50144—2008)、《危险房屋鉴定标准》(JGJ 125—99)(2004版)、《建筑抗震鉴定标准》(GB 50023—2009)、《地震灾后建筑鉴定与加固技术指南》(建标〔2008〕132号)、《火灾后建筑结构鉴定标准》(CECS 252：2009)等一系列鉴定标准，这是对大量结构物科学研究和工程鉴定实践所做的总结。

8.4　建筑结构鉴定标准的基本内容

8.4.1　《民用建筑可靠性鉴定标准》(GB 50292—1999)

1. 鉴定分类

民用建筑可靠性鉴定可分为安全性鉴定和正常使用性鉴定。

(1)应进行可靠性鉴定的情况。

① 建筑物大修前的全面检查。

② 重要建筑物的定期检查。

③ 建筑物改变用途或使用条件的鉴定。

④ 建筑物超过设计基准期继续使用的鉴定。

⑤ 为制订建筑群维修改造规划而进行的普查。

(2)可仅进行安全性鉴定的情况。

① 危房鉴定及各种应急鉴定。

② 房屋改造前的安全检查。

③ 临时性房屋需要延长使用期的检查。

④ 使用性鉴定中发现的安全问题。

(3)可仅进行正常使用性鉴定的情况。

① 建筑物日常维护的检查。

② 建筑物使用功能的鉴定。

③ 建筑物有特殊使用要求的专门鉴定。

2. 鉴定程序及其工作内容

(1)民用建筑可靠性鉴定，应按图8-4规定的程序进行。

(2)民用建筑可靠性鉴定的目的、范围和内容，应根据委托方提出的鉴定原因和要求，经初步调查后确定。

(3)初步调查包括的基本工作内容。

① 图纸资料。如岩土工程勘察报告、设计计算书、设计变更记录、施工图、施工及施工变更记录、竣工图、竣工质检及验收文件(包括隐蔽工程验收记录)、定点观测记录、事故处理报告、维修记录、历次加固改造图纸等。

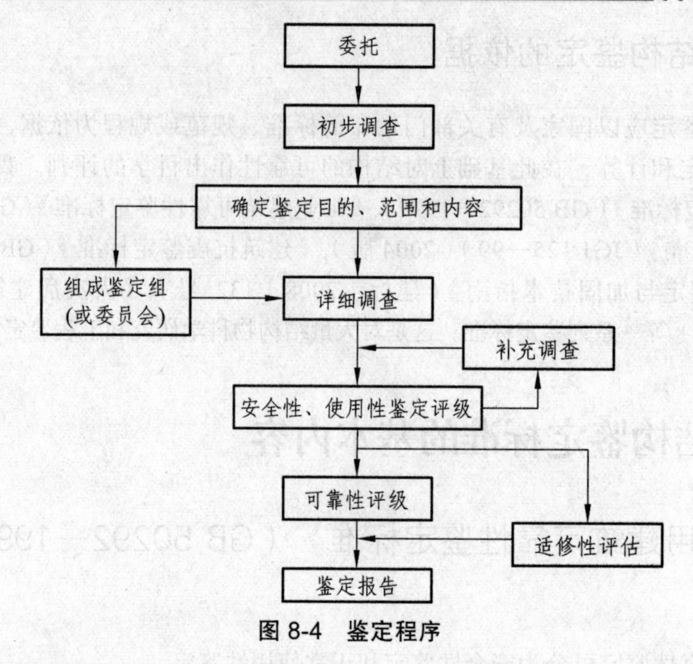

图 8-4　鉴定程序

② 建筑物历史。如原始施工、历次修缮、改造、用途变更、使用条件改变以及受灾等情况。

③ 考察现场。按资料核对实物，调查建筑物实际使用条件和内外环境、查看已发现的问题、听取有关人员的意见等。

④ 填写初步调查表。

⑤ 制定详细调查计划及检测、试验工作大纲并提出需由委托方完成的准备工作。

（4）根据实际需要，详细调查可选择下列工作内容。

① 结构基本情况勘查：

a. 结构布置及结构形式。

b. 圈梁、支撑（或其他抗侧力系统）布置。

c. 结构及其支承构造；构件及其连接构造。

d. 结构及其细部尺寸，其他有关的几何参数。

② 结构使用条件调查核实：

a. 结构上的作用。

b. 建筑物内外环境。

c. 使用史（含荷载史）。

③ 地基基础（包括桩基础）检查：

a. 场地类别与地基土（包括土层分布及下卧层情况）。

b. 地基稳定性（斜坡）。

c. 地基变形或其在上部结构中的反应。

d. 评估地基承载力的原位测试及室内物理力学性质试验。

e. 基础和桩的工作状态（包括开裂、腐蚀和其他损坏的检查）。

f. 其他因素（如地下水抽降、地基浸水、水质、土壤腐蚀等）的影响或作用。

④ 材料性能检测分析：

a. 结构构件材料。

b. 连接材料。

c. 其他材料。

⑤ 承重结构检查：

a. 构件及其连接工作情况。

b. 结构支承工作情况。

c. 建筑物的裂缝分布。

d. 结构整体性。

e. 建筑物侧向位移（包括基础转动）和局部变形。

f. 结构动力特性。

⑥ 围护系统使用功能检查。

⑦ 易受结构位移影响的管道系统检查。

（5）民用建筑可靠性鉴定评级的层次、等级划分以及工作步骤和内容，应符合下列规定：

① 安全性和正常使用性的鉴定评级，应按构件、子单元和鉴定单元各分三个层次。每一层次分为四个安全性等级和三个使用性等级，并应按表8-7规定的检查项目和步骤，从第一层开始，分层进行。

表 8-7 可靠性鉴定评级的层次、等级划分及工作内容

<table>
<tr><th colspan="2">层 次</th><th>一</th><th colspan="2">二</th><th>三</th></tr>
<tr><th colspan="2">层 名</th><th>构 件</th><th colspan="2">子单元</th><th>鉴定单元</th></tr>
<tr><td rowspan="7">安全性鉴定</td><td>等级</td><td>a_u、b_u、c_u、d_u</td><td colspan="2">A_u、B_u、C_u、D_u</td><td>A_{su}、B_{su}、C_{su}、D_{su}</td></tr>
<tr><td rowspan="2">地基基础</td><td>—</td><td>按地基变形或承载力、地基稳定性（斜坡）等检查项目评定地基等级</td><td rowspan="2">地基基础评级</td><td rowspan="6">鉴定单元安全性评级</td></tr>
<tr><td>按同类材料构件名检查项目评定单个基础等级</td><td>每种基础评级</td></tr>
<tr><td rowspan="3">上部承重结构</td><td rowspan="2">按承载能力、构造、不适于继续承载的位移或残损等检查项目评定单个构件等级</td><td>每种构件评级</td><td rowspan="3">上部承重结构评级</td></tr>
<tr><td>结构侧向位移评级</td></tr>
<tr><td>—</td><td>按结构布置、支撑、圈梁、结构间连系等检查项目评定结构整体性等级</td></tr>
<tr><td>围护系统承重部分</td><td colspan="3">按上部承重结构检查项目及步骤评定围护系统承重部分各层次安全性等级</td></tr>
<tr><td rowspan="6">正常使用性鉴定</td><td>等级</td><td>a_s、b_s、c_s</td><td colspan="2">A_s、B_s、C_s</td><td>A_{ss}、B_{ss}、C_{ss}</td></tr>
<tr><td>地基基础</td><td>—</td><td colspan="2">按上部承重结构和围护系统工作状态评估基地基础等级</td><td rowspan="5">鉴定单元正常使用性评级</td></tr>
<tr><td rowspan="2">上部承重结构</td><td rowspan="2">按位移、裂缝、风化、锈蚀等检查项目评定单个构件等级</td><td>每种构件评级</td><td rowspan="2">上部承重结构评级</td></tr>
<tr><td>结构侧向位移评级</td></tr>
<tr><td rowspan="2">围护系统功能</td><td>—</td><td>按屋面防水、吊顶、墙、门窗、地下防水及其他防护设施等检测项目评定围护系统功能等级</td><td rowspan="2">围护系统评级</td></tr>
<tr><td colspan="2">按上部承重结构检查项目及步骤评定围护系统承重部分各层次使用性等级</td></tr>
</table>

续表 8-7

层次		一	二	三
层名		构件	子单元	鉴定单元
可靠性鉴定	等级	a、b、c、d	A、B、C、D	Ⅰ、Ⅱ、Ⅲ、Ⅳ
	地基基础	以同层次安全性和正常使用性评定结果并列表予以表达，或按本标准规定的原则确定其可靠性等级		鉴定单元可靠性评级
	上部承重结构			
	围护系统			

注：表中地基基础包括桩基和桩。

a. 根据构件各检查项目评定结果，确定单个构件等级。

b. 根据子单元各检查项目及各种构件的评定结果，确定子单元等级。

c. 根据各子单元的评定结果，确定鉴定单元等级。

② 各层次可靠性鉴定评级，应以该层次安全性和正常使用性的评定结果为依据综合确定。每一层次的可靠性等级分为 4 级。

③ 当仅要求鉴定某层次的安全性或正常使用性时，检查和评定工作可只进行到该层次相应程序规定的步骤。

（6）在民用建筑可靠性鉴定过程中，若发现调查资料不足，应及时组织补充调查。

（7）民用建筑适修性评估，应按每种构件、每一子单元和鉴定单元分别进行，且评估结果应以不同的适修性等级表示。每一层次的适修性等级分为 4 级。

（8）民用建筑可靠性鉴定工作完成后，应提出鉴定报告。

3. 鉴定评级标准

（1）民用建筑安全性鉴定评级的各层次分级标准，应按表 8-8 的规定采用。

表 8-8 安全性鉴定分级标准

层次	鉴定对象	等级	分级标准	处理要求
一	单个构件或其检查项目	a_u	安全性符合本标准对 a_u 级的要求，具有足够的承载能力	不必采取措施
		b_u	安全性略低于本标准对 a_u 级的要求，尚不显著影响承载能力	可不必采取措施
		c_u	安全性不符合本标准对 a_u 级的要求，显著影响承载能力	应采取措施
		d_u	安全性极不符合本标准对 a_u 级的要求，已严重影响承载能力	必须及时或立即采取措施
二	子单元的检查项目	A_u	安全性符合本标准对 A_u 级的要求，具有足够的承载能力	不必采取措施
		B_u	安全性略低于本标准对 A_u 级的要求，尚不显著影响承载能力	可不必采取措施

续表 8-8

层次	鉴定对象	等级	分级标准	处理要求
二	子单元的检查项目	C_u	安全性不符合本标准对 A_u 级的要求，显著影响承载能力	应采取措施
		D_u	安全性极不符合本标准对 A_u 级的要求，已严重影响承载能力	必须及时或立即采取措施
	子单元中的每种构件	A_u	安全性符合本标准对 A_u 级的要求，不影响整体承载	可不采取措施
		B_u	安全性略低于本标准对 A_u 级的要求，尚不显著影响整体承载	可能有极个别构件应采取措施
		C_u	安全性不符合本标准对 A_u 级的要求，显著影响整体承载	应采取措施，且可能有个别构件必须立即采取措施
		D_u	安全性极不符合本标准对 A_u 级的要求，已严重影响整体承载	必须立即采取措施
	子单元	A_u	安全性符合本标准对 A_u 级的要求，不影响整体承载	可能有个别一般构件应采取措施
		B_u	安全性略低于本标准对 A_u 级的要求，尚不显著影响整体承载	可能有极少数构件应采取措施
		C_u	安全性不符合本标准对 A_u 级的要求，显著影响整体承载	应采取措施，且可能有极少数构件必须立即采取措施
		D_u	安全性极不符合本标准对 A_u 级的要求，严重影响整体承载	必须立即采取措施
三	鉴定单元	A_{su}	安全性符合本标准对 A_{su} 级的要求，不影响整体承载	可能有极少数一般构件应采取措施
		B_{su}	安全性略低于本标准对 A_{su} 级的要求，尚不显著影响整体承载	可能有极少数构件应采取措施
		C_{su}	安全性不符合本标准对 A_{su} 级的要求，显著影响整体承载	应采取措施，且可能有少数构件必须立即采取措施
		D_{su}	安全性极不符合本标准对 A_{su} 级的要求，严重影响整体承载	必须立即采取措施

注：① 对 a_u 级、A_u 级及 A_{su} 级的具体要求以及对其他各级不符合该要求的允许程度，分别由《民用建筑可靠性鉴定标准》相应章节给出。

② 表中关于“不必采取措施”和“可不采取措施”的规定，仅对安全性鉴定而言，不包括正常使用性鉴定所要求采取的措施。

（2）民用建筑正常使用性鉴定评级的各层次分级标准，应按表 8-9 的规定采用。

表 8-9 使用性鉴定分级标准

层次	鉴定对象	等级	分级标准	处理要求
一	单个构件或其检查项目	a_s	使用性符合本标准对 a_s 级的要求，具有正常的使用功能	不必采取措施
		b_s	使用性略低于本标准对 a_s 级的要求，尚不显著影响使用功能	可不采取措施
		c_s	使用性不符合本标准对 a_s 级的要求，显著影响使用功能	应采取措施
二	子单元的检查项目	A_s	使用性符合本标准对 A_s 级的要求，具有正常的使用功能	不必采取措施
		B_s	使用性略低于本标准对 A_s 级的要求，尚不显著影响使用功能	可不采取措施
		C_s	使用性不符合本标准对 A_s 级的要求，显著影响使用功能	应采取措施
	子单元中的每种构件	A_s	使用性符合本标准对 A_s 级的要求，不影响整体使用功能	可不采取措施
		B_s	使用性略低于本标准对 A_s 级的要求，尚不显著影响整体使用功能	可能有极少数构件应采取措施
		C_s	使用性不符合本标准对 A_s 级的要求，显著影响整体使用功能	应采取措施
	子单元	A_s	使用性符合本标准对 A_s 级的要求，不影响整体使用功能	可能有极少数一般构件应采取措施
		B_s	使用性略低于本标准对 A_s 级的要求，尚不显著影响整体使用功能	可能有极少数构件应采取措施
		C_s	使用性不符合本标准对 A_s 级的要求，显著影响整体使用功能	应采取措施
三	鉴定单元	A_{ss}	使用性符合本标准对 A_{ss} 级的要求，不影响整体使用功能	可能有极少数一般构件应采取措施
		B_{ss}	使用性略低于本标准对 A_{ss} 级的要求，尚不显著影响整体使用功能	可能有极少数构件应采取措施
		C_{ss}	使用性不符合本标准对 A_{ss} 级的要求，显著影响整体使用功能	应采取措施

注：① 对 a_s 级、A_s 级及 A_{ss} 级的具体要求以及对其他各级不符合该要求的允许程度，分别由《民用建筑可靠性鉴定标准》相应章节给出。

② 表中关于“不必采取措施”和“可不采取措施”的规定，仅对正常使用性鉴定而言，不包括安全性鉴定所要求采取的措施。

（3）民用建筑可靠性鉴定评级的各层次分级标准，应按表 8-10 的规定采用。

表 8-10 可靠性鉴定分级标准

层次	鉴定对象	等级	分级标准	处理要求
一	单个构件	a	可靠性符合本标准对 a 级的要求，具有正常的承载功能和使用功能	不必采取措施
		b	可靠性略低于本标准对 a 级的要求，尚不显著影响承载功能和使用功能	可不采取措施
		c	可靠性不符合本标准对 a 级的要求，显著影响承载功能和使用功能	应采取措施
		d	可靠性极不符合本标准对 a 级的要求，已严重影响安全	必须及时或立即采取措施
二	子单元中的每种构件	A	可靠性符合本标准对 A 级的要求，不影响整体承载功能和使用功能	可不采取措施
		B	可靠性略低于本标准对 A 级的要求，但尚不显著影响整体的承载功能和使用功能	可能有个别或极少数构件应采取措施
		C	可靠性不符合本标准对 A 级的要求，显著影响整体承载功能和使用功能	应采取措施，且可能有个别构件必须立即采取措施
		D	可靠性极不符合本标准对 A 级的要求，已严重影响安全	必须立即采取措施
	子单元	A	可靠性符合本标准对 A 级的要求，不影响整体承载功能和使用功能	可能有极少数一般构件应采取措施
		B	可靠性略低于本标准对 A 级的要求，但尚不显著影响整体承载功能和使用功能	可能有极少数构件应采取措施
		C	可靠性不符合本标准对 A 级的要求，显著影响整体承载功能和使用功能	应采取措施，且可能有极少数构件必须立即采取措施
		D	可靠性极不符合本标准对 A 级的要求，已严重影响安全	必须立即采取措施
三	鉴定单元	Ⅰ	可靠性符合本标准对Ⅰ级的要求，不影响整体承载功能和使用功能	可能有极少数一般构件应在使用性或安全性方面采取措施
		Ⅱ	可靠性略低于本标准对Ⅰ级的要求，尚不显著影响整体承载功能和使用功能	可能有极少数构件应在安全性或使用性方面采取措施
		Ⅲ	可靠性不符合本标准对Ⅰ级的要求，显著影响整体承载功能和使用功能	应采取措施，且可能有极少数构件必须立即采取措施
		Ⅳ	可靠性极不符合本标准对Ⅰ级的要求，已严重影响安全	必须立即采取措施

注：对 a 级、A 级及Ⅰ级的具体分级界限以及对其他各级超出该界限的允许程度，由《民用建筑可靠性鉴定标准》相应章节作出规定。

（4）民用建筑适修性评级的各层次分级标准，应分别按表 8-11 及表 8-12 的规定采用。

表 8-11 每种构件适修性评级的分级标准

等级	分级标准
A'_r	构件易加固或易更换，所涉及的相关构造问题易处理，适修性好，修后可恢复原功能
B'_r	构件稍难加固或稍难更换，所涉及的相关构造问题尚可处理，适修性尚好，修后尚能恢复或接近恢复原功能
C'_r	构件难加固，亦难更换，或所涉及的相关构造问题较难处理，适修性差，修后对原功能有一定影响
D'_r	构件很难加固，或很难更换，或所涉及的相关构造问题很难处理，适修性极差，只能从安全性出发采取必要的措施，可能损害建筑物的局部使用功能

表 8-12 子单元或鉴定单元适修性评级的分级标准

等级	分级标准
A'_r/A_r	易修，或易改造，修后能恢复原功能，或改造后的功能可达到现行设计标准的要求，所需总费用远低于新建的造价，适修性好，应予修复或改造
B'_r/B_r	稍难修，或稍难改造，修后尚能恢复或接近恢复原功能，或改造后的功能尚可达到现行设计标准的要求，所需总费用不到新建造价的 70%，适修性尚好，宜予修复或改造
C'_r/C_r	难修，或难改造，修后或改造后需降低使用功能或限制使用条件，或所需总费用为新建造价 70%以上。适修性差，是否有保留价值，取决于其重要性和使用要求
D'_r/D_r	该鉴定对象已严重残损，或修后功能极差，已无利用价值，或所需总费用接近、甚至超过新建的造价。适修性很差，除纪念性或历史性建筑外，宜予拆除、重建

注： 本表适用于子单元和鉴定单元的适修性评定。“等级”一栏中，斜线上方的等级代号用于子单元；斜线下方的等级代号用于鉴定单元。

4. 鉴定报告编写要求

（1）民用建筑可靠性鉴定报告应包括下列内容：

① 建筑物概况。

② 鉴定的目的、范围和内容。

③ 检查、分析、鉴定的结果。

④ 结论与建议。

⑤ 附件。

（2）鉴定报告中，应对 c_u 级和 d_u 级构件及 C_u 级和 D_u 级检查项目的数量、所处位置及其处理建议，逐一作出详细说明。当房屋的构造复杂或问题很多时，尚应绘制 c_u 级和 d_u 级及 C_u 级和 D_u 级检查项目的分布图。若在使用性鉴定中发现 c_s 级构件或 C_s 级项目已严重影响建筑物的使用功能时，也应按上述要求，在鉴定报告中作出说明。

（3）对承重结构或构件的安全性鉴定所查出的问题，可根据其严重程度和具体情况有选择地采取下列处理措施：

① 减少结构上的荷载。

② 加固或更换构件。

③ 临时支顶。

④ 停止使用。

⑤ 拆除部分结构或全部结构。

（4）对承重结构或构件的使用性鉴定所查出的问题，可根据实际情况有选择地采取下列措施：

① 考虑经济因素而接受现状。

② 考虑耐久要求而进行修补、封护或化学药剂处理。

③ 改变使用条件或改变用途。

④ 全面或局部修缮、更新。

⑤ 进行现代化改造。

（5）鉴定报告中应说明：对建筑物（鉴定单元）或其组成部分（子单元）所评的等级，仅作为技术管理或制订维修计划的依据，即使所评等级较高，也应及时对其中所含的 c_u 级和 d_u 级构件（含连接）及 C_u 级和 D_u 级检查项目采取措施。

8.4.2 《工业建筑可靠性鉴定标准》（GB 50144—2008）

1. 一般规定

工业建筑的可靠性鉴定应符合下列一些要求：

（1）在下列情况下，应进行可靠性鉴定。

① 达到设计使用年限拟继续使用时。

② 用途或使用环境改变时。

③ 进行改造或增容、改建或扩建时。

④ 遭受灾害或事故时。

⑤ 存在较严重的质量缺陷或者出现较严重的腐蚀、损伤、变形时。

（2）在下列情况下，宜进行可靠性鉴定：

① 使用维护中需要进行常规检测鉴定时。

② 需要进行全面、大规模维修时。

③ 其他需要掌握结构可靠性水平时。

当结构存在下列问题且仅为局部的不影响建、构筑物整体时，可根据需要进行专项鉴定。

（1）结构进行维修改造有专门要求时。

（2）结构存在耐久性损伤影响其耐久年限时。

（3）结构存在疲劳问题影响其疲劳寿命时。

（4）结构存在明显振动影响时。

（5）结构需要进行长期监测时。

（6）结构受到一般腐蚀或存在其他问题时。

鉴定对象可以是工业建、构筑物整体或所划分的相对独立的鉴定单元，亦可是结构系统或结构。

鉴定的目标使用年限，应根据工业建筑的使用历史、当前的技术状况和今后的维修使用计划，由委托方和鉴定方共同商定。

对鉴定对象的不同鉴定单元，可确定不同的目标使用年限。

2. 鉴定程序及其工作内容

(1) 工业建筑可靠性鉴定，应按下列规定的程序进行，如图 8-5 所示。

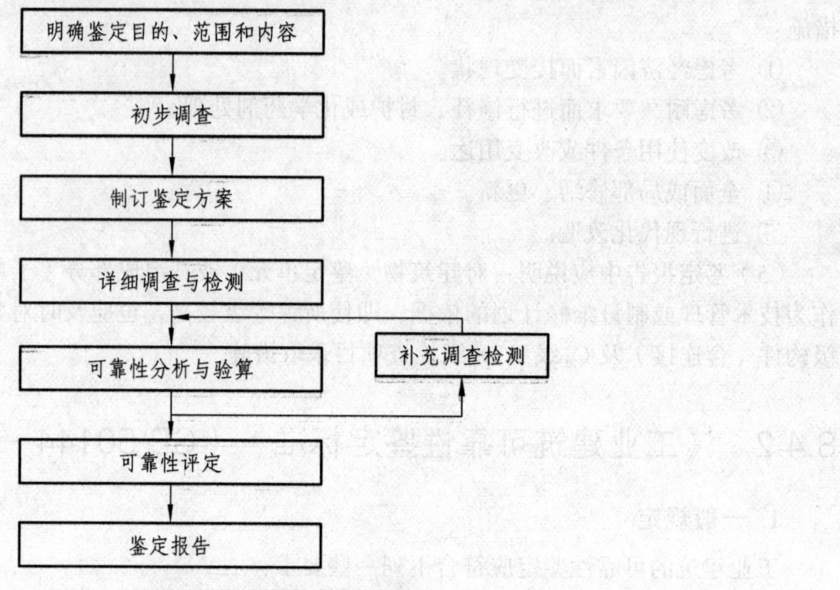

图 8-5 可靠性鉴定程序

(2) 鉴定的目的、范围和内容，应在接受鉴定委托时根据委托方提出的鉴定原因和要求，经协商后确定。

(3) 初步调查宜包括下列基本工作内容：

① 查阅图纸资料，包括工程地质勘察报告、设计图、竣工资料、检查观测记录、历次加固和改造图纸和资料、事故处理报告等。

② 调查工业建筑的历史情况，包括施工、维修、加固、改造、用途变更、使用条件改变以及受灾害等情况。

③ 考察现场，调查工业建筑的实际状况、使用条件、内外环境，以及目前存在的问题。

④ 确定详细调查与检测的工作大纲，拟订鉴定方案。

(4) 鉴定方案应根据鉴定对象的特点和初步调查结果、鉴定目的的要求制订。内容应包括检测鉴定的依据、详细调查与检测的工作内容、检测方案和主要检测方法、工作进度计划及需由委托方完成的准备工作等。

(5) 详细调查与检测宜根据实际需要选择下列工作内容：

① 详细研究相关文件资料。

② 详细调查结构上的作用和环境中的不利因素，以及它们在目标使用年限内可能发生的变化，必要时测试结构上的作用或作用效应。

③ 检查结构布置和构造、支撑系统、结构构件及连接情况，详细检测结构存在的缺陷和损伤，包括承重结构或构件、支撑杆件及其连接节点存在的缺陷和损伤。

④ 检查或测量承重结构或构件的裂缝、位移或变形，当有较大动荷载时测试结构或构件的动力反应和动力特性。

⑤ 调查或测量地基的变形，检查地基变形对上部承重结构、围护结构系统及吊车运行等

的影响。必要时可开挖基础检查，也可补充勘察或进行现场荷载试验。

⑥ 检测结构材料的实际性能和构件的几何参数，必要时通过荷载试验检验结构或构件的实际性能。

⑦ 检查围护结构系统的安全状况和使用功能。

（6）可靠性分析与验算，应根据详细调查与检测结果，对建、构筑物的整体和各个组成部分的可靠度水平进行分析与验算，包括结构分析、结构或构件安全性和正常使用性校核分析、所存在问题的原因分析等。

（7）在工业建筑可靠性鉴定过程中，若发现调查检测资料不足或不准确时，应及时进行补充调查、检测。

（8）工业建筑物的可靠性鉴定评级，应划分为构件、结构系统、鉴定单元3个层次；其中结构系统和构件2个层次的鉴定评级，应包括安全性等级和使用性等级评定，需要时可由此综合评定其可靠性等级；安全性分4个等级，使用性分3个等级，各层次的可靠性分4个等级，并应按表8-13规定的评定项目分层次进行评定。当不要求评定可靠性等级时，可直接给出安全性和正常使用性评定结果。

表8-13 工业建筑物可靠性鉴定评级的层次、等级划分及项目内容

<table>
<tr><td>层次</td><td colspan="2">Ⅰ</td><td colspan="3">Ⅱ</td><td>Ⅲ</td></tr>
<tr><td>层名</td><td colspan="2">鉴定单元</td><td colspan="3">结构系统</td><td>构件</td></tr>
<tr><td rowspan="11">可靠性鉴定</td><td>可靠性等级</td><td>一、二、三、四</td><td rowspan="6">安全性评定</td><td>等级</td><td>A、B、C、D</td><td>a、b、c、d</td></tr>
<tr><td colspan="2" rowspan="10">建筑物整体或某一区段</td><td rowspan="2">地基基础</td><td>地基变形、斜坡稳定性</td><td>—</td></tr>
<tr><td>承载力</td><td>—</td></tr>
<tr><td rowspan="2">上部承重结构</td><td>整体性</td><td>—</td></tr>
<tr><td>承载功能</td><td>承载能力
构造和连接</td></tr>
<tr><td>围护结构</td><td>承载功能
构造建筑</td><td>—</td></tr>
<tr><td rowspan="5">正常使用性评定</td><td>等级</td><td>A、B、C</td><td>a、b、c</td></tr>
<tr><td>地基基础</td><td>影响上部结构正常使用的地基变形</td><td>—</td></tr>
<tr><td rowspan="2">上部承重结构</td><td>使用状况</td><td>变形
裂缝
缺陷、损伤
腐蚀</td></tr>
<tr><td>水平位移</td><td>—</td></tr>
<tr><td>围护系统</td><td>功能与状况</td><td>—</td></tr>
</table>

注：① 单个构件可按《工业建筑可靠性鉴定标准》附录内容进行划分。

② 若上部承重结构整体或局部有明显振动时，尚应考虑振动对上部承重结构安全性、正常使用性的影响进行评定。

（9）专项鉴定的鉴定程序可按可靠性鉴定程序，但鉴定程序的工作内容应符合专项鉴定的要求。

（10）工业建筑可靠性鉴定（包括专项鉴定）工作完成后，应提出鉴定报告。

3. 鉴定评级标准

工业建筑可靠性鉴定的构件、结构系统、鉴定单元应按下列规定评定等级：

（1）构件（包括构件本身及构件间的连接节点）

① 构件的安全性评级标准

a 级：符合国家现行标准规范的安全性要求，安全，不必采取措施。

b 级：略低于国家现行标准规范的安全性要求，仍能满足结构安全性的下限水平要求，不影响安全，可不采取措施。

c 级：不符合国家现行标准规范的安全性要求，影响安全，应采取措施。

d 级：极不符合国家现行标准规范的安全性要求，已严重影响安全，必须及时或立即采取措施。

② 构件的使用性评级标准

a 级：符合国家现行标准规范的正常使用要求，在目标使用年限内能正常使用，不必采取措施。

b 级：略低于国家现行标准规范的正常使用要求，在目标使用年限内尚不明显影响正常使用，可不采取措施。

c 级：不符合国家现行标准规范的正常使用要求，在目标使用年限内明显影响正常使用，应采取措施。

③ 构件的可靠性评级标准

a 级：符合国家现行标准规范的可靠性要求，安全，在目标使用年限内能正常使用或尚不明显影响正常使用，不必采取措施。

b 级：略低于国家现行标准规范的可靠性要求，仍能满足结构可靠性的下限水平要求，不影响安全，在目标使用年限内能正常使用或尚不明显影响正常使用，可不采取措施。

c 级：不符合国家现行标准规范的可靠性要求，或影响安全，或在目标使用年限内明显影响正常使用，应采取措施。

d 级：极不符合国家现行标准规范的可靠性要求，已严重影响安全，必须立即采取措施。

（2）结构系统

① 结构系统的安全性评级标准

A 级：符合国家现行标准规范的安全性要求，不影响整体安全，可能有个别次要构件宜采取适当措施。

B 级：略低于国家现行标准规范的安全性要求，仍能满足结构安全性的下限水平要求，尚不明显影响整体安全，可能有极少数构件应采取措施。

C 级：不符合国家现行标准规范的安全性要求，影响整体安全，应采取措施，且可能有极少数构件必须立即采取措施。

D 级：极不符合国家现行标准规范的安全性要求，已严重影响整体安全，必须立即采取措施。

② 结构系统的使用性评级标准

A 级：符合国家现行标准规范的正常使用要求，在目标使用年限内不影响整体正常使用，可能有个别次要构件宜采取适当措施。

B级：略低于国家现行标准规范的正常使用要求，在目标使用年限内尚不明显影响整体正常使用，可能有极少数构件应采取措施。

C级：不符合国家现行标准规范的正常使用要求，在目标使用年限内明显影响整体正常使用，应采取措施。

③ 结构系统的可靠性评级标准

A级：符合国家现行标准规范的可靠性要求，不影响整体安全，在目标使用年限内不影响或尚不明显影响整体正常使用，可能有个别次要构件宜采取适当措施。

B级：略低于国家现行标准规范的可靠性要求，但能满足结构可靠性的下限水平要求，尚不明显影响整体安全，在目标使用年限内不影响或尚不明显影响整体正常使用，可能有极少数构件应采取措施。

C级：不符合国家现行标准规范的可靠性要求，或影响整体安全，或在目标使用年限内明显影响整体正常使用，应采取措施，且可能有极少数构件必须立即采取措施。

D级：极不符合国家现行标准规范的可靠性要求，已严重影响整体安全，必须立即采取措施。

（3）鉴定单元

一级：符合国家现行标准规范的可靠性要求，不影响整体安全，在目标使用年限内不影响整体正常使用，可能有极少数次要构件宜采取适当措施。

二级：略低于国家现行标准规范的可靠性要求，仍能满足结构可靠性的下限水平要求，尚不明显影响整体安全，在目标使用年限内不影响或尚不明显影响整体正常使用，可能有极少数构件应采取措施、极个别次要构件必须立即采取措施。

三级：不符合国家现行标准规范的可靠性要求，影响整体安全，在目标使用年限内明显影响整体正常使用，应采取措施，且可能有极少数构件必须立即采取措施。

四级：极不符合国家现行标准规范的可靠性要求，已严重影响整体安全，必须立即采取措施。

8.4.3 《危险房屋鉴定标准》（JGJ 125—99）（2004版）

（1）危险房屋（简称危房）为结构已严重损坏，或承重构件已属危险构件，随时可能丧失稳定和承载能力，不能保证居住和使用安全的房屋。

（2）房屋危险性鉴定应根据被鉴定房屋的构造特点和承重体系的种类，按其危险程度和影响范围，按照《危险房屋鉴定标准》进行鉴定。

（3）房屋危险性鉴定，应按下列等级划分：

A级：结构承载力能满足正常使用要求，未发现危险点，房屋结构安全。

B级：结构承载力基本能满足正常使用要求，个别结构构件处于危险状态，但不影响主体结构，基本满足正常使用要求。

C级：部分承重结构承载力不能满足正常使用要求，局部出现险情，构成局部危房。

D级：承重结构承载力已不能满足正常使用要求，房屋整体出现险情，构成整幢危房。

（4）房屋危险性鉴定应以整幢房屋的地基基础、结构构件危险程度的严重性鉴定为基础，结合历史状态、环境影响以及发展趋势，全面分析，综合判断。

（5）在地基基础或结构构件发生危险的判断上，应考虑它们的危险是孤立的还是相关的。当构件的危险是孤立时，则不构成结构系统的危险；当构件的危险是相关时，则应联系结构的危险性，判定其范围。

（6）全面分析、综合判断时，应考虑下列因素：

① 各构件的破损程度。

② 破损构件在整幢房屋中的地位。

③ 破损构件在整幢房屋所占的数量和比例。

④ 结构整体周围环境的影响。

⑤ 有损结构的人为因素和危险状况。

⑥ 结构破损后的可修复性。

⑦ 破损构件带来的经济损失。

（7）地基基础危险性鉴定应包括地基和基础两部分。

地基基础应重点检查基础与承重砖墙连接处的斜向阶梯形裂缝、水平裂缝、竖向裂缝状况，基础与框架柱根部连接处的水平裂缝状况，房屋的倾斜位移状况，地基滑坡、稳定、特殊土质变形和开裂等状况。

（8）砌体结构构件的危险性鉴定应包括承载能力、构造与连接、裂缝和变形等内容。

需对砌体结构构件进行承载力验算时，应测定砌块及砂浆强度等级，推定砌体强度，或直接检测砌体强度。实测砌体截面有效值，应扣除因各种因素造成的截面损失。

砌体结构应重点检查砌体的构造连接部位，纵横墙交接处的斜向或竖向裂缝状况，砌体承重墙体的变形和裂缝状况以及拱脚裂缝和位移状况。注意其裂缝宽度、长度、深度、走向、数量及其分布，并观测其发展状况。

（9）混凝土结构构件的危险性鉴定应包括承载能力、构造与连接、裂缝和变形等内容。

需对混凝土结构构件进行承载力验算时，应对构件的混凝土强度、碳化和钢筋的力学性能、化学成分、锈蚀情况进行检测。实测混凝土构件截面有效值，应扣除因各种因素造成的截面损失。

混凝土结构构件应重点检查柱、梁、板及屋架的受力裂缝和主筋锈蚀状况，柱的根部和顶部的水平裂缝，屋架倾斜以及支撑系统稳定等。

8.4.4 《建筑抗震鉴定标准》（GB 50023—2009）

（1）为贯彻执行《中华人民共和国建筑法》和《中华人民共和国防震减灾法》，实行以预防为主的方针，减轻地震破坏，减少损失，对现有建筑的抗震能力进行鉴定，并为抗震加固或采取其他抗震减灾对策提供依据，制定《建筑抗震鉴定标准》（GB 50023—2009）。

符合《建筑抗震鉴定标准》（GB 50023—2009）要求的现有建筑，在预期的后续使用年限内具有相应的抗震设防目标，后续使用年限 50 年的现有建筑，具有与现行国家标准《建筑抗震设计规范》（GB 50011—2010）相同的设防目标；后续使用年限少于 50 年的现有建筑，在遭遇同样的地震影响时，其损坏程度略大于按后续使用年限 50 年鉴定的建筑。

（2）《建筑抗震鉴定标准》适用于抗震设防烈度为 6 ~ 9 度地区的现有建筑的抗震鉴定，不适用于新建建筑工程的抗震设计和施工质量的评定。

抗震设防烈度一般情况下，采用中国地震动参数区划图的地震基本烈度或现行国家标准《建筑抗震设计规范》（GB 50011—2010）规定的抗震设防烈度。

古建筑和行业有特殊要求的建筑，应按专门的规定进行鉴定。

（3）现有建筑应按现行国家标准《建筑工程抗震设防分类标准》（GB 50223—2008）分为

四类，其抗震措施核查和抗震验算的综合鉴定应符合下列要求：

甲类，应经专门研究按不低于乙类的要求核查其抗震措施，抗震验算应按高于本地区设防烈度的要求采用。

乙类，6～8 度应按比本地区设防烈度提高 1 度的要求核查其抗震措施，9 度时应适当提高要求；抗震验算应按不低于本地区设防烈度的要求采用。

丙类，应按本地区设防烈度的要求核查其抗震措施并进行抗震验算。

丁类，7～9 度时应允许按比本地区设防烈度降低一度的要求核查其抗震措施，抗震验算应允许比本地区设防烈度适当降低要求；6 度时应允许不作抗震鉴定。

注：《建筑抗震鉴定标准》（GB 50023—2009）中，甲类、乙类、丙类、丁类，分别为现行国家标准《建筑工程抗震设防分类标准》（GB 50223—2008）特殊设防类、重点设防类、标准设防类、适度设防类的简称。

（4）现有建筑应根据实际需要和可能，按下列规定选择其后续使用年限：

① 在 20 世纪 70 年代及以前建造经耐久性鉴定可继续使用的现有建筑，其后续使用年限不应少于 30 年；在 20 世纪 80 年代建造的现有建筑，宜采用 40 年或更长，且不得少于 30 年。

② 在 20 世纪 90 年代（按当时施行的抗震设计规范系列设计）建造的现有建筑，后续使用年限不宜少于 40 年，条件许可时应采用 50 年。

③ 在 2001 年以后（按当时施行的抗震设计规范系列设计）建造的现有建筑，后续使用年限宜采用 50 年。

（5）不同后续使用年限的现有建筑，其抗震鉴定方法应符合下列要求：

① 后续使用年限 30 年的建筑（简称 A 类建筑），应采用《建筑抗震鉴定标准》各章规定的 A 类建筑抗震鉴定方法。

② 后续使用年限 40 年的建筑（简称 B 类建筑），应采用《建筑抗震鉴定标准》各章规定的 B 类建筑抗震鉴定方法。

③ 后续使用年限 50 年的建筑（简称 C 类建筑），应按现行国家标准《建筑抗震设计规范》（GB 50011—2009）的要求进行抗震鉴定。

（6）下列情况下现有建筑应进行抗震鉴定：

① 接近或超过设计使用年限需要继续使用的建筑。

② 原设计未考虑抗震设防或抗震设防要求提高的建筑。

③ 需要改变结构的用途和使用环境的建筑。

④ 其他有必要进行抗震鉴定的建筑。

（7）现有建筑的抗震鉴定，除应符合《建筑抗震鉴定标准》的规定外，尚应符合国家现行标准、规范的有关规定。

（8）现有建筑的抗震鉴定应包括下列内容及要求：

① 搜集建筑的勘察报告、施工和竣工验收的相关原始资料；当资料不全时，应根据鉴定的需要进行补充实测。

② 调查建筑现状与原始资料相符合的程度、施工质量和维护状况，发现相关的非抗震缺陷。

③ 根据各类建筑结构的特点、结构布置、构造和抗震承载力等因素，采用相应的逐级鉴定方法，进行综合抗震能力分析。

④ 对现有建筑整体抗震性能作出评价，对符合抗震鉴定要求的建筑应说明其后续使用年限，对不符合抗震鉴定要求的建筑提出相应的抗震减灾对策和处理意见。

（9）现有建筑的抗震鉴定，应根据下列情况区别对待：

① 建筑结构类型不同的结构，其检查的重点、项目内容和要求不同，应采用不同的鉴定方法。

② 对重点部位与一般部位，应按不同的要求进行检查和鉴定。

注： 重点部位指影响该类建筑结构整体抗震性能的关键部位和易导致局部倒塌伤人的构件、部件，以及地震时可能造成次生灾害的部位。

③ 对抗震性能有整体影响的构件和仅有局部影响的构件，在综合抗震能力分析时应分别对待。

（10）抗震鉴定分为两级。第一级鉴定应以宏观控制和构造鉴定为主进行综合评价，第二级鉴定应以抗震验算为主结合构造影响进行综合评价。

A类建筑的抗震鉴定：当符合第一级鉴定的各项要求时，建筑可评为满足抗震鉴定要求，不再进行第二级鉴定；当不符合第一级鉴定要求时，除《建筑抗震鉴定标准》各章有明确规定的情况外，应由第二级鉴定作出判断。

B类建筑的抗震鉴定：应检查其抗震措施和现有抗震承载力再作出判断。当抗震措施不满足鉴定要求而现有抗震承载力较高时，可通过构造影响系数进行综合抗震能力的评定；当抗震措施鉴定满足要求时，主要抗侧力构件的抗震承载力不低于规定的95%、次要抗侧力构件的抗震承载力不低于规定的90%，也可不要求进行加固处理。

（11）现有建筑宏观控制和构造鉴定的基本内容及要求，应符合下列规定：

① 当建筑的平立面、质量、刚度分布和墙体等抗侧力构件的布置在平面内明显不对称时，应进行地震扭转效应不利影响的分析；当结构竖向构件上下不连续或刚度沿高度分布突变时，应找出薄弱部位并按相应的要求鉴定。

② 检查结构体系，应找出其破坏会导致整个体系丧失抗震能力或丧失对重力的承载能力的部件或构件；当房屋有错层或不同类型结构体系相连时，应提高其相应部位的抗震鉴定要求。

③ 检查结构材料实际达到的强度等级，当低于规定的最低要求时，应提出采取相应的抗震减灾对策。

④ 多层建筑的高度和层数，应符合《建筑抗震鉴定标准》各章规定的最大值限值要求。

⑤ 当结构构件的尺寸、截面形式等不利于抗震时，宜提高该构件的配筋等构造抗震鉴定要求。

⑥ 结构构件的连接构造应满足结构整体性的要求；装配式厂房应有较完整的支撑系统。

⑦ 非结构构件与主体结构的连接构造应满足不倒塌伤人的要求；位于出入口及人流通道等处，应有可靠的连接。

⑧ 当建筑场地位于不利地段时，尚应符合地基基础的有关鉴定要求。

（12）6度和《建筑抗震鉴定标准》各章有具体规定时，可不进行抗震验算。

（13）当6度第一级鉴定不满足时，可通过抗震验算进行综合抗震能力评定；其他情况，至少在两个主轴方向分别按《建筑抗震鉴定标准》各章规定的具体方法进行结构的抗震验算。

（14）现有建筑的抗震鉴定要求，可根据建筑所在场地、地基和基础等的有利和不利因素，作下列调整：

① Ⅰ类场地上的丙类建筑，7～9度时，构造要求可降低一度。

② Ⅱ类场地、复杂地形、严重不均匀土层上的建筑以及同一建筑单元存在不同类型基础时，可提高抗震鉴定要求。

③ 建筑场地为Ⅲ、Ⅳ类时，对设计基本地震加速度 $0.15g$ 和 $0.30g$ 的地区，各类建筑的抗震构造措施要求宜分别按抗震设防烈度 8 度（$0.20g$）和 9 度（$0.40g$）采用。

④ 有全地下室、箱基、筏基和桩基的建筑，可降低上部结构的抗震鉴定要求。

⑤ 对密集的建筑，包括防震缝两侧的建筑，应提高相关部位的抗震鉴定要求。

（15）对不符合鉴定要求的建筑，可根据其不符合要求的程度、部位对结构整体抗震性能影响的大小，以及有关的非抗震缺陷等实际情况，结合使用要求、城市规划和加固难易等因素的分析，提出相应的维修、加固、改变用途或更新等抗震减灾对策。

（16）6、7 度时及建造于对抗震有利地段的建筑，可不进行场地对建筑影响的抗震鉴定。

注：① 对建造于危险地段的建筑，场地对建筑影响应按专门规定鉴定。

② 有利、不利等地段和场地类别，按现行国家标准《建筑抗震设计规范》划分。

（17）对建造于危险地段的现有建筑，应结合规划更新（迁离）；暂时不能更新的，应进行专门研究，并采取应急的安全措施。

（18）7～9 度时，建筑场地为条状突出山嘴、高耸孤立山丘、非岩石和强风化岩石陡坡、河岸和边坡的边缘等不利地段，应对其地震稳定性、地基滑移及对建筑的可能危害进行评估；非岩石和强风化岩石陡坡的坡度及建筑场地与坡脚的高差均较大时，应估算局部地形导致其地震影响增大的后果。

（19）建筑场地有液化侧向扩展且距常时水线 100 m 范围内，应判明液化后土体流滑与开裂的危险。

（20）地基基础现状的鉴定，应着重调查上部结构的不均匀沉降裂缝和倾斜，基础有无腐蚀、酥碱、松散和剥落，上部结构的裂缝、倾斜以及有无发展趋势。

（21）符合下列情况之一的现有建筑，可不进行其地基基础的抗震鉴定：

① 丁类建筑。

② 地基主要受力层范围内不存在软弱土、饱和砂土和饱和粉土或严重不均匀土层的乙类、丙类建筑。

③ 6 度时的各类建筑。

④ 7 度时，地基基础现状无严重静载缺陷的乙类、丙类建筑。

（22）对地基基础现状进行鉴定时，当基础无腐蚀、酥碱、松散和剥落，上部结构无不均匀沉降裂缝和倾斜，或虽有裂缝、倾斜但不严重且无发展趋势，该地基基础可评为无严重静载缺陷。

（23）存在软弱土、饱和砂土和饱和粉土的地基基础，应根据烈度、场地类别、建筑现状和基础类型，进行液化、震陷及抗震承载力的两级鉴定。符合第一级鉴定的规定时，应评为地基符合抗震要求，不再进行第二级鉴定。

静载下已出现严重缺陷的地基基础，应同时审核其静载下的承载力。

（24）地基基础的第一级鉴定应符合下列要求：

① 基础下主要受力层存在饱和砂土或饱和粉土时，对下列情况可不进行液化影响的判别：

a. 对液化沉陷不敏感的丙类建筑。

b. 符合现行国家标准《建筑抗震设计规范》（GB 50011—2010）液化初步判别要求的建筑。

② 基础下主要受力层存在软弱土时，对下列情况可不进行建筑在地震作用下沉陷的估算。

a. 8、9 度时，地基土静承载力特征值分别大于 80 kPa 和 100 kPa。

b. 8 度时，基础底面以下的软弱土层厚度不大于 5 m。

③ 采用桩基的建筑，对下列情况可不进行桩基的抗震验算：

a. 现行国家标准《建筑抗震设计规范》（GB 50011—2010）规定可不进行桩基抗震验算的建筑。

b. 位于斜坡但地震时土体稳定的建筑。

（25）地基基础的第二级鉴定应符合下列要求：

① 饱和土液化的第二级判别，应按现行国家标准《建筑抗震设计规范》（GB 50011—2010）的规定，采用标准贯入试验判别法。判别时，可计入地基附加应力对土体抗液化强度的影响。存在液化土时，应确定液化指数和液化等级，并提出相应的抗液化措施。

② 软弱土地基及 8、9 度时Ⅲ、Ⅳ类场地上的高层建筑和高耸结构，应进行地基和基础的抗震承载力验算。

（26）现有天然地基的抗震承载力验算，应符合下列要求：

① 天然地基的竖向承载力，可按现行国家标准《建筑抗震设计规范》（GB 50011—2010）规定的方法验算，其中，地基土静承载力特征值应改用长期压密地基土静承载力特征值，其值可按下式计算：

$$f_{sE} = \varsigma_s f_{sc} \tag{8-8}$$

$$f_{sc} = \varsigma_c f_s \tag{8-9}$$

式中 f_{sE}——调整后的地基土抗震承载力特征值（kPa）；

ς_s——地基土抗震承载力调整系数，可按现行国家标准《建筑抗震设计规范》（GB 50011—2010）采用；

f_{sc}——长期压密地基土静承载力特征值（kPa）；

f_s——地基土静承载力特征值（kPa），其值可按现行国家标准《建筑地基基础设计规范》（GB 50007—2011）采用；

ς_c——地基土静承载力长期压密提高系数，其值可按表 8-14 采用。

表 8-14　地基土静承载力长期压密提高系数

<table>
<tr><th rowspan="2">年限与岩土类别</th><th colspan="4">p_0/f_s</th></tr>
<tr><th>1</th><th>0.8</th><th>0.4</th><th><0.4</th></tr>
<tr><td>2 年以上的砾、粗、中、细、粉砂</td><td rowspan="3">1.2</td><td rowspan="3">1.1</td><td rowspan="3">1.05</td><td rowspan="3">1.0</td></tr>
<tr><td>5 年以上的粉土和粉质黏土</td></tr>
<tr><td>8 年以上地基土静承载力标准值大于 100 kPa 的黏土</td></tr>
</table>

注：① p_0 指基础底面实际平均压应力（kPa）。

② 使用期不够或岩石、碎石土、其他软弱土，提高系数值可取 1.0。

② 承受水平力为主的天然地基验算水平抗滑时，抗滑阻力可采用基础底面摩擦力和基础正侧面土的水平抗力之和；基础正侧面土的水平抗力，可取其被动土压力的 1/3；抗滑安全系数不宜小于 1.1；当刚性地坪的宽度不小于地坪孔口承压面宽度的 3 倍时，尚可利用刚性地坪的抗滑能力。

（27）桩基的抗震承载力验算，可按现行国家标准《建筑抗震设计规范》（GB 50011—2010）规定的方法进行。

（28）7～9 度时山区建筑的挡土结构、地下室或半地下室外墙的稳定性验算，可采用现行国家标准《建筑地基基础设计规范》（GB 50007—2011）规定的方法；抗滑安全系数不应小于 1.1，抗倾覆安全系数不应小于 1.2。验算时，土的重度应除以地震角的余弦，墙背填土的内摩擦角和墙背摩擦角应分别减去地震角和增加地震角。挡土结构的地震角可按表 8-15 采用。

表 8-15　挡土结构的地震角

类别	7 度		8 度		9 度
	0.1g	0.15g	0.2g	0.3g	0.4g
水上	1.5°	2.3°	3°	4.5°	6°
水下	2.5°	3.8°	5°	7.5°	10°

第9章　桥梁工程检测与评定

9.1　桥梁工程试验检测的任务和意义

9.1.1　背　景

1. 工程建设质量保证的需求

近十几年来，我国公路交通事业发展迅猛。到2010年底，全国公路通车里程达400.82万km，其中高速公路7.41万km。公路桥梁近65.81万座、3048.31万延米，先后在长江、黄河、珠江、海上建成一批大跨径、深水基础的桥梁，使我国在长大跨径悬索桥、斜拉桥、拱桥和连续刚构桥建设方面跨入世界先进行列，成为桥梁大国。

在公路建设中，为了加强公路工程施工质量管理，工程建设实行"政府监督、社会监理和企业自检"的质量保证体系，而各级质量监督部门、建设监理机构以及承担建设施工任务企业控制质量的主要手段则是依据国家和交通运输部颁布的有关法规、技术标准、规范和规程的试验检测，以确保监督、监理和自检工作的有效实施。

2. 科学养护管理的需求

随着公路大规模建设的开展，桥梁数量迅猛增长，由于使用荷载、环境因素以及结构本身缺陷等的作用，桥梁使用性能衰退、结构安全与耐久性降低，致使桥梁适应性不足，甚至出现安全事故。从发达国家桥梁使用状况看，混凝土桥梁使用20～30年后，即出现安全与耐久性方面的问题。桥梁性能退化、承载能力不足、适应性不够，已成为世界各国普遍关心的问题，而通过先进、适用、有效的方法对桥梁结构进行合理的试验检测与诊断评定是对在用桥梁进行预防性养护管理，科学维修加固的重要手段。

9.1.2　桥梁工程试验检测的任务和意义

近几年，苏通长江公路大桥、润扬长江公路大桥、杭州湾跨海大桥、东海大桥、西堠门大桥、青岛海湾大桥等一批具有国际先进水平的特大桥梁已经建成，马鞍山长江大桥、港珠澳大桥等许多特大桥正在建设，新桥型、新材料和新工艺在桥梁施工中得到了广泛应用。这些桥涵施工监控中的试验检测，桥梁状态的整体性能试验，以及各种桥涵施工质量控制、试验检测和在用桥梁的检查检测是公路部门试验检测技术人员必须完成的光荣而艰巨的任务。

对于在施工中的大跨径悬索桥、斜拉桥、拱桥和连续刚构桥，为使结构达到或接近设计的几何线形和受力状态，施工各阶段需对结构的几何位置和受力状态进行监测，根据测试值对下一阶段控制变量进行预测和制订调整方案，实现对结构的施工控制，而试验检测是施工控制的重要手段。

对于各类常规桥涵，施工前先要试验鉴定进场的原材料、成品和半成品部件是否符合国家质量标准和设计文件的要求，对其做出接收或拒收决定。从桥位放样到每一工序和结构部位的完成，均须通过试验检测判定其是否符合质量标准要求，经检验符合质量标准后方可进行下一工序施工，否则，就需采取补救措施或返工。桥涵施工完成后需全面检测并进行质量等级评定，必要时还需进行荷载试验，以对结构整体受力性能是否达到设计文件和标准规范的要求做出评价。

对于新桥型结构、新材料、新工艺，必须通过试验检测鉴定其是否符合国家标准和设计文件的要求，同时为完善设计理论和施工工艺积累实践资料。

试验检测又是评价桥涵工程质量缺陷和鉴定工程事故的手段，通过试验检测为质量缺陷或事故判定提供实测数据，以便准确判别质量缺陷和事故的性质、范围和程度，合理评价事故损失，明确事故责任，从中总结经验教训。

开展桥梁检测、评定与维修加固，是保证桥梁安全、路网畅通的重要措施。

总之，桥梁试验检测是大跨径桥梁施工控制，新桥型结构性能研究，各类桥梁施工质量评定，在用桥梁养护管理工作的重要手段。认真做好桥梁试验检测工作，对推动我国桥梁建设水平，确保桥梁工程施工质量，提高建设投资效益，保障人民生命财产安全，都具有十分重要的意义。

9.2 桥梁工程试验检测的内容和依据

9.2.1 桥梁工程试验检测的内容

桥梁工程试验检测的内容随桥梁所处的位置、结构形式和所用材料不同而异，应根据所建桥梁的具体情况按有关标准规范选定试验检测项目，一般常规试验检测包括以下内容：

1. 施工准备阶段的试验检测

桥位放样测量。

钢材原材料试验。

钢结构连接性能试验。

预应力锚具、夹具和连接器试验。

水泥性能试验。

混凝土粗细集料试验。

混凝土配合比试验。

砌体材料性能试验。

台后压实标准试验。

其他成品、半成品试验检测。

2. 施工过程中的试验检测

地基承载力试验检测。

基础位置、尺寸和高程检测。

钢筋位置、尺寸和高程检测。

钢筋加工检测。

混凝土强度抽样试验。

砂浆强度抽样试验。

桩基检测。

墩、台位置、尺寸和高程检测。

上部结构（构件）位置、尺寸检测。

预制构件张拉、运输和安装强度控制试验。

预应力张拉控制检测。

桥梁上部结构高程、变形、内力（应力）监测。

支架内力、变形和稳定性监测。

钢结构连接加工检测。

钢构件防护涂装检测。

3. 施工完成后的试验检测

桥梁的总体检测。

桥梁荷载试验。

桥梁使用性能监测。

4. 在用桥梁试验检测

桥梁几何形态参数测定。

桥梁结构恒载变异状况调查。

桥梁结构构件材质强度检测与评定。

混凝土中钢筋锈蚀电位的检测。

混凝土中氯离子含量的测定。

混凝土电阻率的检测。

混凝土碳化状况的检测。

混凝土结构钢筋分布状况的检测。

桥梁结构固有模态参数的测定。

索结构索力的测量。

桥梁墩台与基础变位情况调查。

地基与基础的检测。

9.2.2 桥梁工程试验检测的依据

公路桥梁工程试验检测应以国家和交通运输部颁布的有关公路工程的法规、技术标准、设计施工规范和材料试验规程为依据进行，对于某些新结构以及采用新材料和新工艺的桥梁，有关的公路工程规范、规程暂无相关条款规定时，可以借鉴执行国外或国内其他行业的相关标准、规范的有关规定。我国结构工程的标准和规范可以分为 4 个层次。

第 1 层次：综合基础标准，如《工程结构可靠性设计统一标准》（GB 50153—2008），是指导制定专业基础标准的国家统一标准。

第 2 层次：专业基础标准，如《公路工程技术标准》（JTG B01—2003）、《公路工程结构可靠度设计统一标准》（GB/T 50283—1999），是指导专业通用标准和专业专用标准的行业统一标准。

第3层次：专业通用标准。

第4层次：专业专用标准。

公路工程标准体系包括：综合、基础、勘测、设计、检测、施工、监理、养护与管理7大类。

公路桥梁工程设计、施工和试验检测主要涉及的专业通用标准和专业专用标准包括以下内容：

1. 专业通用标准

（1）《公路工程地质勘察规范》（JTG C20—2011）；
（2）《公路勘测规范》（JTG C10—2007）；
（3）《公路工程水文勘测设计规范》（JTG C30—2002）；
（4）《公路桥涵设计通用规范》（JTG D60—2004）；
（5）《公路圬工桥涵设计规范》（JTG D61—2005）；
（6）《公路钢筋混凝土及预应力混凝土桥涵设计规范》（JTG D62—2004）；
（7）《公路桥涵地基与基础设计规范》（JTG D63—2007）；
（8）《公路桥涵钢结构及木结构设计规范》（JTJ 025—86）；
（9）《公路桥涵施工技术规范》（JTG/T F50—2011）；
（10）《公路工程质量检验评定标准》（JTG F80/1—2004）；
（11）《公路工程岩石试验规程》（JTG E41—2005）；
（12）《公路工程金属试验规程》（JTJ 055—1983）；
（13）《公路工程集料试验规程》（JTG E42—2005）；
（14）《公路土工试验规程》（JTG E40—2007）；
（15）《公路桥涵养护规范》（JTG H11—2004）；
（16）《公路桥梁技术状况评定标准》（JTG/T H21—2011）；
（17）《公路桥梁承载能力检测评定规程》（JFG/T J21—2011）。

2. 专业专用标准

（1）《公路斜拉桥设计细则》（JTG/T D65—01—2007）；
（2）《公路桥梁抗风设计规范》（JTG/T D60—01—2004）；
（3）《公路桥梁抗震设计细则》（JTG/T B02—01—2008）；
（4）《公路桥梁板式橡胶支座》（JT/T 4—2004）；
（5）《公路桥梁盆式支座》（JT/T 391—2009）；
（6）《桥梁球型支座》（GB/T 17955—2009）；
（7）《公路桥梁伸缩装置》（JT/T 327—2004）；
（8）《公路桥梁波形伸缩装置》（JT/T 502—2004）；
（9）《预应力混凝土用钢绞线》（GB/T 5224—2003）；
（10）《预应力混凝土用钢丝》（GB/T 5223—2002）；
（11）《预应力用锚具、夹具和连接器》（GB/T 14370—2007）；
（12）《公路桥梁预应力钢绞线用锚具、夹具和连接器》（JT/T 329—2010）；
（13）《预应力混凝土桥梁用塑料波纹管》（JT/T 529—2004）；
（14）《桥梁结构用芳纶纤维复合材料》（JT/T 531—2004）。

9.3 桥梁工程质量检验评定的依据和方法

9.3.1 桥梁质量检验的依据

公路工程质量检验和等级评定是依据原交通部颁布的《公路工程质量检验评定标准》（JTG F80/1—2004）（下文简称《质量检评标准》）进行的，该标准是公路桥梁工程质量等级评价的标准尺度，是公路质量监督部门进行质量检查鉴定、监理工程师进行质量检查认定与施工单位质量自检，以及工程交竣工验收质量评定的依据。对于部分省依据《质量检评标准》结合各自实际情况制定的本省《补充规定》或《质量管理指导意见》，质量检验评定时还应同时满足这些规定。

《质量评定标准》包括检验标准和评定准则两部分内容。检验标准部分规定了检查项目、方法、数量及检查项目合格应满足的要求，评定准则部分规定了质量等级制度和如何利用检验结果进行评判的方法。按照《质量检评标准》对公路桥涵进行质量检验时，具体试验检测还要以设计文件和《公路桥涵施工技术规范》（JTG/T F50—2011）的有关规定为依据。设计文件中对桥涵各部分结构尺寸、材料强度的要求是试验检测的基本依据，结构施工过程的工艺要求、施工阶段结构材料强度、结构内力和变形控制要以施工技术规范的有关规定为依据。

对于新结构或采用新材料、新工艺的桥梁以及有特殊要求的桥梁，在《质量检评标准》缺乏适宜的技术规定时，在确保工程质量的前提下，可参照相关标准（国内外公路行业或其他行业的标准、规范）按照实际情况制定相应的技术标准，并按规定报主管部门批准。

9.3.2 桥梁质量等级评定的方法

桥梁质量等级评定首先应进行工程划分，然后按照“两级制度、逐级评定、按分定质”的原则进行评定。

1. 桥梁质量等级评定的工程划分

《质量检评标准》按桥涵工程建设规模大小、结构部位和施工工序将建设项目划分为单位工程、分部工程和分项工程，对复杂工程，还可设立子分部工程。

单位工程：在建设项目中，根据签订的合同，具有独立施工条件的工程，如独立大桥、中桥、互通式立交应划分为单位工程。

分部工程：在单位工程中，应按结构部位、路段长度及施工特点或施工任务划分为若干个分部工程。

分项工程：在分部工程中，应按不同的施工方法、材料、工序等划分为若干个分项工程。

工程划分应注意规模均衡、主次区别、层次清晰，避免“高分低质”的现象。表 9-1 和表 9-2 中给出了《质量检评标准》中关于公路桥涵质量等级评定工程划分的规定，其中小桥和涵洞被划分到路基单位工程。

表 9-1 单位工程、分部工程和分项工程的划分

单位工程	分部工程	分项工程
桥梁工程（特大、大、中桥）	基础及下部构造*（每桥或每墩、台）	扩大基础，桩基*，地下连续墙*，承台，沉井*，桩的制作*，钢筋制作加工安装，墩台身（砌体）浇筑*，墩台身安装，墩台帽*，组合桥台*，台背填土，支座垫石和挡块等
	上部构造预制和安装*	主要构件预制*，其他构件预制，钢筋加工及安装，预应力筋的加工和张拉*，梁板安装，悬臂拼装*，顶推施工梁*，拱圈节段预制，拱的安装，转体施工拱*，劲性骨架拱肋安装*，钢管拱肋制作*，钢管拱肋安装*，吊杆制作和安装*，钢梁制作*，钢梁安装，钢筋防护*等
	上部构造现场浇筑*	钢筋加工及安装，预应力筋的加工和张拉*，主要构件浇筑*，其他构件浇筑，悬臂浇筑*，劲性骨架混凝土拱*，钢管混凝土拱*等
	总体、桥面系和附属工程	桥梁总体*，钢筋加固及安装，桥面防水层施工，桥面铺装*，支座安装，搭板，伸缩缝安装，大型伸缩缝安装*，栏杆安装，混凝土护栏，人行道铺设，灯柱安装等
	防护工程	护坡，护岸*，导流工程*，石笼防护，砌石工程等
	引道工程	路基*，路面*，挡土墙*，小桥*，涵洞*，护栏等
互通立交工程	桥梁工程*（每座）	桥梁总体，基础及下部构造*，上部构造预制、安装或浇筑*，支座安装，支座垫石，桥面铺装*，护栏，人行道等
	主线路基路面工程*（1～3 km 路段）	见路基路面等分项工程
	匝道工程（每条）	路基*，路面*，通道*，护坡，挡土墙*，护栏等
路基工程	小桥及符合小桥标准的通道*，人行天桥，渡槽（每座）	基础及下部构造*，上部构造预制、安装或浇筑*，桥面*，栏杆，人行道等
	涵洞、通道（1～3 km 路段）	基础及下部构造*，主要构件预制、安装和浇筑*，填土，总体等
路面工程（每 10 km 或每标段）	路面工程（1～3 km 路段）*	底基层，基层*，面层*，垫层，连接层，路缘石，人行道，路肩，路面边缘排水系统等
交通安全设施（每 20 km 或每标段）	标志*（5～10 km 路段）	标志*
	标线、突起路标（5～10 km 路段）	标线*，突起路标等
	护栏*、轮廓标（5～10 km 路段）	波形梁护栏*，缆索护栏*，混凝土护栏*，轮廓标等
	防眩设施（5～10 km 路段）	防眩板、网等
	隔离栅、防落网（5～10 km 路段）	隔离栅、防落网等

注： ① 斜拉桥和悬索桥可参照表 9-2 进行划分。

② 表内标注*者为主要工程，评分时给以 2 的权值；不带*者为一般工程，权值为 1。

表 9-2 特大斜拉桥和悬索桥为主体建设项目的工程划分

单位工程	分部工程	分项工程
塔及辅助、过渡墩（每座）	塔基础*	钢筋加工及安装，扩大基础，桩基*，地下连续墙*，沉井*等
	塔承台*	钢筋加工及安装，双壁钢围堰，封底，承台浇筑*等
	索塔*	索塔*
	辅助墩	钢筋加工，基础，墩台身浇（砌）筑，墩台身安装，墩台帽，盖梁等
	过渡墩	
锚碇	锚碇基础*	钢筋加工及安装，扩大基础，桩基*，地下连续墙*，沉井*，大体积混凝土构件*等
	锚体*	锚固体系制作*，锚固体系安装*，锚碇块体，预应力锚索的张拉与压浆*等
上部结构制作与防护（钢结构）	斜拉索*	斜拉索的制作与防护*
	主缆（索股）*	索股与锚头制作与防护*
	索鞍*	主索鞍与散索鞍制作与防护*
	索夹	索夹制作与防护
	吊索	吊索锚头制作与防护*等
	加筋梁	加筋梁段制作*，加筋梁防护*等
上部结构浇筑与安装	悬浇*	梁段浇筑*
	安装*	加筋梁安装*，索鞍安装*，主缆架设*，索夹和吊索安装*等
	工地防护*	工地防护*
	桥面系及附属工程	桥面防水层的施工，桥面铺装，钢桥面板上防水粘接层的洒布，钢桥面板上沥青混凝土铺装*，支座安装*，抗风制作安装，伸缩缝安装，人行道铺设，栏杆安装，防撞护栏等
	桥梁总体	桥梁总体
引桥	（参见表 9-1“桥梁工程”）	
引道	（参见表 9-1“路基工程”和“路面工程”）	
互通立交工程	（参见表 9-1“互通立交工程”）	
交通安全设施	（参见表 9-1“交通安全设施”）	

2. 工程质量评分方法

工程质量检验评分以分项工程为基本单元，采用 100 分制进行。在分项工程评分的基础上，逐级计算各相应分部工程、单位工程、合同段和建设项目评分值。

施工单位应对各分项工程按《质量检评标准》所列基本要求、实测项目和外观鉴定进行自检，按“分项工程质量检验评定表”及相关施工技术规范提交真实、完整的自检资料，对工程质量进行自我评定。工程监理单位应按规定要求对工程质量进行独立抽检，对施工单位检评资料进行签认，对工程质量进行评定。建设单位根据对工程质量的检查及平时掌握的情况，对工程监理单位所做的工程质量评分及等级进行审定。质量监督部门、质量检测机构可依据《质量检评标准》对工程质量进行检测评定。

（1）分项工程质量评分

分项工程质量检验内容包括基本要求、实测项目、外观鉴定和质量保证资料四个部分。只有在其使用的原材料、半成品、成品及施工工艺符合基本要求的规定，且无严重外观缺陷和质量保证资料真实并基本齐全时，才能对分项工程质量进行检验评定。

分项工程的评分值满分为 100 分，按实测项目采用加权平均法计算。存在外观缺陷或资料不全时，须予减分。

$$\text{分项工程得分} = \frac{\sum(\text{检查项目得分} \times \text{权值})}{\sum \text{检查项目权值}} \tag{9-1}$$

$$\text{分项工程评分值} = \text{分项工程得分} - \text{外观缺陷减分} - \text{资料不全减分}$$

① 基本要求检查

分项工程所列基本要求对施工质量优劣具有关键作用，应按基本要求对工程进行认真检查。经检查不符合基本要求规定时，不得进行工程质量的检验和评定。

② 实测项目计分

对规定检查项目采用现场抽样方法，按照规定频率和下列计分方法对分项工程的施工质量直接进行检测计分。

检查项目除按数理统计方法评定的项目以外，均应按单点（组）测定值是否符合标准要求进行评定，并按合格率计分。

$$\text{检查项目合格率}(\%) = \frac{\text{检查合格的点(组)数}}{\text{该检查项目的全部检查点(组)数}} \tag{9-2}$$

$$\text{检查项目得分} = \text{检查项目合格率} \times 100$$

检查项目分为一般项目和关键项目。涉及结构安全和使用功能的重要实测项目为关键项目，在《质量控评标准》中以“△”标志，其合格率不得低于 90%（属于工厂加工制造的桥梁金属构件不低于 95%，机电工程为 100%）。除关键项目外的其他项目均为一般项目。

对少数实测项目还有规定极值的限制，这是指任一单个检测值都不能突破的极限值，不符合要求时该实测项目为不合格，所在分项工程可直接判为不合格，并要求必须进行返工处理。

采用《质量检评标准》附录 B 至附录 I 所列方法进行评定的关键项目，不符合要求时则该分项工程评为不合格。

③ 外观缺陷减分

对工程外表状况应逐项进行全面检查，如发现外观缺陷，应进行减分。对于较严重的外观缺陷，施工单位须采取措施进行整修处理。

④ 资料不全减分

分项工程的施工资料和图表残缺，缺乏最基本的数据，或有伪造涂改者，不予检验和评定。资料不全者应予减分，减分幅度视资料不全情况，每款减 1 ~ 3 分。质量保证资料应包括以下 6 个方面：

a. 所用原材料、半成品和成品质量检验结果。

b. 材料配比、拌和加工控制检验和试验数据。

c. 地基处理、隐蔽工程施工记录和大桥、隧道施工监控资料。

d. 各项质量控制指标的试验记录和质量检验汇总图表。

e. 施工过程中遇到的非正常情况记录及其对工程质量影响分析。

f. 施工过程中如发生质量事故，经处理补救后，达到设计要求的认可证明文件等。

例 9-1 钻孔灌注桩

① 基本要求

a. 桩身混凝土所用的水泥、砂、石、水、外掺剂及混合材料的质量和规格必须符合有关规范的要求，按规定的配合比施工。

b. 成孔后必须清孔，测量孔径、孔深、孔位和沉淀层厚度，确认满足设计或施工技术规范要求后，方可灌注水下混凝土。

c. 水下混凝土应连续灌注，严禁有夹层和断桩。

d. 嵌入承台的锚固钢筋长度不得低于设计规范规定的最小锚固长度要求。

e. 应选择有代表性的桩用无破损法进行检测，重要工程或重要部位的桩宜逐根进行检测。设计有规定或对桩的质量有疑虑时，应采取钻取芯样法对桩进行检测。

f. 凿除桩头预留混凝土后，桩顶应无残余的松散混凝土。

② 实测项目

钻孔灌注桩实测项目见表 9-3。

表 9-3 钻孔灌注桩实测项目

项次	检查项目			规定值或允许偏差	检查方法和频率	权值
1△	混凝土强度（MPa）			在合格标准内	按 JTG F80/—2004 附录 D 检查	3
2△	桩位（mm）	群桩		100	全站仪或经纬仪：每桩检查	2
		排架桩	允许	50		
			极值	100		
3△	孔深（m）			不小于设计	测绳量：每桩测量	3
4△	孔径（mm）			不小于设计	探孔器：每桩测量	3
5	钻孔倾斜度（mm）			1%桩长，且不大于 500	用测壁（斜）仪或钻杆垂线法：每桩检查	1
6△	沉淀厚度（mm）	摩擦桩		按设计规定，设计未规定时按施工规范要求	沉淀盒或标准测锤：每桩检查	2
		支承桩		不大于设计规定		
7△	钢筋骨架底面高程（mm）			±50	水准仪：测每桩骨架顶面高程后反算	1

③ 外观鉴定

a. 桩的质量有缺陷，但经设计单位确认仍可用时，应减 3 分。

b. 桩顶面应平整，桩柱连接处应平顺且无局部修补，不符合要求时减 1～3 分。

④ 质量保证资料

质量保证资料包括：混凝土的原材料、配合比、抗压强度试验报告，钢筋力学性能试验报告，钢筋焊接质量试验报告，钻孔、清孔和灌注记录，泥浆性能检测报告，桩的无损检测或取芯检测报告，异常现象的处理方法和结果记录等。

（2）分部工程和单位工程质量评分

进行分部工程和单位工程评分时，采用加权平均值计算法确定相应的评分值。

$$\text{分部(单位)工程评分值} = \frac{\sum[\text{分项(分部)工程评分值} \times \text{相应权值}]}{\sum \text{分项(分部)工程权值}} \tag{9-3}$$

权值按表 9-1 和表 9-2 所列一般工程和主要工程，分别为 1 和 2。

（3）合同段和建设项目工程质量评分

合同段和建设项目工程质量评分值按《公路工程竣（交）工验收办法》计算。

3. 工程质量等级评定

工程质量等级评定分为合格与不合格，应按分项工程、分部工程、单位工程、合同段和建设项目逐级评定。

（1）分项工程质量等级评定

分项工程评分值不小于 75 分者为合格，小于 75 分者为不合格；机电工程、属于工厂加工制造的桥梁金属构件不小于 90 分者为合格，小于 90 分者为不合格。

评定为不合格的分项工程，经加固、补强或返工、调测，满足设计要求后，可以重新评定其质量等级，但计算分部工程评分值时按其复评分值的 90%计算。

（2）分部工程质量等级评定

所属各分项工程全部合格，则该分部工程评为合格；所属任一分项工程不合格，则该分部工程为不合格。

（3）单位工程质量等级评定

所属各分部工程全部合格，则该单位工程评为合格；所属任一分部工程不合格，则该单位工程为不合格。

（4）合同段和建设项目质量等级评定

合同段和建设项目所含单位工程全部合格，其工程质量等级为合格；所属任一单位工程不合格，则合同段和建设项目为不合格。

9.3.3 桥梁质量检验评定的变化趋势

随着管理理念、质量水平和检测技术的发展变化，桥梁质量检验评定也将随之发生变化，并趋向更加合理、更加高效和更加适合桥梁建设的需要。

（1）施工过程对桥梁质量有重要影响，除重视对最终成品的质量检验外，还应加强过程质量的检验控制。

（2）现行《质量检评标准》对一般实测项目的最低合格率及最大偏差无明确要求和标准，需要补充，以加强对不合格点的限制，完善评定准则。

（3）质量保证资料不仅是进行桥涵质量检验评定的条件，也是桥梁养护的基础资料，检验评定时应进一步明确质量保证资料的要求。

（4）用检测数据反映桥梁工程质量，检验评定中的一些定性规定应调整为定量规定，适当增加检测频率，提高评定结果的准确性和可信度。

（5）采用高效、准确的检测技术和设备，特别是无损检测技术。

（6）在总结经验的基础上，调整检验评定中的技术指标，使之更加适合桥梁实际施工质量，促进质量水平提高。

（7）吸纳新结构、新工艺等相关分项工程的检验评定研究成果，不断丰富《质量检评标准》的内容。

9.4 桥梁养护管理检查与评定

9.4.1 桥梁检查的一般规定

桥梁检查分为经常检查、定期检查和特殊检查。

1. 经常检查

主要指对桥面设施、上部结构、下部结构及附属构造物的技术状况进行的检查。

2. 定期检查

为评定桥梁使用功能、制订管理养护计划提供基本数据，对桥梁主体结构及其附属构造物的技术状况进行的全面检查，它为桥梁养护管理系统搜集结构技术状态的动态数据。

3. 特殊检查

特殊检查是查清桥梁的病害原因、破损程度、承载能力、抗灾能力，确定桥梁技术状况的工作。特殊检查分为专门检查和应急检查。

（1）专门检查：根据经常检查和定期检查的结果，对需要进一步判明损坏原因、缺损程度或使用能力的桥梁，针对病害进行专门的现场试验检测、验算与分析等鉴定工作。

（2）应急检查：当桥梁受到灾害性损伤后，为了查明破损状况，采取应急措施，组织恢复交通，对结构进行的详细检查和鉴定工作。桥梁管养单位应对辖区内所有桥梁建立“桥梁基本状况卡”，将有关信息输入数据库，建立永久性档案。

9.4.2 经常检查

（1）经常检查的周期根据桥梁技术状况而定，一般每月不得少于一次，汛期应加强不定期检查。

（2）经常检查采用目测方法，也可配以简单工具进行测量，当场填写“桥梁经常检查记录表”，现场要登记所检查项目的缺损类型，估计缺损范围及养护工作量，提出相应的小修保养措施，为编制辖区内的桥梁养护（小修保养）计划提供依据。

（3）经常检查中发现桥梁重要部件存在明显缺损时，应及时向上级提交专项报告。

9.4.3 定期检查

（1）定期检查周期根据技术状况确定，最长不得超过三年。新建桥梁交付使用一年后，进行第一次全面检查。临时桥梁每年检查不少于一次。

（2）在经常检查中发现重要部（构）件的缺损明显达到三、四、五类技术状况时，应立即安排一次定期检查。

（3）定期检查以目测观察结合仪器观测进行，必须接近各部件仔细检查其缺损情况。定期检查的主要工作有：

① 现场校核桥梁基本数据。

② 当场填写“桥梁定期检查记录表”，记录各部件缺损状况并做出技术状况评分。

③ 实地判断缺损原因，确定维修范围及方式。

④ 对难以判断损坏原因和程度的部件，提出特殊检查（专门检查）的要求。

⑤ 对损坏严重、危及安全运行的危桥，提出限制交通或改建的建议。

⑥ 根据桥梁的技术状况，确定下次检查时间。

（4）特大型、大型桥梁的控制检测。

① 设立永久性观测点，定期进行控制检测。控制检测的项目及永久性观测点包括：

a. 墩、台身、索塔、锚碇的高程。

b. 墩、台身、索塔倾斜度。

c. 桥面高程。

d. 拱桥桥台、悬索桥锚碇水平位移。

e. 悬索桥索夹滑移。

② 新建桥梁交付使用前，公路管理机构应事先要求桥梁建设单位在竣工时设置便于检测的永久性观测点。大桥、特大桥必须设置永久性观测点。

③ 应设而没有设置永久性观测点的桥梁，应在定期检查时按规定补设。测点的布设和首次检测的时间及检测数据等，应按竣工资料的要求予以归档。

④ 桥梁主体结构维修、加固或改建前后，必须进行控制测量，以保持观测资料的连续性。若控制点有变动，应及时检测，建立基准数据。

⑤ 桥梁永久性观测点的设置要牢固可靠，当永久控制测点与国家大地测量网联络有困难时，可建立相对独立的基准测量系统。

⑥ 特大、大、中桥墩（台）旁，必要时可设置水尺或标志，以观测水位和冲刷情况。

（5）桥梁定期检查后应提出下列文件：

① 桥梁定期检查数据表。

② 典型缺损和病害的照片及说明。缺损状况的描述应采用专业标准术语，说明缺损的部位、类型、性质、范围、数量和程度等。

③ 两张总体照片。一张桥面正面照片，一张桥梁上游立面照片。桥梁改建后应重新拍照一次。如果桥梁拓宽改造后，上下游桥梁结构不一致，还要有下游侧立面照片，并标注清楚。

④ 桥梁清单。

⑤ 桥梁基石状况卡片。

⑥ 定期检查报告。内容应该包括要求进行特殊检查桥梁的报告，说明检验的项目和理由。

9.4.4 特殊检查

（1）特殊检查应委托有相应资质和能力的单位承担。

（2）在下列情况下应作特殊检查：

① 定期检查中难以判明损坏原因及程度的桥梁。

② 桥梁技术状况为四、五类者。

③ 拟通过加固手段提高荷载等级的桥梁。

④ 条件许可时，特殊重要的桥梁在正常使用期间可周期性进行荷载试验。

桥梁遭受洪水、流水、滑坡、地震、风灾、漂流物或船舶撞击，因超重车辆通过或其他异常情况影响造成损害时，应进行应急检查。

（3）特殊检查应根据桥梁的破损状况和性质，采用仪器设备进行现场测试、荷载试验及其他辅助试验，针对桥梁现状进行检算分析，形成鉴定结论。

（4）实施专门检查前，承担单位负责检查的工程师应充分收集资料，包括设计资料（设计文件、计算所用的程序及计算结果）、竣工图、材料试验报告、施工记录、历次桥梁定期检查和特殊检查报告，以及历次维修资料等。原资料如有不全或疑问时，可现场测绘构造尺寸，测试构件材料组成及性能，勘察水文地质情况等。

（5）桥梁特殊检查应根据需要对以下方面问题做出鉴定：

① 桥梁结构材料缺损状况。包括对材料物理、化学性能退化程度及原因的测试鉴定；结构或构件开裂状态的检测及评定。

② 桥梁结构承载能力。包括桥梁抵抗洪水、流水、风、地震及其他地质灾害等能力的检测鉴定。

（6）桥梁结构材料缺损状况鉴定，可根据鉴定要求和缺损的类型、位置，选择表面测量、无破损检测和局部取试样等有效可靠的方法。试样应在有代表性构件的次要部位获取。

（7）桥梁结构检算及承载力试验应按国家及行业有关标准和技术规范进行。

（8）桥梁抗灾能力鉴定一般采用现场测试与检算的方法，特别重要的桥梁可进行模拟试验。

（9）原设计条件已经变化的，所有鉴定都应针对当时桥梁的实际状况，不能套用原设计的资料数据。

（10）特殊检查报告包括下列主要内容：

① 概述检查的一般情况。包括桥梁的基本情况，检查的组织、时间、背景和工作过程等。

② 描述目前的桥梁技术状况。包括现场调查、试验与检测的项目及方法、检测数据与分析结果和桥梁技术状况评价等。

③ 详细叙述检查部位的损坏程度及原因，并提出结构部件和总体的维修、加固或改建的建议方案。

9.4.5 桥梁评定

桥梁评定分为一般评定和适应性评定。

（1）一般评定是依据桥梁定期检查资料，通过对桥梁各部件技术状况的综合评定，确定桥梁的技术状况等级，提出各类桥梁的养护措施。

（2）桥梁适应性评定包括以下内容：依据桥梁定期及特殊检查资料，结合试验与结构受力分析，评定桥梁的实际承载能力、通行能力、抗洪能力，提出桥梁养护、改造方案。

（3）一般评定由负责定期检查者进行，适应性评定应委托有相应资质及能力的单位进行。

9.5 桥梁静载试验

9.5.1 目的与适用范围

通过荷载试验，了解桥梁结构在试验荷载作用下的实际工作状态，从而判断桥梁结构的安全承载能力及评价桥梁的运营质量。评定桥梁或构件的现有状况、确定桥梁的实际承载能力。

适用于危旧桥的技术状况评定、承载能力鉴定及新建桥梁的竣工验收。

9.5.2　主要仪器设备

（1）加载设备：载重车、堆物、水箱等。

（2）量测仪表：应变片、电阻应变位移传感器，桥梁挠度仪，量测仪表等。

（3）数据采集设备：静态应变测试系统。

9.5.3　试验依据

（1）《混凝土结构试验方法标准》（GB/T 50152—2012）；

（2）《大跨径混凝土桥梁的试验方法》（YC4—4/1978）；

（3）《公路桥梁承载能力检测评定规程》（JTG/T J21—2011）；

（4）《公路桥涵设计通用规范》（JTG D60—2004）；

（5）《公路钢筋混凝土及预应力混凝土桥涵设计规范》（JTG D62—2004）；

（6）《公路桥涵施工技术规范》（JTG/T F50—2011）；

（7）《公路桥涵养护规范》（JTG/T H11—2004）。

9.5.4　试验组织准备

1. 收集资料

（1）书面资料

组织桥梁荷载试验时要向有关部门收集与试验有关的设计资料，仔细阅读与试验有关的文献资料，以便对试验对象有透彻的了解，并对试验进行必要的模拟分析计算。

荷载试验需要收集的资料一般有：

① 结构的设计资料，如设计图纸、相关计算资料等，必要时还要设计时的原始资料。

② 结构的施工资料，如竣工图纸、材料性能试验报告、有关施工记录、隐蔽工程报告和重要质量差错报告等。

③ 对有些桥梁，须收集试验前结构尺寸变化的数据资料，如拱轴线的变形、墩台和拱顶的沉降观察资料等。

此外，在明确试验目的后，如果有类似的试验借鉴，则通过阅读他人试验报告或情况介绍，弄清试验目的有何不同，哪些地方可以改进等。

（2）现场资料

收集书面资料的同时，应该对桥梁试验现场进行踏勘，收集有关资料。

① 找负责设计、施工、监理或养护部门的工程师，了解与试验对象有关的设计、施工、监理和养护等问题。

② 对实桥进行踏勘，了解结构物的现状、周围的环境条件和试验条件，包括：对结构物进行详细的外观检查，查明结构物的实际技术状况，如结构的尺寸、行车道、支座情况以及各种缺陷等；详细检查桥上和两端接线线路的技术状况、线路容许车速、桥下净空、水深和通航情况、桥址处供电情况等；实桥结构和周围环境的踏勘，详查拟订试验方案（如加载方式、量

测手段等）；详细了解现场试验时主管单位可能提供的配合情况，如加载车辆的情况，试验时的交通、航运影响等，做到心中有数，以便在确定方案时全面考虑。

2. 拟订试验方案

拟订试验方案是桥梁荷载试验前期准备工作中最重要的环节，因为试验方案是指导荷载试验的行动大纲。通过分析收集到的有关资料，充分了解试验对象以及试验现场的情况后，根据试验目的和客观条件着手拟订试验方案。一个完整的桥梁荷载试验方案应包括如下内容：

（1）试验对象概况

主要叙述试验对象的结构、与设计和施工有关的技术资料、试验任务的性质等基本情况。

（2）试验目的和要求

试验目的是桥梁加载试验之纲，如新建桥梁的竣工验收、旧桥承载力评估或改建加固等的试验目的和要求既有相似之处，又各有侧重。所以试验目的一定要非常明确，有了明确的目的才能提出具体要求。

（3）试验内容

要详细列出试验检测内容。实桥静力荷载试验一般应包括以下内容：

① 结构控制断面的变形或挠度，或沿桥长轴线的挠度分布。

② 结构控制截面最大应力（或应变），或结构构件的实际应变分布。

③ 受试验荷载影响的所有桥梁支座、墩台的位移或转角，塔柱和结构连接部分的变形等。

④ 钢筋混凝土结构裂缝的出现或扩展，包括裂缝宽度、长度、间距、位置、方向和性状，以及卸载后的闭合情况。

⑤ 其他桥梁次结构构件的受力反应。

（4）试验方法

包括荷载、测点布置、仪器选用以及具体的测试步骤等，并列出一张试验程序（工况）表，具体应考虑以下几点：

① 荷载必须依据设计荷载的大小并根据现场可能提供荷载的情况来拟订试验加载方案。鉴于方便和实用的理由，现场实桥试验荷载一般选用载重车辆，很少采用其他加载形式（有些无行车条件的桥梁也采用水箱、堆物等）。方案须列清车辆的种类、吨位、数量以及要求车辆的轴重、总重等。

确定荷载大小和加载方式后，需编制加载细则，要求具体到每个工况。

② 测点和测站布置。根据试验的目的要求，应用桥梁专业知识，考虑各种桥梁体系的受力特点，还要结合测试技术的可行性，确定被测桥梁的控制断面和测点布置，表 9-4 列出主要桥型的内力或位移控制截面。

③ 选用仪器设备。方案要列出试验选用仪器设备的型号、测量精度、数量等。

表 9-4 主要桥型的内力或位移控制截面

序号	桥　型	内力或位移控制截面	
1	简支梁桥	主要	（1）跨中截面最大正弯矩和挠度； （2）支点截面最大剪力
		附加	（1）$L/4$ 截面最大正弯矩和挠度； （2）墩台最大竖向力

续表 9-4

<table>
<tr><th>序号</th><th>桥　型</th><th colspan="2">内力或位移控制截面</th></tr>
<tr><td rowspan="2">2</td><td rowspan="2">连续梁桥、连续刚构</td><td>主要</td><td>（1）跨中最大正弯矩和挠度；
（2）内支点截面最大负弯矩；
（3）L/4 截面最大弯矩和挠度</td></tr>
<tr><td>附加</td><td>（1）端支点截面的最大剪力；
（2）L/4 截面最大弯剪力；
（3）墩台最大竖向力；
（4）连续刚构固结墩墩身控制截面的最大弯矩</td></tr>
<tr><td rowspan="2">3</td><td rowspan="2">悬臂梁桥、T 型刚构</td><td>主要</td><td>（1）锚固跨跨中最大正弯矩和挠度；
（2）支点最大负弯矩；
（3）挂梁跨中最大正弯矩和挠度</td></tr>
<tr><td>附加</td><td>（1）支点最大剪力；
（2）挂梁支点截面或悬臂端截面最大剪力</td></tr>
<tr><td rowspan="2">4</td><td rowspan="2">拱桥</td><td>主要</td><td>（1）拱顶截面最大正弯矩和挠度、拱脚截面最大负弯矩；
（2）刚架拱上弦杆跨中最大正弯矩</td></tr>
<tr><td>附加</td><td>（1）拱脚最大水平推力；
（2）L/4 截面最大正、负弯矩及其最大正、负挠度绝对值之和；
（3）刚架拱斜腿根部截面最大负弯矩</td></tr>
<tr><td rowspan="2">5</td><td rowspan="2">刚架桥（包括框架、斜腿刚构和刚架-拱式组合体系）</td><td>主要</td><td>（1）跨中截面最大正弯矩和挠度；
（2）结点截面的最大负弯矩</td></tr>
<tr><td>附加</td><td>（1）柱脚截面最大负弯矩、最大水平推力</td></tr>
<tr><td rowspan="2">6</td><td rowspan="2">钢桁桥</td><td>主要</td><td>（1）跨中、支点截面的主桁杆件最大内力；
（2）跨中截面的挠度</td></tr>
<tr><td>附加</td><td>（1）L/4 截面的主桁杆件最大内力和挠度；
（2）桥面系结构构件控制截面的最大内力和变位；
（3）墩台最大竖向力</td></tr>
<tr><td rowspan="2">7</td><td rowspan="2">斜拉桥与悬索桥</td><td>主要</td><td>（1）主梁最大挠度；
（2）主梁控制截面最大内力；
（3）索塔塔顶水平变位；
（4）主缆最大拉力，斜拉索最大拉力</td></tr>
<tr><td>附加</td><td>（1）主梁最大纵向漂移；
（2）主塔控制截面最大内力；
（3）吊索最大索力</td></tr>
</table>

（5）试验步骤

一般可列一张工况流程表，列清楚试验的工况序号、加载方式（纵向、横向怎么布置，荷载如何分级）、测读内容、时间间隔等内容。

（6）参加试验的人员安排

对于规模较大的桥梁荷载试验，通常需要较多的测试人员，有时单靠某一个单位的专业测试人员不够，需要几个单位的测试人员合作；另外需不需要临时找辅助人员，具体如何安排等，方案中均应提出。

（7）试验时间安排

方案要列出整个试验的进度计划。

（8）安全措施

包括试验期间人员、结构物、加载设备和测试仪器等的安全措施。

（9）其　他

方案中须提出来有哪些未定因素、一些补充说明内容等。一些特别重要的桥梁荷载试验方案，还需要经过专家评审。

试验方案拟订以后，应分发给参加试验的有关单位和个人，并着手准备仪器设备和试验人员组织。

3. 试验计算

在拟订方案的同时或之前，应进行试验计算，如计算试验荷载作用下主要测试断面的内力或变形控制值、静力加载效率等。所有相关计算结果是试验荷载大小、加载等级的理论依据，也作为试验加载响应的期望值；另外，还可作为选用仪器量程和灵敏度的依据，以及对现场试验数据进行校核，以便及早发现试验过程中可能出现的异常情况。

（1）试验控制荷载确定

试验控制荷载根据与设计作用（或荷载）等级相应的活载效应控制值或有特殊要求的荷载效应值确定，以使控制截面产生最不利荷载效应（内力和变形）的荷载作为试验控制荷载。

具体计算时，还应选择理论计算活载作用下能够产生最大截面应力和变形的控制截面位置，某些特殊桥梁还需考虑其关键构件的加载。

目前，试验控制荷载通常是根据桥梁设计图纸，采用各种通用的有限元程序建立平面或空间有限元模型，简单结构也可以采用手算，结合规范及设计要求计算确定。

确定试验桥梁的控制荷载时，还需结合实际桥梁技术状态检测结果，进一步细化方案。

（2）试验荷载确定

静载试验效率 η_q 的计算公式为：

$$\eta_q=\frac{S_s}{S\cdot(1+\mu)} \tag{9-4}$$

式中　S_s——静力试验荷载作用下，某一加载试验项目对应的加载控制截面内力或变位的最大计算效应值；

S——控制荷载产生的同一加载控制截面内力或变位的最不利效应计算值；

μ——按规范取用的冲击系数值；

η_q——静力试验荷载的效率，应介于 0.95～1.05。

4. 仪器准备

试验仪器的准备是整个试验前期准备工作中另一个重要方面，就是按照已经拟订的试验方案准备仪器，并进行仪器的选用、配套和校准工作。

（1）选用原则

试验仪器的选用原则是必须确保试验仪器的规格、数量、测试精度等都能够满足试验的要求，以保证试验顺利进行。

① 根据被测对象的结构情况，选择精度和量程。如被测对象是一座大跨度桥梁，它的试验挠度期望值达几十厘米，可选择精度为毫米级的量测仪器；如被测对象是一座小跨径桥梁，那么就应选择精度更高的测量仪器。

② 根据现场环境条件，选择仪器种类。如一座桥上应变测点很多，就应考虑在设置测站方便的同时，选用可多点测量仪器，还要估计导线的长短；又如现场有电磁干扰源存在，则须带抗干扰性能比较好的仪器，必要时宜采用机械式仪器。

③ 选用可靠性好的仪器。对实桥试验来说，试验往往是一次性的，仪器使用性能的可靠与否至关重要。

④ 尽量考虑仪器设备的便携性，就轻避重，能小不大。

⑤ 要强调经验。一个有经验的试验人员一般能做到对每次试验所需的仪器设备胸中有数，同样，一个有经验的试验检测单位都应配备有几套适合不同要求的仪器设备以供选用。

（2）配套准备

试验仪器一经选定，试验前期还应做好配套准备工作，具体如下。

① 对所有被选用的仪器设备进行系统检查。各仪器要逐一开机，从整机到通道，一一调试；各类表具要逐个检查，要保证带到现场去的仪器设备能够良好地工作。

② 对所有仪器设备进行系统校准，逐个编号。

③ 根据测点和测站位置，备齐备足测量导线，每根导线都要逐一检查并使之完好。如连接应变计的导线，可以预先挂锡，以方便现场工作。

④ 对初次使用的仪器设备或第一次要做的测试内容，先要进行模拟测试，使测试人员熟悉测试过程和仪器操作。

5. 现场准备

一般情况下，试验现场的具体准备工作要占去全部试验的大部分时间，要保证试验的成功，这部分工作必须有条不紊地进行。

（1）荷载准备

荷载（车辆荷载或重物荷载）准备工作要有专人负责。

① 车辆加载

a. 落实车辆型号、数量和装载物。这项工作一般在方案设计阶段完成，到了现场主要是具体对号操作。落实装载物和装载设备，装载物一般为石料、砂子等，视现场情况而定。

b. 车辆过秤。在有条件的地方，使用地磅称重。过磅时除称总重外，还要分轴称出各车轴的轴重；如条件允许，尽可能在过秤的同时调整各辆车的轴重和总重。在没有地磅的地方，也可用移动电子传感器称重。

c. 记录下每辆车的车号、轴距、轮距和轴重指标。

d. 分批编号。按实际轴重和车型对试验车辆进行编号，在大型桥梁试验用车较多的情形下，还要考虑多辆车横向布载的均匀性，以减少试验误差。

e. 对准备做动载试验的车辆，还要求车上时速表准确灵敏，以控制车速。

② 重物加载

当确定选用重物加载，且加载仅为满足控制截面内力要求时，可采用直接在桥面堆放重物或设置水箱的方法加载。试验前应采取可靠的方法对加载物进行称量，采用水箱或采用在桥面直接堆放重物加载时，可通过测量水体积或堆放重物的体积与容重来换算加载物的重力，分级加载以同样方法处理。加载物的堆放应安全、合理。

由于重物加载准备工作量大，加卸载所需周期一般较长，试验受温度变化、仪器稳定性等影响较大，所以实桥加载试验选用重物加载的情况不多。

（2）工作脚手架和桥梁检测车

比较多的桥梁检测试验需要工作脚手架，供测试人员粘贴应变计或安装其他表具等使用。当使用相对式仪器测量变形时，人员工作脚手架和架设仪器脚手架要分开。

目前，桥梁检测车已经比较普及，在许多没有架设脚手架条件的地方有很大的优势。功能好的桥梁检测车可伸缩自如，横跨桥梁断面进行工作，为桥梁检测准备和实施带来很大的便利。

（3）测点、测站布置

实桥测点布置的具体工作就是按试验方案放样，测站布设则要根据现场情况确定。

① 应变测量准备

应变测点如果比较多，那么这部分准备工作会占据整个试验现场准备大部分时间，其一般内容有：

a. 放样。把方案上的测点布置到桥上，在准备粘贴应变片测点上，画出定位线、确定位置和方向（对应变花尤其重要）。

b. 粘贴应变片。包括对试件表面的前处理、贴片、焊接等。必须指出，钢筋混凝土受拉区应变测点应粘贴在钢筋上（凿去保护层混凝土），全预应力混凝土构件可直接在混凝土表面贴应变片。

检查绝缘度。对钢筋测点和混凝土测点绝缘电阻有最低要求（参见4.2节相关内容），绝缘度不合要求者要采取适当措施，必要时铲除重贴。

c. 连接测量导线。把所有编号导线与对应测点一一焊好，另一端拉到测站位置，绑好捆牢；测量导线的长短与测站的设立位置有关，所以测站设置时要尽可能考虑优化（尽量不用过长导线）。

d. 全部测点接线完成之后，调试仪器，逐点检查；对质量不好的测点，要查出原因予以更正，必要时重新贴片。

e. 防潮。野外条件下温度、湿度影响比较大，要注意及时采取防潮措施。短期使用时可用无水凡士林或703胶等；长期使用情况要用专门配制的防护剂，如环氧树脂掺稀释剂和固化剂。

② 变形测量准备

变形测量包括挠度、支座位移、桥塔水平位移等内容。

当测量采用光学测量仪器时，测试前需要踩点确定架设仪器的位置。如由专业测量人员协作完成，事先必须交代清楚任务和要求。变位测点准备好以后，在试验前应进行现场操练，以熟悉读数过程。

（4）其他准备

上面叙述的是试验现场准备的基本内容，其他准备工作还有：

① 按方案排定的工况，用醒目涂料或油漆在桥面行车道上画停车线，停车线要画得清楚、醒目。

② 如要测试裂缝，一般先在试件上刷一层薄薄的石灰水，然后画格子线（格子线不宜太密）。

③ 运营中桥梁做荷载试验存在交通问题，试验前要统筹好桥上交通和桥下航道的管制问题。试验如在夜间进行，要做好照明准备工作。

9.5.5　加载试验

实桥静载试验一般安排在晚上进行，主要是考虑加载时温度变化和环境的干扰。如果这种干扰不大或对试验数据不会产生任何影响（如适逢阴天，又如简支梁小桥，加载车辆少、时间短的情况），也不一定非要安排在晚上。

1. 加载试验过程

（1）静载初读数

静载初读数是指试验正式开始时的零荷载读数，不是准备阶段调试仪器的读数。对于新建桥梁，在初始读数之前往往要进行预压（部分重车在桥上缓行几次）。从初读数开始，整个测试系统就开始运作，测量、读数记录人员进入岗位各司其职。

（2）加　载

桥梁加载一般都要考虑分级加载，特别是一些旧桥鉴定试验，分级施载有助于被测结构的安全。分级可以以控制断面弯矩值为依据进行，具体实施时可以分批按排按列布置车辆，也可以把车辆加载于不同断面递进加载。按桥上画定的停车线布置荷载，要安排专人指挥车辆停靠。

（3）稳定后读数

加载后结构的变形和内力需要有一个稳定过程。不同的结构这一过程的长短都不一样，一般是以控制点的应变值或挠度值稳定为准，只要读数波动值在测试仪器的精度范围以内，就认为结构已处于相对稳定状态，可以测量读数。

（4）卸载读零

一个工况结束，各测点要读回零值，同样要有一个稳定过程。试验加卸载要求稳定后读数，实际有一个结构残余变形或应变问题，因为当结构变形或应变在卸载后不能正常恢复时，反映的可能是结构承载能力不足或其他原因，需要仔细分析。

2. 静载试验控制

（1）重复加载要求

试验过程中必须时时关心几个控制点数据的情况，一旦发现问题（数据本身规律差或仪器故障等）要重新加载测试。这种现场数据校核的做法，可以避免实测数据出现大的差错。

（2）加载控制条件

试验指挥人员在加载试验过程中应随时掌握各方面情况，对加载进行控制。当试验过程中发生下列情况应中途停止加载，及时找出原因，在确保结构及人员安全情况下可继续试验。

① 控制测点实测应力、变位（或挠度）已达到或超过计算的控制应力值时。

② 结构裂缝的长度或缝宽急剧增加，或新裂缝大量出现，或缝宽超过允许值且裂缝大量增多时。

③ 拱桥沿跨长方向的实测挠度曲线分布规律与计算结果相差过大时。

④ 发生其他影响桥梁承载能力或正常使用的损坏时。

9.5.6 试验数据整理

整理桥梁现场试验数据，不仅要求有一份完整的原始记录，还要用到一些数据处理方面的知识，同时又要求整理者有桥梁专业方面的知识。从试验总体上说，它还是每个试验程序的结束环节，必须予以充分重视。

通过静载试验得到的原始数据、曲线和图像等是最重要的第一手资料，应该特别强调现场试验数据原始记录重要性，对每一份现场记录（无论是数据还是信号）都要求完整、清晰和可靠，有些原始数据数量庞大，也不直观，不能直接用来进行结构评估，所以必须对它进行处理分析。

1. 荷　载

整理实际荷载值、加载位置等。因为实际荷载位置、大小等可能会与方案要求的不一样。整理出来的荷载数据，一方面用以结构计算，另一方面会与试验数据结果直接有关。

由于桥梁试验荷载一般都采用车辆荷载，下面只叙述对车辆加载要求：

（1）列出试验加载效率表，如采取分级加载方法还要列出分级加载表。

（2）制作实际载重明细表，表中详细列出加载车辆的型号、车号及其试验时的编号、轮轴距、理论质量和实际载重（包括各轴轴重和总重）等。

（3）绘制荷载的纵、横向（包括对称和偏心）布置图，并标明具体尺寸。

2. 变　形

桥梁变形包括挠度和各种非竖向变位（如拱桥桥轴线的两维变位，斜拉桥、悬索桥索塔的水平变位等）。变形是衡量桥梁结构实际刚度的重要指标之一。

实测值和计算值一般都要求画成曲线并放在一起，或列出一张比较表等。有的桥梁在整理挠度数据时，还应考虑支座处沉降的影响。

3. 应力和应变

（1）实测应变的修正

应变测试中，出现应变计灵敏系数 $K\neq2$，或导线过长或过细使导线电阻不能忽略等情况时，需要对实测应变结果进行修正，若对测值的影响小于 1%时可不予修正。

（2）应力、应变的换算

应变计测试结果一般为应变值，而人们感兴趣的往往是应力。对钢结构而言，弹性模量稳定，应力和应变关系是常数乘积关系；对钢筋混凝土或预应力混凝土结构来说，不管是混凝土上测得的应变，还是钢筋上测得的应变，换算成混凝土应力都有一个实际弹性模量的取值问题。解决这个问题的办法，一是用实际试块（或回弹或超声波）测到的数据；二是取《公路钢筋混凝土及预应力混凝土桥涵设计规范》（JTG D62—2004）给出的混凝土弹性模量值。

弹性模量确定以后，各种应力状态下测点应力均可按材料力学公式进行计算。

① 在单向应力状态下，测点应力可按下式进行计算：

$$\sigma=E\varepsilon \tag{9-5}$$

式中　σ—— 测点应力；

E—— 构件材料的弹性模量；

ε—— 测点实测应变值。

② 在主应力方向已知的平面应力状态下，测点应力可按下述公式进行计算：

$$\sigma_1 = \frac{E}{1-\nu^2}(\varepsilon_1 + \nu\varepsilon_2) \tag{9-6}$$

$$\sigma_2 = \frac{E}{1-\nu^2}(\varepsilon_2 + \nu\varepsilon_1) \tag{9-7}$$

式中　E—— 构件材料的弹性模量；

ν—— 构件材料的泊松比；

ε_1、ε_2—— 相互垂直方向的主应变；

σ_1、σ_2—— 相互垂直方向的主应力。

③ 在主应力方向未知的平面应力状态下，采用应变片测量其应变时，测点应力可按下列公式进行计算：

$$\sigma_1 = \frac{E}{1-\nu}A + \frac{E}{1+\nu}\sqrt{B^2+C^2} \tag{9-8}$$

$$\sigma_2 = \frac{E}{1-\nu}A - \frac{E}{1+\nu}\sqrt{B^2+C^2} \tag{9-9}$$

$$\tau_{\max} = \frac{E}{1+\nu}\sqrt{B^2+C^2} \tag{9-10}$$

$$\varphi_0 = \frac{1}{2}\arctan\frac{C}{B} \tag{9-11}$$

式中　σ_1、σ_2—— 测点主应力；

$\tau_{\max}$—— 测点最大剪力；

φ_0—— 主应力方向角；

E—— 构件材料的弹性模量；

ν—— 构件材料的泊松比；

A、B、C—— 应变花的计算参数，见表 9-5。

表 9-5　应变花计算参数表

应变花名称	应变花形式	A	B	C
45°直角应变花	y, 3, 2, 45°, 45°, 1, x; y, 3, 2, 45°, 1, x	$\frac{\varepsilon_0+\varepsilon_{90}}{2}$	$\frac{\varepsilon_0-\varepsilon_{90}}{2}$	$\frac{2\varepsilon_{45}-\varepsilon_0-\varepsilon_{90}}{2}$
60°等边三角形应变花	60°, 3, 2, 120°, 60°, 1, 60°, x	$\frac{\varepsilon_0+\varepsilon_{60}+\varepsilon_{120}}{3}$	$\varepsilon_0-\frac{\varepsilon_0+\varepsilon_{60}+\varepsilon_{120}}{3}$	$\frac{\varepsilon_{60}-\varepsilon_{120}}{\sqrt{3}}$

续表 9-5

应变花名称	应变花形式	A	B	C
扇形应变花	y; x; 1; 2; 3; 4; 45°; 45°; 45°	$\dfrac{\varepsilon_0+\varepsilon_{45}+\varepsilon_{90}+\varepsilon_{135}}{4}$	$\dfrac{\varepsilon_0-\varepsilon_{90}}{2}$	$\dfrac{\varepsilon_{135}-\varepsilon_{45}}{2}$
伞形应变花	60°; 1; 2; 3; 4; 60°; 60°; 120°; x	$\dfrac{\varepsilon_0+\varepsilon_{90}}{2}$	$\dfrac{\varepsilon_0-\varepsilon_{90}}{2}$	$\dfrac{\varepsilon_{60}-\varepsilon_{120}}{\sqrt{3}}$

（3）实测与计算的比较

控制断面应力是衡量桥梁结构实际强度的重要指标。具体衡量指标为试验荷载作用下，各主要控制断面测点应力的实测值与计算值的比值。

由于实桥试验往往是按设计基本荷载施加的，故计算截面上各点的应力，对钢结构或预应力混凝土结构一般仍用普通材料力学的弹性阶段方法；对钢筋混凝土结构，可根据断面内力的大小并考虑断面开裂情况采用相应的计算方法。

断面应力的计算值和实测值应列在同一张表内并作成曲线（或图），以便比较；根据需要，还可绘制各加载工况下控制截面应变的分布图、截面应变沿高度分布图等。

混凝土结构应力实测值（不如变形那样反映整体）有时会发生局部偏大或偏小问题，当实测值与计算值之间的差别超出正常允许误差范围时，应该仔细分析并找出原因。

4. 残余变形（或应变）

残余变形（或应变）是一个加卸载周期后结构上残留的变形（或应变）。静载试验数据整理中，要关注各测点实测变形与应变的残余值。

总变位（或总应变）：

$$S_t = S_I - S_i$$

弹性变位（或弹性应变）：

$$S_e = S_I - S_u \tag{9-12}$$

残余变位（或残余应变）：

$$S_p = S_t - S_e = S_u - S_i$$

式中 S_i——加载前测值；

S_I——加载达到稳定时测值；

S_u——卸载后达到稳定时测值。

相对残余变形（或应变）S_p' 为：

$$S_p' = \frac{S_p}{S_t}\times 100\% \tag{9-13}$$

实际加载试验中，相对残余变形（或应变）不允许大于 20%。

5. **裂　缝**

裂缝图应按试验过程中裂缝的实际开展情况进行测绘，当裂缝数量较少时可根据试验前后观测情况及裂缝观测表对裂缝状况进行描述。当裂缝发展较多时应选择结构有代表性部位描绘裂缝展开图，图上应注明各加载程序裂缝长度和宽度的发展。

6. **试验曲线**

（1）列出各加载工况下主要测点实测变位（或应变）与相应的理论计算值的对照表，并绘制出其关系曲线。

（2）绘制各加载工况下主要控制点的变位（或应变）与荷载的关系曲线。

（3）绘制各加载工况下控制截面应变（或挠度）分布图、沿纵桥向挠度分布图、截面应变沿高度分布图等。

试验曲线能够非常直观地反应试验的结果，通过曲线来表示实测应变和理论计算值的比较情况、各控制点的变位（应变）与荷载的历程曲线、挠度分布以及截面应变沿高度的分布情况。通过这些曲线可以一目了然地对试验结果进行评价，找出异常点、结构的工作状态是否处于弹性状态、判断应变分布是否符合平截面假定等，有针对性的分析产生这些情况的原因、在结果中是否具有普遍性，从而对结构做出客观准确的评价。

9.6　桥梁动载试验

9.6.1　目的与适用范围

桥梁动载试验是利用某种激振方法激起桥梁结构的振动，然后测定其固有频率、阻尼比、振型、动力冲击系数、行车响应等参量，从而判断桥梁结构的整体刚度和行车性能。

适用于危旧桥的技术状况评定、承载能力鉴定及新建桥梁的竣工验收。

9.6.2　主要仪器设备

（1）加载设备：载重汽车。

（2）量测仪表：电阻应变位移传感器、应变片，竖（横）向拾振器、桥梁挠度仪。

（3）数据采集设备：动态信号测试系统。

9.6.3　试验依据

（1）《混凝土结构试验方法标准》（GB/T 50152—2012）；

（2）《大跨径混凝土桥梁的试验方法》（YC4—4/1978）；

（3）《公路桥梁承载能力检测评定规程》（JTG/T J21—2011）；

（4）《公路桥涵设计通用规范》（JTG D60—2004）；

（5）《公路钢筋混凝土及预应力混凝土桥涵设计规范》（JTG D62—2004）；

（6）《公路桥涵施工技术规范》（JTG/T F50—2011）；

（7）《公路桥涵养护规范》（JTG/T H11—2004）。

9.6.4 试验方法及要求

1. 准备工作

动载试验前，首先应按照试验方案进行准备工作，其包括如下内容：

（1）搜集与试验桥梁有关的设计资料和图纸，详细研究，慎重选择以确定试验荷载。

（2）现场调查桥上和桥两端线路状态、线路容许速度、车辆和列车实际过桥速度和其他激振措施状态。

（3）了解有关试验部位情况，以确定测试脚手架搭设位置、导线的布设方法及仪器安放位置的确定。

（4）对拟测试的项目和测试断面，应按实际荷载和截面尺寸预先算出应力、位移、结构自振频率等，以便及时与实测值进行比较。

2. 现场试验

（1）跑　车

动载试验一般安排标准汽车车列（对小跨径桥也可用单排车）在不同车速时的跑车试验，跑车速度一般定为 5、10、20、30、40、50、60（km/h）。当车在桥上时为车桥联合振动，当车跨出桥后为自由衰减振动。对铁路桥跨结构，同样应安排以一定轴重装载的车列，以不同车速过桥，应测量不同行驶速度下控制断面（一般取跨中或中支点处）的动应变和动挠度，记录时间一般不少于 0.5 h 或以波形衰减完为止。测试时需记录轴重、车速，并在时程曲线上标出首车进桥和尾车出桥的对应时间。动载测试一般应试验三组，在设计临界速度可增跑几趟，全面记录动应变和动位移。

（2）跳　车

在预定激振位置设置一块 15 cm 高直角三角木，斜边朝向汽车。一辆满载重车以不同速度行驶，后轮越过三角木由直角边落下后，立即停车。此时桥跨结构的振动是带有一辆满载的载货汽车附加质量的衰减振动。在数据处理时，附加质量的影响应给予修正。跳车的动力效应与车速和三角木放置的位置有关。随着车速的增加，桥跨结构的动位移、动应力会增加，从而冲击系数也会加大，跳车记录时间与跑车相同。

（3）刹　车

刹车试验是测定车辆在桥上紧急制动时所产生的响应，用以测定桥梁承受活载水平力性能。刹车试验是以行进车辆突然停止作为激振源，以不同车速停在预定位置。刹车可以为顺桥向或横桥向。一般横桥向由于桥面较窄，难以加速到预定车速。刹车试验数据同样需要进行附加质量影响的修正。由刹车的位移时程曲线可读取自振特性和阻尼特性数据。不过此时是有车的质量参与衰减振动，阻尼也是非单纯桥跨结构的阻尼。刹车记录项目与跑车相同，对记录的信号（包括振幅、应变或挠度是等）进行频谱分析，可以得到相应的强迫振动频率等一系列参数。

（4）环境试验

当桥跨结构无车辆通过时，桥跨结构处于环境激振之下，做振幅微小的振动。环境测试需记录环境位移或加速度，将记录的信号在高精度的信号分析仪上进行频谱分析，便得到频谱图；将频谱分析的数据再结合跑车、跳车、刹车等的测试数据，综合分析便可得到精确而真实的桥跨结构自振特性数据。环境测试要求高灵敏度的传感器和放大器，同时要具备质量较高的信号分析设备及其相应软件。环境法测试记录时间不宜少于 2 h，大跨径桥梁测试断面多，对其可分断面记录，但每次应保证有一个参考点不动。

为了尽可能测出高阶频率，应当预先估算结构振型，以便在结构的敏感点布置拾振器。为了进行动力分析或风、地震响应分析，对不同桥型，计算自振频率的阶数可以不同，如悬索桥、斜拉桥不少于 15 阶，连续梁、刚构、拱桥和简支梁均不少于 9 阶。

3. 动载测试中应特别注意问题

① 动态测试仪器，由于存在频响、阻抗匹配及相位等问题，应至少保证一年整机标定一次。在振动台等条件具备的情况下，则最好是在测试前后各标定一次，以便取得准确的响应值，标定内容至少应做频响特性、幅值线性两项试验，并绘成图形。

② 每次动态测试前应进行现场的灵敏度比对和相位一致性试验。

③ 振动测量应尽量测定位移（动位移）值和加速度值。前者为反应刚度，后者为反应动荷载。因此尽量采用位移传感器和加速度传感器，尽量少用微积分线路（尤其避免二次微积分），以提高测定值精度。

④ 振动测量应包括三维空间值，即桥轴水平向、横桥水平向和横桥垂直向。在记录与分析中亦应明确标明，工况记录要详细准确。

9.6.5　试验数据整理

1. 动力试验荷载效率

$$\eta_{dyn}=\frac{S_{dyn}}{S} \tag{9-14}$$

式中　S_{dyn}——动力试验荷载作用下检测部位的变形或力的计算数值；

S——设计标准活荷载作用下，检测部位变位或力的计算值。

2. 动力系数

$$\delta_{max}=\frac{S_{max}}{S_{mean}} \tag{9-15}$$

式中　S_{max}——在动力荷载作用下该测点最大挠度（或应变）值；

S_{mean}——相应的静载作用下该测点最大挠度（或应变）值，其值可由动挠度（或动应变）曲线求得，如图 9-1 所示。

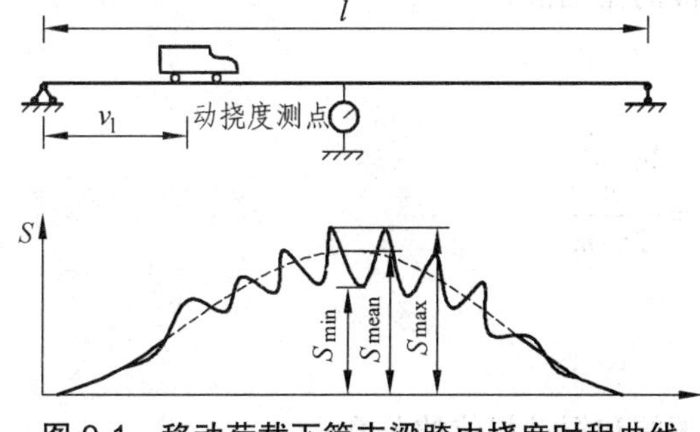

图 9-1　移动荷载下简支梁跨中挠度时程曲线

$$S_{mean}=\frac{1}{2}(S_{max}+S_{min}) \tag{9-16}$$

式中　S_{min}——与 S_{max} 相应的最小挠度值（或应变值）

3. 桥梁自振特性

（1）结构自振频率 f_0

当激振荷载对结构振动具有附加质量影响时，应采用下列近似公式求得自振周期：

$$f_0=\frac{ln}{t_1 s} \tag{9-17}$$

式中　l——两个时标符号间的距离（mm）；

n——波数；

s——n 个波长的距离（mm）；

t_1——时标的间隔（常用 1 s、0.1 s、0.01 s 三种标定值）。

如图 9-2 所示，在计算频率时，为消除冲击荷载的影响，开始的两个波形应舍弃。从第三个波形开始计算分析。

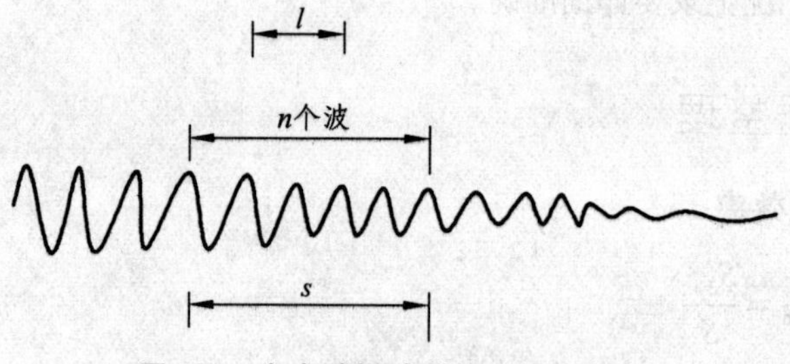

图 9-2　由衰减振动曲线求固有频率

（2）结构的阻尼特性

① 对数衰减率

$$\delta_n=\frac{1}{m}\ln\frac{a_i}{a_{i+m}} \tag{9-18}$$

式中　m——波数；

a_i——第 i 个波的振幅值；

a_{i+m}——第 $i+m$ 个波的振幅值。

② 平均阻尼比

$$\xi=\frac{\delta_n}{2\pi}=\frac{\ln\dfrac{A_i}{A_{i+m}}}{2\pi\cdot m} \tag{9-19}$$

式中　ξ——阻尼比。

（3）结构的振动形式

表示沿桥跨各测点的振幅和振动相位的关系。

9.6.6　评定与分析

（1）车辆荷载作用下测定结构的动力系数应满足下列关系式：

$$(\delta_{max}-1)\eta_{dyn} \leqslant \mu \tag{9-20}$$

式中　μ —— 设计取用的动力系数（冲击系数）；

η_{dyn} —— 动力试验荷载效率；

δ_{max} —— 动力系数。

（2）结构控制截面实测最大动应力和动挠度应小于有关标准的容许值。

（3）结构的最低自振频率应大于有关标准的限值；结构的最大振幅应小于有关标准的限值。

（4）评定桥梁受迫振动特性还必须掌握试验荷载本身的振动特性的影响。

（5）根据结构振动图形，可分析出结构的冲击现象、共振现象和有无缺损。

（6）桥梁本身的动力特性的全面资料，可作为评定结构物抗风力和抗震力性能的计算参数。

（7）定期检验的桥梁，通过前后两次动力试验结果的比较，可检查结构工作的缺陷。如果结构的刚度降低及频率显著减小，应查明结构可能产生的损坏。

（8）如果结构动力试验结果不满足上述（1）项条件，应分析动力系数与车速的关系和车速与受迫振动频率的关系，采取适当的措施。

第 10 章　隧道工程检测与评定

10.1　公路隧道工程的特点及常见质量问题

10.1.1　特　点

1. 断面大

一般来说，公路隧道与铁路隧道、水工隧洞、矿山地下巷道相比，断面较大，两车道公路隧道的断面面积可达 80 m^2。公路隧道围岩受扰动范围较大，其轮廓对围岩块体的不利切割增多，围岩内的拉伸区与塑性区加大，导致施工难度增大。若公路隧道位于土层或软弱岩体内，施工难度更大，通常需要采用特殊的施工方法来建造。

2. 形状扁平

在满足使用功能和施工安全的前提下，尽可能地降低工程造价是隧道设计的基本要求。由于公路隧道的建筑限界基本上是一个宽度大于高度的截角矩形断面，在设计开挖断面、衬砌结构时，总是在保证施工安全和结构长期稳定的条件下，尽量围绕建筑限界设计开挖断面和净空断面，因此公路隧道的断面常为形状扁平的马蹄形或直墙拱顶形。

断面形状扁平容易在拱顶围岩内出现拉伸区，而岩土之类的天然材料，其抗拉强度较低，因此施工中隧道顶部容易崩落，威胁人身安全。正是因为断面呈扁平状，在断面面积相同条件下，公路隧道较之铁路隧道、水工隧洞和矿山巷道施工难度较大。

3. 需要运营通风

机动车辆通过隧道时，要不断地向隧道内排放废气。一般来说，对于短隧道，由于受自然风和交通风影响，有害气体的浓度不会积聚太高，不会对驾乘人员的身体健康和行车安全构成威胁。但是对于较长及特长隧道就不同了，自然风和交通风对隧道内空气的置换作用相对较小，如不采取措施，隧道内有害气体的浓度就会逐渐升高。其中，汽油车排放的 CO 浓度达到一定量值时，会使人感到不适，甚至窒息；柴油车排出的烟尘将不断恶化行车环境，使隧道内能见度降低。因此，必须根据较长及特长隧道的具体条件，采用适当的通风方式，将新鲜空气随风流一起送入隧道，稀释有害气体，使其浓度降至安全指标以内。

4. 需要运营照明

高速行驶的车辆在白天接近并穿过隧道时，其行车环境要经历一个“亮—暗—亮”的变化过程，驾驶员的视觉在此过程中也要发生微妙的变化以适应环境。为了减小通过隧道时驾驶员的生理和心理压力，消除车辆进洞时的黑框或黑洞效应以及出洞时的眩光现象，从有利于安全行车的角度考虑，高等级公路上的隧道一般都会根据具体情况，对隧道进行合理有效的照明。

5. 防水要求高

在高等级公路上，车辆行驶速度较快，如果隧道出现渗漏或路面溢水，则会造成路面湿滑，不利于安全行车，特别是在严寒地区，冬季隧道内的渗漏水或在隧道上部吊挂冰柱，或在路面形成冰湖，常常会诱发交通事故。此外，长期或大量的渗漏水，还会对隧道内的机电设备、动力及通信线路构成威胁。因此，我国《公路隧道设计规范》（JTG D70—2004）要求，汽车专用公路隧道应达到拱部、墙部及设备箱洞室处均不渗水。

10.1.2 常见质量问题

随着目前我国公路隧道工程数量的增加和建设速度的加快，由于设计、施工等方面的原因，部分已建和在建的公路隧道都出现了不同程度的质量问题，有些甚至出现了严重的质量问题。其中，最常见的有以下几个方面。

1. 隧道渗漏

与其他地下工程一样，公路隧道在施工期间和建成后，一直受地下水的影响，特别是建成后的隧道，更是处于地下水的包围之中。当水压较大、防水工程质量欠佳时，地下水便会通过一定的通道渗入或流入隧道内部，对行车安全以及衬砌结构的稳定构成威胁。据统计，目前国内公路隧道完全无渗漏者寥寥无几，绝大部分隧道都存在着不同程度的渗漏问题，渗漏部位遍及隧道全周。因此，在设计科学的防排水结构和加强防排水施工质量管理方面，我国公路隧道界还有很长的路要走。

2. 衬砌开裂

作用在隧道衬砌结构上的压力与隧道围岩的性质、地应力的大小以及施工方法等因素有关。由于受技术和资金条件的限制，一些因素在设计前是很难准确确定的，所以在隧道衬砌结构设计中常带有一定的盲目性，结果导致结构强度不够或与围岩压力不协调，造成衬砌结构开裂、破坏。然而，工程上出现的衬砌开裂更多的则是由于施工管理不当造成的，或是因为衬砌厚度不足，或是因为混凝土强度不够。因此，加强施工管理、提高隧道衬砌混凝土质量已迫在眉睫。

3. 限界受侵

建筑限界是保证车辆安全通过隧道的必要断面。在公路隧道施工过程中，有时会遇到松软地层。当地压较大时，围岩的变形量将很大，如果施工方法不当或支护形式欠妥、支护不及时，容易导致塌方。为了保证施工安全和避免塌方，容易形成仓促衬砌，而忽视断面界限，使建筑限界受侵。另一种施工中的常见现象是衬砌混凝土在浇筑过程中，模板强度、刚度不足，出现走模，从而导致限界受侵。

4. 衬砌结构同围岩结合不密实

支护结构同围岩的紧密接触是地下结构区别于地面结构的主要特征。所谓“新奥法”的出发点，正是支护结构同围岩的共同变形。不幸的是，在施工中由于岩石隧道光面爆破效果不良，有的承包人图经济省事，通过钢筋网在作为初期支护的喷射混凝土层背后设置石块或其他异物，以取代混凝土充填空间，造成了围岩与初期支护之间不密实，甚至存在大的空区（洞）。在二次衬砌施工过程中，由于泵送混凝土压力不足、流动性不好、重力作用、抽拔泵送管过早过快等原因，拱顶混凝土往往难以饱满，造成模筑混凝土厚度不足，甚至形成较大空区（洞），由此常常诱发拱顶上鼓，衬砌内缘压裂、掉块的现象。

5. **通风、照明不良**

在部分运营隧道中有害气体浓度超限，洞内照明昏暗，从而影响驾乘人员的健康，威胁行车安全。造成隧道通风与照明不良的原因有：设计欠妥、器材质量存在问题和运营管理不当。鉴于设计方面的问题，应从加强理论与试验研究着手，不断总结经验，提高设计水平。对于器材，应在安装前对其性能指标加以检测，对不符合要求者不予采用。目前，造成隧道通风与照明不良的主要原因是隧道管理部门资金不足、管理不善、风机与灯具开启强度不足。为了不降低隧道的使用标准并确保安全运营，应定期对隧道的有关通风、照明指标进行抽检。

10.2 隧道工程试验检测的内容和依据

10.2.1 隧道工程试验检测的内容

隧道的建造是百年大计，而保证工程质量是业主的基本要求。检测技术作为质量管理的重要手段，越来越为人们所重视。公路隧道检测技术涉及面广、内容多。除了运营环境的检测内容与方法对各类隧道都通用外，由于施工方法不同，山岭隧道、水下沉埋隧道和软土盾构隧道在检测内容与方法上差别很大。考虑到目前我国修建的公路隧道绝大多数均为山岭隧道（包括暗挖法施工的黄土隧道），本章着重介绍山岭隧道的检测内容。

根据隧道修建过程，公路隧道检测的主要内容包括：材料质量检测、超前支护及预加固围岩施工质量检测、开挖质量检测、衬砌支护施工质量检测、防排水质量检测、施工监控量测、混凝土衬砌质量检测、通风检测、照明检测等，也可按材料检测、施工检测、环境检测等内容分类，如图 10-1 所示。

1. **材料检测**

只有用合格的原材料，才能修建出合格的工程。在隧道工程的常用原材料中，衬砌材料属土建工程的通用材料，其检测方法可参阅有关文献；支护材料和防排水材料具有隧道和地下工程特色。支护材料包括锚杆、喷射混凝土和钢构件等。锚杆杆体材质、锚固方式、杆体结构和托板形式等种类繁多、特性各异，分别适用于不同的工程条件；喷射混凝土有干喷、潮喷、湿喷之分，为了获取较好的力学特性和工程特性，往往在喷射混凝土混合料外，还添加各种外加剂。防排水材料对隧道工程特别重要，有些甚至是隧道与地下工程专用的材料。隧道防排水材料包括：注浆材料、高分子合成卷材、排水管和防水混凝土等。需要指出的是，合成高分子防水卷材在我国发展很快。目前，我国修建的公路隧道、地铁和部分铁路隧道都采用不同性能、规格的合成高分子卷材作防水夹层，均取得了良好的效果。限于篇幅所限，对隧道材料性能检测本书不作介绍。

2. **施工检测**

施工检测的内容十分丰富，可概括为两个方面，即施工质量检测和施工监控量测。

（1）施工质量检测

公路隧道工程上出现的种种质量问题绝大部分都是由于在施工过程中埋下了质量隐患，如渗漏水、衬砌开裂和限界受侵等。因此，必须对施工过程进行质量检测。主要内容包括：超前支护及预加固、开挖，初期支护、防排水和衬砌混凝土质量检测。

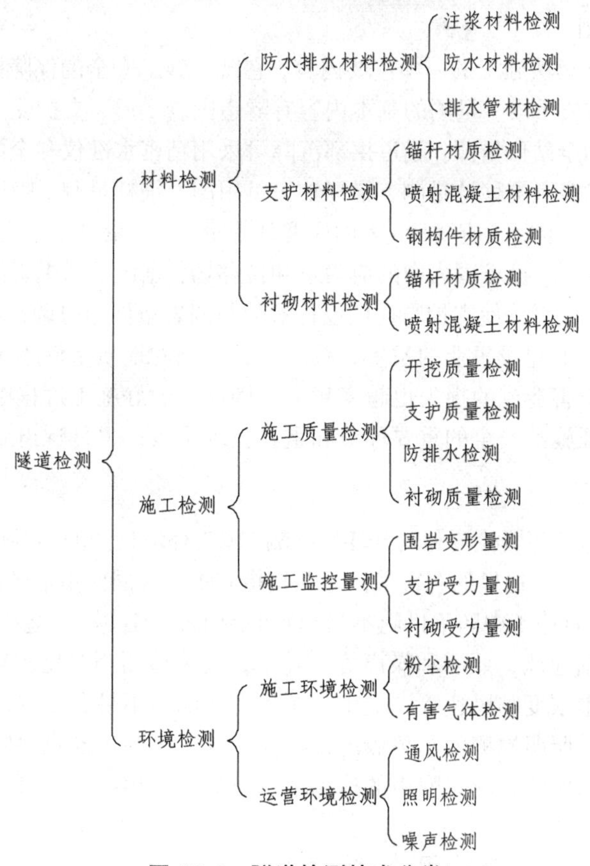

图 10-1　隧道检测技术分类

在浅埋、严重偏压、岩溶、流泥地段、砂土层、砂卵（砾）石层、自稳性差的软弱破碎地层、断层破碎带以及大面积淋水或涌水地段进行施工时，由于隧道在开挖后自稳时间小于完成支护所需时间，或由于初期支护的强度不能满足围岩稳定的要求等原因，而产生坍塌、冒顶等工程事故，影响了施工安全，延误了工期，费工费料，危害极大。为避免上述情况，必须在隧道开挖前或开挖中采用辅助施工方法以增强隧道围岩稳定。显而易见，做好辅助施工措施的质量检查工作是至关重要的。

爆破成形好坏对后续工序的质量影响极大，目前检测爆破成形质量技术发展很快。隧道断面仪被广泛应用于及时检测爆破成形质量，该仪器可以迅速测取爆破后隧道断面轮廓，并将其与设计开挖断面进行比较，从而得知隧道的超欠挖情况。应用隧道断面仪还可监测锚喷隧道围岩的变形情况。

支护质量主要是指锚杆安装质量、喷射混凝土质量和钢构件质量。对于锚杆，施工质量检测的内容有锚杆的间排距、锚杆的长度、锚杆的方向、注浆式锚杆的注满度、锚杆的抗拔力等。对于喷射混凝土，施工中应主要检测其强度、厚度和平整度。对于钢构件，则要检测构件的规格与节间连接、架间距、构件与围岩的接触情况以及与锚杆的连接。此外，对支护背后的回填密实度也要进行探测。防排水系统的施工方法目前尚在研究与发展之中，对施工质量的检测也还处于探索阶段。

衬砌混凝土质量检测包括衬砌的几何尺寸、衬砌混凝土强度、混凝土的完整性、混凝土裂缝、衬砌背后的回填密度和衬砌内部钢架、钢筋分布等的检测。其中，外观尺寸容易用直尺量测，混凝土强度及其完整性则需用无损探测技术完成，混凝土裂缝可用塞尺、裂缝观测仪等简单方法检测，衬砌背后的回填密实度可采用地质雷达法和钻孔法检测。

（2）施工监控量测

施工监控量测是新奥法施工的一项重要内容，它既是施工安全的保障措施，又是优化结构受力、降低材料消耗的重要手段。量测的基本内容有隧道围岩变形、支护受力和衬砌受力。隧道净空收敛可采用收敛计和全站仪量测。隧道拱部沉降可采用精密水准仪和全站仪量测。围岩内部的位移，目前常用机械式多点位移计量测。锚杆轴力可用测力锚杆量测。喷射混凝土、钢构件和衬砌受力可用各种压力盒、混凝土应变计、表面应变计等量测。将量测结果人工或自动输入计算机，计算机便可反算力学模型，推求围岩中的应力场和位移场，据此推断围岩的稳定状态，调整支护或衬砌设计参数。如此反复，使支护与衬砌设计参数与围岩条件相协调，不断优化施工方案。

目前，随着我国交通建设事业的发展，隧道工程面临的地质条件越来越复杂，地质灾害发生的频率越来越大，灾害造成的损失也越来越大。因此，做好施工过程中超前地质预报，以避免灾害的发生，是保证施工安全的重要环节和重要技术手段，也是隧道施工的必要工序。

3. 环境检测

环境检测可分为施工环境检测和运营环境检测。施工环境检测的主要任务是检测施工过程中隧道内的粉尘和有害气体。这里的有害气体主要是指 CH_4，我国西南地区修建隧道时经常遇到。若 CH_4 达到一定浓度，且施工中防治措施不当，则可能引发 CH_4 爆炸，造成人身伤亡或经济损失。

运营环境检测包括通风、照明和噪声等。其中，通风检测相对比较复杂，检测内容较多，主要有 CO 浓度、烟尘浓度和风速等，受来往车辆的影响，不易获得准确的数据。照明检测技术较为先进，现有专供照明检测的车载照度仪、亮度仪。这些仪器只要随车从隧道通过一趟，便获得隧道内各区段的照明状况。噪声的检测也比较简单，用噪声计可直接数显隧道内噪声。

10.2.2 隧道工程试验检测的依据

公路隧道工程亦属于结构工程，因此对于与隧道工程相关的第一层次（综合基础标准）、第二层次（专业基础标准）的标准和规范与桥梁工程部分所述相同，在此仅介绍第三层次（专业通用标准）、第四层次（专业专用标准）的内容，其中与第 9 章重复的内容，在此不再叙述。关于隧道衬砌质量检测、隧道超前地质预报等内容，公路行业尚无相关的技术标准和技术指南，在此将铁路行业相关的专业标准列于下文。

1. 专业通用标准

（1）《公路隧道设计规范》（JTG D70—2004）；

（2）《公路隧道设计细则》（JTG/T D70—2010）；

（3）《公路隧道施工技术规范》（JTG F60—2009）；

（4）《公路隧道施工技术细则》（JTG/T F60—2009）；

（5）《公路隧道养护技术规范》（JTG H12—2003）。

2. 专业专用标准

（1）《公路隧道环境检测设备技术条件》（JT/T 611—2004）；

（2）《公路隧道通风照明设计规范》（JTJ 026.1—1999）；

（3）《锚杆喷射混凝土支护技术规范》（GB 50086—2001）；

（4）《公路隧道交通工程设计规范》（JTG/T D71—2004）；

（5）《岩土锚杆（索）技术规程》（CECS 22：2005）；
（6）《公路隧道交通工程与附属设施施工技术规范》（JTG/T F72—2011）。

3. **铁路行业相关专业标准**

（1）《铁路隧道衬砌质量无损检测规程》（TB 10223—2004）；
（2）《铁路隧道监控量测技术规范》（TB 10121—2007）；
（3）《铁路瓦斯隧道技术规范》（TB 10120—2002）；
（4）《铁路隧道超前地质预报技术指南》（铁建设〔2008〕105号）。

10.3 公路隧道工程质量检验评定的依据和方法

10.3.1 公路隧道质量检验的依据

公路隧道工程质量等级评价的依据是《公路工程质量检验评定标准》（JTG F80/1—2004）（下文简称《质量检评标准》），该标准也是公路质量监督部门进行质量检查鉴定、监理工程师进行质量检查认定与施工单位质量自检，以及工程交竣工验收质量评定的依据。需要注意的是《质量检评标准》仅适用于采用钻爆法施工的山岭隧道的检验评定，而采用其他方法，如盾构、掘进机、沉埋法施工的隧道的检验评定可参照《质量检评标准》另行制定。

对公路隧道进行质量检验时，具体试验检测还要以设计文件和《公路隧道施工技术规范》（JTG F60—2009）的有关规定为依据。设计文件中对隧道各部分结构尺寸、材料强度的要求是试验检测的基本依据，结构施工过程的工艺要求、施工阶段结构材料强度、结构内力和变形控制要以施工技术规范的有关规定为依据。

对于新结构或采用新材料、新工艺的隧道以及有特殊要求的隧道，在《质量检评标准》缺乏适宜的技术规定时，在确保工程质量的前提下，可参照相关标准（国内外公路行业或其他行业的标准、规范）按照实际情况制定相应的技术标准，并按规定报主管部门批准。

10.3.2 公路隧道质量等级评定的方法

对隧道工程进行质量等级评定时，首先应按照《质量检评标准》中规定的检查项目、方法、数量及检查项目合格应满足的要求对各分项工程进行打分，然后利用检验结果再逐级对分部工程和单位工程进行打分，最终通过评分等级判断工程合格与否，即“两级制度、逐级评定、按分定质”的原则。由于工程质量评分方法与工程质量等级评定两部分内容已在第9章详细叙述，在此仅对公路隧道工程的工程划分进行介绍，如表10-1所示。

表10-1 公路隧道工程单位工程、分部工程和分项工程的划分

单位工程	分部工程	分项工程
隧道工程	总体	隧道总体*等
	明洞	明洞浇筑，明洞防水层，明洞回填*，等
	洞口工程	洞口开挖，洞口边仰坡防护，洞门和翼墙的浇（砌）筑，截水沟、洞口排水沟等
	洞身开挖	洞身开挖*，（分段）等

续表 10-1

单位工程	分部工程	分项工程
隧道工程	洞身衬砌	（钢纤维）喷射混凝土支护，锚杆支护，钢筋网支护，仰拱，混凝土衬砌*，钢支撑，衬砌钢筋等
	防排水	防水层，止水带、排水沟等
	隧道路面	基层*，面层*，等
	装饰	装饰工程
	辅助施工措施	超前锚杆，超前钢管等
机电工程	监控设施	车辆检测器，气象检测器，闭路电视监视系统，可变标志，光电缆线路，监控（分）中心设备安装及软件调测，大屏幕投影系统，地图板，计算机监控软件与网络等
	低压配电设施	中心（站）内低压配电设备，外场设备电力电缆线路等
	照明设施	照明设施
	隧道机电设施	车辆检测器，气象检测器，闭路电视监视系统，紧急电话系统，环境检测设备，报警与诱导设施，可变标志，通风设施，照明设施，消防设施，本地控制器，隧道监控中心计算机控制系统，隧道监控中心计算机网络，低压供配电等

注：表内标注*号者为主要工程，评分时给以 2 的权值；不带*号者为一般工程，权值为 1。

10.4 公路隧道结构检查与评定

公路隧道养护的范围包括土建结构、机电设施以及其他有关设施。土建结构主要是指隧道的各类土木建筑工程结构物，如洞门、衬砌、路面、防排水设施、斜（竖）井、检修道及风道等结构物。土建结构的养护工作分为清洁维护、结构检查、保养维修和病害处治四个部分。在此仅对公路隧道养护工作中的土建结构的结构检查进行介绍。

10.4.1 结构检查的一般规定

土建结构的检查工作分为日常检查、定期检查、特别检查和专项检查四类。日常检查、定期检查和特别检查的结果，宜按表 10-2 的规定分为三类进行判定；专项检查的结果，宜按表 10-3 的规定分为四类进行判定。

当日常检查的判定结果为 B 时，应进行监视、观测或做特别检查；当特别检查或定期检查的判定结果为 B 时，应做专项检查。

表 10-2 日常、定期和特别检查结果的判定

判定分类	检查结论
S	情况正常（无异常情况，或虽有异常情况但很轻微）
B	存在异常情况，但不明确，应作进一步检查或观测以确定对策
A	异常情况显著，危及行人、行车安全，应采取处理措施或特别对策

表 10-3　专项检查结果的判定

判定分类	检查结论
B	结构存在轻微破损，现阶段对行人、行车不会有影响，但应进行监视或观测
1A	结构存在破坏，可能会危及行人、行车安全，应准备采取对策措施
2A	结构存在较严重破坏，将会危及行人、行车安全，应尽早采取对策措施
3A	结构存在严重破坏，已危及行人、行车安全，必须立即采取紧急对策措施

10.4.2　日常检查

日常检查是对土建结构的外观状况进行的日常巡视检查。通过日常检查，应及时发现早期破损、显著病害或其他异常情况，并确定对策措施。

（1）检查的频度应不少于 1 次/月，高速公路隧道应不少于 1 次/周。在雨季或冰冻季节，应加强日常检查工作。

（2）检查宜采用目测方法，配合以简单的检查工具进行。

（3）检查以定性判断为主，检查内容及判定标准宜按表 10-4 执行。

表 10-4　日常检查内容及判定

项目名称	检查内容	判定	
		B	A
洞口	边（仰）坡有无危石、积水、积雪；洞口有无挂冰；边沟有无淤塞；构造物有无开裂、倾斜、沉陷等	存在落石、积水、积雪隐患；洞口局部挂冰；构造物局部开裂、倾斜、沉陷，有妨碍交通的可能	坡顶落石、积水漫流或积雪崩塌；洞口挂冰掉落路面；构造物因开裂、倾斜或沉陷而致剥落或失稳；边沟淤塞，已妨碍交通
洞门	结构开裂、倾斜、沉陷、错台、起层、剥落；渗漏水（挂冰）	侧墙出现起层、剥落；存在渗漏水或结冰，尚未妨碍交通	拱部及其附近部位出现剥落；存在喷水或挂冰等，已妨碍交通
衬砌	结构裂缝、错台、起层、剥落	衬砌起层，且侧壁出现剥落状况，尚未妨碍交通，将来可能构成危险	衬砌起层，且拱部出现剥落状况，已妨碍交通，并有继续恶化的可能
	（施工缝）渗漏水	存在渗漏水，尚未妨碍交通	大面积渗漏水，已妨碍交通
	挂冰、冰柱	存在结冰现象，尚未妨碍交通	拱部挂冰，形成冰柱，已妨碍交通
路面	落物、油污；滞水或结冰；路面拱起、坑洞、开裂、错台等	存在落物、滞水、结冰、裂缝等，尚未妨碍交通	拱部落物，存在大面积路面滞水、结冰或裂缝，已妨碍交通
检修道	结构破损；盖板缺损；栏杆变形、损坏	栏杆变形、损坏；道板缺损；结构破损，尚未妨碍交通	栏杆局部毁坏或侵入建筑限界；道路结构破损，已妨碍交通
排水设施	破损、堵塞、积水、结冰	存在破损、积水或结冰，尚未妨碍交通	沟管堵塞，积水漫流，结冰、设施破损严重，已妨碍交通
吊顶	变形、破损、漏水（挂冰）	存在破损、漏水，尚未妨碍交通	破损严重，或从吊顶板漏水严重，已妨碍交通
内装	脏污、变形、破损	存在破损、尚未妨碍交通	破损严重，已妨碍交通

（4）检查结果应及时填入“日常检查记录表”，详实记述检查项目的破损类型，估计破损范围和程度以及养护工作量，作出判定分类，并采取相应的对策措施。

10.4.3 定期检查

定期检查是按规定周期对土建结构的基本技术状况进行全面检查。通过定期检查，应系统掌握结构基本技术状况，评定结构物功能状态，为制订养护工作计划提供依据。

（1）检查的周期宜 1 次/年，高速公路隧道应不少于 1 次/年。检查宜安排在春季或秋季进行。新建隧道应在交付使用 1 年时进行首次定期检查。

（2）检查宜采用步行方式，配备必要的检查工具或设备，进行目测或量测检查。检查时，应尽量靠近结构，依次检查各个结构部位，注意发现异常情况和原有异常情况的发展变化。对于有异常情况的结构，应在其适当位置作出标记。检查结果宜尽可能量化。

（3）检查的内容及判定标准宜按表 10-5 执行，应根据隧道的实际情况进行选择。

表 10-5 定期检查内容及判定表

项目名称	检查内容	判定	
		B	A
洞口	山体有无滑坡、岩石有无崩塌的征兆；边坡、碎落台、护坡道等有无缺口、冲沟、潜流涌水、沉陷、塌落等	存在滑坡、崩塌的初步迹象，尚不危及交通	山体开裂、滑动，岩体开裂、失稳，已危及交通
	护坡、挡土墙有无裂缝、断缝、倾斜、鼓肚、滑动、下沉或表面风化、泄水孔堵塞、墙后积水、周围地基错台、空隙等	存在此类异常情况，尚不妨碍交通	挡土墙、护坡等产生开裂、变形、位移等，可能对交通构成威胁
洞门	墙身有无开裂、裂缝	墙身存在轻微开裂，尚不妨碍交通	由于开裂，衬砌存在剥落的可能，对交通构成威胁
	衬砌有无起层、剥落	存在起层、剥落，不妨碍交通	在隧道顶部发现起层、剥落，有可能妨碍交通
	结构有无倾斜、沉陷、断裂	墙身存在轻微的倾斜或下沉等，尚不妨碍交通	通过肉眼观察，即可发现墙身有明显的倾斜、下沉等，或洞门与洞身连接处有明显的环向裂缝，有外倾的趋势，对交通构成了威胁
	混凝土钢筋有无外露	存在轻微的外露现象，尚不妨碍交通	混凝土保护层剥落，钢筋外露，受到锈蚀，对交通安全构成威胁
衬砌	衬砌有无裂缝、剥落	在拱顶或拱腰部位，存在裂缝且数量较多，尚不妨碍交通	衬砌开裂严重，混凝土被分割形成块状，存在掉落的可能，对交通构成威胁

续表 10-5

项目名称	检查内容	判定	
		B	A
衬砌	衬砌表层有无起层、剥落	存在起层，并有压碎现象，尚不妨碍交通	衬砌严重起层、剥落，对交通构成威胁
	墙身施工缝有无开裂、错位	存在这类异常现象，尚不妨碍交通	接缝开口、错位、错台等引起止水板或施工缝砂浆掉落，发展下去可能妨碍交通
	洞顶有无渗漏水，挂冰	存在漏水，未妨碍交通，但影响隧道内设备的安全	衬砌大规模漏水、结冰，已妨碍交通
路面	路面上有无塌（散）落物、油污、滞水、结冰或堆冰等；路面有无拱起、沉陷、错台、开裂、溜滑	存在此类异常情况，尚不妨碍交通	路面出现严重的拱起、沉陷、错台、裂缝、溜滑，以及漫水、结冰或堆冰等，已妨碍交通
检修道	道路有无毁坏、盖板有无缺损；栏杆有无变形，锈蚀、破损等	道路局部破损，栏杆有锈蚀，尚未妨碍交通	道板毁坏，碎物散落，栏杆破损变形，可能侵入限界，已妨碍交通
排水系统	结构有无破损，中央窨井盖、边沟盖板等是否完好，沟管有无开裂漏水；排水沟（管）、积水井等有无淤积堵塞、沉沙、滞水、铺冰等	存在沉沙、积水，尚不妨碍交通	由于结构破损或泥沙阻塞等原因，积水井、排水管（沟）等淤积、滞水，已妨碍交通
吊顶	吊顶板有无变形、破损；吊杆是否完好等；有无漏水（挂冰）	存在此类异常情况，尚不妨碍交通	存在严重的变形、破损、漏水，已妨碍交通
内装	表面有无脏污、缺损；装饰板有无变形、破损等	存在此类异常情况，尚不妨碍交通	存在严重的污染、变形、破损，已妨碍交通

（4）检查结果应及时填入“定期检查记录表”，将检查数据及病害绘入“隧道展示图”，应详细、准确地记录各类结构的基本技术状况，分析病害的成因，给出判定结论。

（5）定期检查完成后，应提出土建结构定期检查报告，内容应包括：

① 对土建结构的技术状况和功能状态的评价。

② 对土建结构的养护维修状况的评价及建议。

③ 需要实施专项检查的建议。

④ 需要采取处治措施的建议。

10.4.4　特别检查

特别检查是在隧道遭遇自然灾害、发生交通事故或出现其他异常事件后，对遭受影响的结构立即进行的详细检查。通过特别检查，应及时掌握结构受损情况，为采取对策措施提供依据。

（1）应根据受异常事件影响的结构，决定采取的检查方法、工具和设备。

（2）特别检查的内容应按表 10-5 针对受异常事件影响的结构或结构部位作重点检查，掌握其受损情况。

（3）特别检查应按定期检查的标准判定，当难以判明破损的原因、程度等情况时，应作专项检查。

（4）检查结果的记录，与定期检查相同。检查完成后，应提交特别检查报告，包括检查记录，评估异常事件的影响，给出判定结论，确定合理的对策措施。

10.4.5　专项检查

专项检查是根据定期检查和特别检查的结果，或者通过其他途径，判断需要进一步查明某些破损或病害的详细情况而进行的更深入的专门检测。通过专项检查，应完整掌握破损或病害的详细资料，为其是否实施处治以及采取何种处治措施等提供技术依据。

（1）专项检查宜委托具有相应检测资质的专业机构实施。

（2）检查的项目、内容及其要求，应根据定期检查或特别检查的结果有针对性地确定。

（3）检查人员应对有关的技术资料、档案进行调查，并对隧道周围的地质及地表环境等展开实地调查，以充分掌握相关的技术信息，寻找土建结构发展变化的原因，探索其规律，确保专项检查结果的准确性。

（4）检查的结果可按外荷载作用、材料劣化和渗漏水三种主要情况分别考虑，进行判定分类。

① 由外荷载作用而导致的结构破损，以衬砌变形、移动、沉降、裂缝、起层、剥落以及突发性的坍塌等为主要表现形态，其判定可按表 10-6 执行。

表 10-6　外荷载作用所致结构破损的判定基准

异常情况判定	衬砌变形、移动、沉降	衬砌裂缝	衬砌起层、剥落	衬砌突发性坍塌
B	虽存在变形、位移、沉降，但已停止发展，已无可能再发生异常情况	存在裂缝，但无发展趋势	—	—
1A	出现变形、位移、沉降，但发展缓慢	存在裂缝，有一定发展趋势	—	衬砌侧面存在空隙，估计今后由于地下水的作用，空隙会扩大
2A	出现变形、位移、沉降，估计近期内结构物功能会下降	裂缝密集，出现剪切性裂缝，发展速度较快	侧墙处裂缝密集，衬砌压裂，导致起层、剥落，侧墙混凝土有可能掉下	拱部背面存在大的空洞，上部落石可能掉落至拱背
3A	出现变形、位移、沉降，结构物应有的功能明显下降	裂缝密集，出现剪切性裂缝，并且发展速度快	由于拱顶裂缝密集，衬砌开裂，导致起层、剥落，混凝土块可能掉下	衬砌拱部背面存在大的空洞，且衬砌有效厚度很薄，空腔上部可能掉落至拱背

② 由材料劣化而导致的结构破损，一般出现衬砌强度降低、起层剥落、钢材腐蚀等形态，其判定可按表10-7执行。

表10-7 材料劣化所致结构破损的判定基准

异常情况判定	衬砌断面强度降低	衬砌起层、剥落	钢材腐蚀
B	存在材料劣化情况，但对断面强度几乎没有影响	难以确定起层、剥落	表面局部腐蚀
1A	由于材料劣化等原因，断面强度有所下降，结构物功能可能受到损害	—	孔蚀或钢材表面全部生锈、腐蚀
2A	由于材料劣化等原因，断面强度有相当程度的下降，结构物功能受到一定的损害	由于侧墙部位材料劣化、导致混凝土起层、剥落，混凝土块可能掉落或已有掉落	由于腐蚀，钢材断面明显减小，结构物功能受到损害
3A	由于材料劣化等原因，断面强度明显下降，结构物功能损害明显	由于拱顶部位的材料劣化，导致混凝土起层、剥落，混凝土块可能掉落或已有掉落	—

③ 对于渗漏水、结冰、砂土流出等形态的破损，其判定可按表10-8执行。

表10-8 渗漏水所致结构破损的判定基准

异常情况判定	渗漏水	结冰、砂土流出
B	从衬砌裂缝等处渗水，几乎不影响行车安全	有渗漏水，但现在几乎没有影响
1A	从衬砌裂缝等处漏水，不久可能会影响行车安全	由于排水不良，铺砌层可能积水
2A	从衬砌裂缝等处涌水，影响行车安全	由于排水不良，铺砌层积水
3A	从衬砌裂缝等处喷射水流，严重影响行车安全	在寒冷地区，由于漏水等，形成挂冰、冰柱，侵入规定限界；砂土等伴随漏水流出，铺砌层可能发生浸没和沉降

（5）检查完成后，应提交专项检查报告。报告的内容应包括：

① 检查的主要经过，包括检查的组织实施、时间和主要工作过程等。

② 所检查结构的技术状况，包括检查方法、试验与检测项目及内容、检测数据与结果分析以及对破损结构的技术评价等。

③ 对病害的成因、范围、程度等情况的分析，及其维修处治对策、技术以及所需资金等建议。

10.5 隧道锚杆拉拔力测试

10.5.1 目的与适用范围

锚杆抗拔力是指锚杆能够承受的最大拉力。它是锚杆材料、加工和施工安装质量的综合反映，是锚杆质量检测的一项基本内容。

10.5.2 测试仪器

中空千斤顶，手动油压泵，油压表，千分表。

10.5.3 测试依据

（1）《岩土锚杆（索）技术规程》（CECS 22：2005）；
（2）《锚杆喷射混凝土支护技术规范》（GB 50086—2001）；
（3）《公路工程质量检验评定标准》（JTG F80/1—2004）；
（4）《建筑边坡工程技术规范》（GB 50330—2002）。

10.5.4 测试方法及要求

1. 测试方法

（1）根据试验目的，在隧道围岩指定部位钻锚杆孔。孔深在正常深度的基础上稍作调整，以便锚杆外露长度大些，保证千斤顶的安装；或采用正常孔深，将待测锚杆加长，从而为千斤顶安装提供空间。

（2）按照正常的安装工艺安装待测锚杆。用砂浆将锚杆口部抹平，以便支放承压垫板。

（3）根据锚杆的种类和试验目的确定拉拔时间。

（4）在锚杆尾部加上垫板，套上中空千斤顶，将锚杆外端与千斤顶内缸固定在一起，并装设位移量测设备与仪器，如图 10-2 所示。

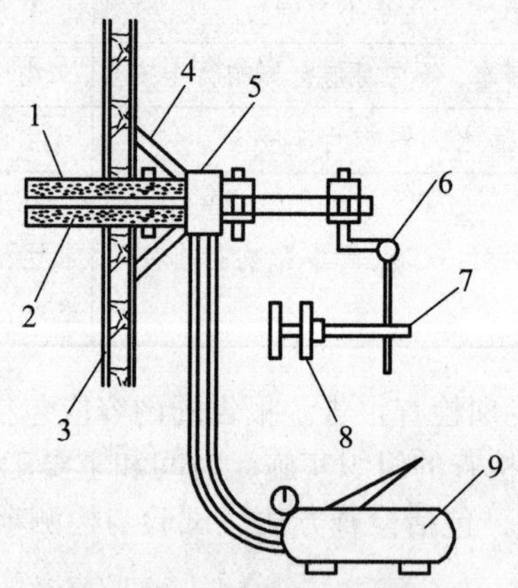

图 10-2 锚杆抗拔力测试

1—锚杆；2—充填砂浆；3—喷射混凝土；4—反力板；5—油压千斤顶；6—千分表；7—固定梁；8—支座；9—油压泵

（5）通过手动油压泵加压，从油压表读取油压，根据活塞面积换算锚杆承受的抗拔力。视需要从千分表读取锚杆尾部的位移，绘制锚杆拉力-位移曲线，以供分析研究。

2. 测试要求

（1）按锚杆数的 1%且不少于 3 根做抗拔力测试。
（2）同组锚杆抗拔力的平均值应大于或等于设计值。
（3）单根锚杆的抗拔力不得低于设计值的 90%。

3. 注意事项

（1）安装拉拔设备时，应使千斤顶与锚杆同心，避免偏心受拉。

（2）加载应匀速，一般以 10 kN/min 的速率增加。

（3）如无特殊需要，可不做破坏性试验，拉拔到设计拉力即停止加载。需要指出的是，用中空千斤顶进行锚杆拉拔试验，一般都要求做破坏性试验，测取锚杆的最大承载力，一方面检验锚杆施工质量，另一方面为调整设计参数提供依据。

（4）千斤顶应固定牢靠，并有必要的安全保护措施。应特别注意的是，试验时操作人员要避开锚杆的轴线延长线方向，在锚杆的侧向并远离锚杆尾部的位置上加压读数。测位移时，停止加压。

10.6 锚杆轴力测试

10.6.1 目的与适用范围

1. 目 的

（1）了解锚杆实际工作状态及轴向力的大小。

（2）结合位移量测，判断围岩发展趋势，分析围岩内强度下降区的界限。

（3）修正锚杆设计系数，评价锚杆支护效果。

2. 原 理

电阻应变式和机械式是通过测量锚杆不同深度处的应变（或变形），然后按有关计算方法转求应力；钢弦式通过测量不同深度处传感器受力后钢弦振动频率，转求应力。

3. 适用范围

适用有锚杆支护的隧道。

10.6.2 测试仪器

测力锚杆。

10.6.3 测试依据

（1）《岩土锚杆（索）技术规程》（CECS 22：2005）；

（2）《公路工程质量检验评定标准》（JTG F80/1—2004）；

（3）《建筑边坡工程技术规范》（GB 50330—2002）。

10.6.4 测试方法及要求

1. 量测锚杆的布置

在每个监测断面内一般布置 3～5 量测位置（孔），每一量测位置的钻孔内设置测点 3～6（根据测量深度和所选的量测锚杆决定）测力计。具体布置形式是在拱顶中央 1 个，在拱基线（或拱基线上 1.5 m 处）左右各设一个，在两侧墙最大跨度处各设一个。

2. 量测锚杆的埋设

埋设前必须钻孔，所有孔位应布置在同一垂直断面内，水平钻孔倾斜角在垂直断面内不超过 5°，水平面内钻孔与隧道壁面交角应在 85° ~ 90°。钻孔时孔径比量测锚杆体直径大 20 ~ 30 mm，扩孔深为 200 ~ 250 mm。为保证量测锚杆的施工质量，必须注意以下几点：

（1）为保证量测锚杆与孔壁的胶结质量，钻孔完成后，要求吹干，然后往孔内注满水泥砂浆，注意要均匀的填满全孔长。

（2）随后将量测锚杆插入注满砂浆的孔内，务必使锚杆端部与围岩壁面保持在同一平面内，不平之处，用砂浆抹平整，待砂浆凝固后即可开始初测。

水泥砂浆拌和要求：水泥标号不小于 32.5 级，砂砾直径为 0 ~ 3 mm，质量配比为：水泥：砂：水 = 1：1：0.4。

（3）在埋设电测锚杆时，要缓慢顺势向钻孔内推进，不可锤击，以免损坏电测元件和测线。

3. 量测与测量频率

不同类型的测力锚杆的量测方法也不同，电阻式测力锚杆是用多点电阻应变仪将每一电测锚杆上的电阻片与之一一相接进行测量；钢弦式是测量钢弦的振动频率；机械式是用百分表量测其变形，其量测方法如下：

（1）量测锚杆埋设后必须经过 48 h 才可进行第一次观测，量测前先用砂布擦干净基准板上的锥形测孔，然后用百分表插入锥形孔内，沿轴向方向将百分表压紧直接读数，其读数为测点头与基准板间的距离，其前后两次量测出的距离变化值即为每个测点基准面间的相对位移。

（2）三点量测锚杆的基准板上有三个锥形孔，分别与测点 1、2、3 相对应，测点 1 居中是最深的测点，测点 2 是位于中间的测点，测点 3 是最浅的测点。

（3）每个测点的测孔如法操作三次，当该数值之间最大差值不大于 0.05 mm 时，记录平均观测结果，若三次读数之间最大差值大于 0.05 mm 时，进行第四次或第五次读数，直至有三次读数之间最大差值大于 0.05 mm 时为止。

（4）监测频率：埋设后 1 ~ 15 天内每天测一次，16 ~ 30 天每两天测一次，30 天以上可每周测一次，90 天后可每月测一次。

10.6.5 注意事项

在监测锚杆轴力时，用预先准备的测试锚杆替代设计锚杆进行施工，必须保证测试锚杆在埋设的过程中传感器和连接线不受损坏，把外漏的连接线盘好并做上标记，以免被破坏。

（1）确保安装质量。

（2）钢弦式测力锚杆量测时，周围不能有振动源，以免影响数据的真实性。

10.7 地质雷达对隧道衬砌的检测

10.7.1 目的与适用范围

使用地质雷达扫描隧道衬砌，可检测以下内容：

（1）隧道衬砌混凝土厚度。
（2）隧道衬砌混凝土缺陷。
（3）隧道初衬背后的脱空区。
（4）复合式衬砌中两层衬砌间的空段。
（5）钢架及钢筋分布情况。
（6）施工时坍方位置及坍方的处理情况。

10.7.2 主要检测仪器

地质雷达探测系统由地质雷达主机、天线、笔记本电脑、数据采集软件、数据分析处理软件等组成。

地质雷达主机技术指标应符合以下要求：系统增益不低于 150 dB，信噪比不低于 60 dB，模/数转换不低于 16 位，信号叠加次数可选择，采样间隔一般不大于 0.5 ns，实时滤波功能可选择，具有点测与连续测量功能，具有手动或自动位置标记功能，具有现场数据处理功能。

地质雷达天线可采用不同频率的天线组合，技术指标应符合以下要求：具有屏蔽功能，最大探测深度大于 2 m，垂直分辨率应高于 2 cm。

低频天线探测距离长、精度低，高频天线探测精度高、距离短。地质雷达配有的天线频率有 50 MHz、100 MHz、500 MHz、800 MHz、1 GHz、1.2 GHz 等。在隧道支护（衬砌）质量检测中宜采用 500 MHz 天线，在隧道超前地质预报时宜采用 100 MHz 天线。

10.7.3 检测依据

（1）《铁路隧道衬砌质量无损检测规程》（TB 10223—2004）；
（2）《公路隧道施工技术规范》（JTG F60—2009）；
（3）《公路隧道施工技术细则》（JTG/T F60—2009）；
（4）《公路工程质量检验评定标准》（JTG F80/1—2004）。

10.7.4 检测方法及要求

1. 测线布置

（1）隧道施工过程中质量检测以纵向布线为主，横向布线为辅。纵向布线的位置应在隧道拱顶、左右拱腰、左右边墙和隧底各布 1 条；横向布线可按检测内容和要求布设线距，一般情况线距为 8 ~ 12 m。采用点测时，每断面不小于 6 个点。若检测中发现不合格地段，应加密测线或测点。

（2）隧道竣工验收时，质量检测应纵向布线，必要时可横向布线。纵向布线的位置应在隧道拱顶、左右拱腰和左右边墙各布 1 条；横向布线线距为 8 ~ 12 m。采用点测时，每断面不少于 5 个点。需确定回填空洞规模和范围时，应加密测线或测点。

（3）三车道隧道应在隧道拱顶部位增加两条测线。

（4）测线每隔 5 ~ 10 m 应有一个里程标记。

2. 介质参数校准

检测前对衬砌混凝土的介电常数或电磁波速做现场校准，对隧道长度小于 3 km 的隧道，取一处进行实测，实测不少于 3 次，取平均值即为该隧道的介电常数或电磁波速。当隧道长度大于 3 km，应适当增加标定点数。标定采用以下方法的其中一种：

（1）在已知厚度部位或材料与隧道相同的其他预制件上测量。

（2）在洞口或洞内避车洞处使用双天线直达波法测量。

（3）钻孔实测。

标定目标体的厚度一般不小于 15 cm，且厚度已知；记录中界面反射信号应清晰、准确。

标定结果按下式计算：

$$\varepsilon_{\mathrm{r}}=\left(\frac{0.3t}{2d}\right)^{2} \tag{10-1}$$

$$v=\frac{2d}{t}\times 10^{9} \tag{10-2}$$

式中 ε_{r} —— 相对介电常数；

v —— 电磁波速（m/s）；

t —— 双程旅行时间（ns）；

d —— 标定目标体厚度或距离（m）。

3. 测量时窗

测量时窗由下式确定：

$$\Delta T=\frac{2d\sqrt{\varepsilon_{\mathrm{r}}}}{0.3}a \tag{10-3}$$

式中 ΔT ——时窗长度（ns）；

a ——时窗调整系数，一般取 1.5～2.0。

4. 扫描样点数

扫描样点数由下式确定：

$$S=2\Delta T f K\times 10^{-3} \tag{10-4}$$

式中 S ——扫描样点数；

ΔT ——时窗长度（ns）；

f ——天线中心频率（MHz）；

K ——系数，一般取 6～10。

5. 纵向布线

纵向布线应采用连续测量方式，扫描速度不得小于 40 道（线）/s。特殊地段或条件不允许时，可采用点测方式，测量点距不宜大于 20 cm。

6. 检测工作注意事项

（1）测量前应检查主机、天线以及运行设备，使之均处于正常状态。

（2）测量时应确保天线与衬砌表面密贴（空气耦合天线除外）。

（3）检测天线应移动平衡、速度均匀，移动速度宜为 3 ~ 5 km/h。

（4）记录应包括记录测线号、方向、标记间隔以及天线类型等。

（5）当需要段测量时，相邻测量段接头重复长度不应小于 1 m。

（6）应随时记录可能对测量产生电磁影响的物体（如渗水、电缆、铁架等）及其位置。

（7）应准确标记测量位置。

10.7.5　检测数据整理

（1）原始数据处理前应回放检验，数据记录应完整，信号清晰，里程标记准确。不合格的原始数据不得进行处理与解释。

（2）数据处理与解释软件应使用正式认证的软件或经鉴定合格的软件。

（3）数据处理与解释流程如图 10-3 所示。

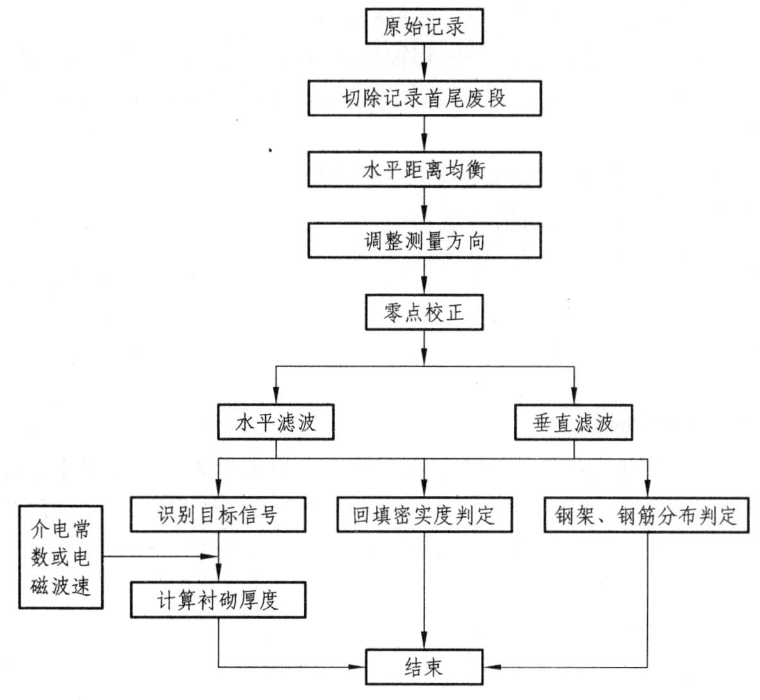

图 10-3　数据处理与解释流程

（4）数据处理应符合以下要求：

① 确保位置标记准确、无误。

② 确保信号不失真，有利于提高信噪比。

（5）解释工作应符合以下要求：

① 解释应在掌握测区内物性参数和衬砌结构的基础上，按由已知到未知和定性指导定量的原则进行。

② 根据现场记录，分析可能存在的干扰体位置与雷达记录中异常的关系，准确区分有效异常与干扰异常。

③ 应准确读取双程旅行时间的数据。

④ 解释结果和成果图件应符合衬砌质量检测要求。

（6）衬砌界面应根据反射信号的强弱、频率变化及延伸情况确定。

（7）衬砌厚度应由下式确定：

$$d=\frac{0.3t}{2\sqrt{\varepsilon_r}} \tag{10-5}$$

$$d=\frac{1}{2}vt10^{-9} \tag{10-6}$$

式中 d——衬砌厚度（m）；

ε_r——相对介电常数；

t——双程旅行时间（ns）；

p——电磁波速（m/s）。

（8）衬砌背后回填密实度的主要判定特征如下：

① 密实：信号幅度较弱，甚至没有界面反射信号。

② 不密实：衬砌界面的强反射信号同相轴呈绕射弧形，且不连续、较分散。

③ 空洞：衬砌界面反射信号强，三振相明显，在其下部仍有强反射界面信号，两组信号时程差较大。

（9）衬砌内部钢架、钢筋位置分布的主要判定特征如下：

① 钢架：分散的月牙形强反射信号。

② 钢筋：连续的小双曲线形强反射信号。

10.7.6 提高检测精度的措施

1. 了解检测区间物理状态

衬砌层物理状态的变化直接影响到雷达波的变化，影响因素主要是含水量的变化、检测面平整度、衬砌层混凝土材料配比变化、衬砌层结构变化。隧道检测有许多条测线，分若干次检测，每条检测的衬砌层物理状态变化情况并不完全一致，这就需要较为详细地了解设计资料、隧道的施工记录，同时在检测过程中还要做好外业记录（如渗水、平整度等）。只有这样才能根据客观情况，有针对性地对地质雷达资料进行合理地分析。

2. 合理布置取芯点位

影响检测精度的主要问题是标定的地质雷达的电磁波速度，根本问题是不同区间介质物理状态的变化，实质问题是介电常数的变化。当使用地质雷达进行隧道检测时，合理布置用于标定雷达波速的取芯点位，对衬砌层在不同物理状态下的雷达波速进行分别统计，并分析雷达波速的变化规律，有效控制因雷达波速的误差带来的探测偏差或较大误差。

3. 注意区分多次反射信号

衬砌层厚度相对较薄，且内部结构比较复杂，衬砌层的面层和内部结构层会形成多次反射信号，多次反射信号可能与内部结构界面形成的反射信号重叠或偏离，当多次反射信号与雷达波同相轴存在连续性偏离的情况下，容易对结构界面的厚度误判。不平整的表面由于与天线不能紧密结合时，也会形成反射界面，同时会有若干个多次反射信号。注意区分多次反射信号，是避免地质雷达资料判读偏差的重要环节。

10.8 钢架应力测试

10.8.1 目的与适用范围

通过埋设表面应变计来掌握钢拱架或格栅拱架受力情况，以此达到以下测试目的：

（1）了解钢支撑应力的大小，为钢支撑选型与设计提供依据。

（2）根据钢支撑的受力状态，判断围岩和支护结构的稳定性。

（3）了解钢支撑的实际工作状态，保证隧道施工安全。

适用于浅埋、偏压隧道的钢架监测。

10.8.2 主要测试仪器

表贴应变计、钢筋计及测量装置。

10.8.3 测试依据

（1）《铁路隧道监控量测技术规范》（TB 10121—2007）；

（2）《公路隧道施工技术规范》（JTG F60—2009）；

（3）《公路隧道施工技术细则》（JTG/T F60—2009）；

（4）《公路工程质量检验评定标准》（JTG F80/1—2004）。

10.8.4 测试方法及要求

1. 测试分类

（1）型钢拱架应力测试

在型钢拱架的上、下缘分别安装钢弦式表面应变传感器，量测钢架受力后所发生的应变值，然后通过计算获得钢架的应力值。这种方法的优点是：

① 传感器安装在型钢拱架的表面，由于两者之间连接紧密，从而传感器和型钢拱架的变形相一致，能够比较真实地反映钢架的应变和受力。

② 传感器内部采用波纹管或弹簧，而波纹管和弹簧灵敏度很高，则钢架产生的微小变形也能被传感器量测。

③ 传感器安装完毕后，在表面覆盖一薄皮铁盒，这不仅可以避免表面应变传感器敏感部位与喷射混凝土直接接触而遭到损坏，而且还可以避免传感器和钢架共同变形时受到喷射混凝土的阻力，确保测量数据的准确。

④ 传感器安装时只要将底座用电焊机直接焊接在被测钢架上即可，现场操作方便快捷。

⑤ 传感器具有一般钢弦式传感器的普遍优点，即长距离测试方便、测试精度和灵敏度高、长期稳定性好、电缆不受潮湿影响等。

（2）格栅钢架应力量测

格栅钢架由于是采用钢筋焊接而成的，在进行应力量测时，可以采用钢弦式钢筋应力传感器；钢筋应力传感器的选择，应该确保传感器与格栅主筋的直径相同。安装时，按照钢弦式钢筋传感器的长度将格栅主筋截开一段，然后将其焊接上去。由于该方法属于钢弦式传感器，因此具有钢弦式传感器普遍的优点，即具有长距离测试方便、测试精度和灵敏度高、长期稳定性好、环境影响小等特点。

量测格栅钢架应力的钢筋应力传感器量程选定，要与格栅主筋的设计参数相匹配，即采用与主筋直径相同的钢筋应力传感器。

2. 监测元件的预埋

必须根据具体的围岩情况作出监测设计，根据设计布置应变计或钢筋计。在Ⅰ、Ⅱ类围岩中，钢支撑采用型钢支撑，监测时，在横断面上，根据钢架的长度和围岩的具体情况选择不同的测点，一般在某一测点位置的上下缘布设一对表面应变计，固定在固定座上，拉压螺栓要适当。在Ⅲ类围岩中，钢支撑采用格栅支撑，监测时，选择与格栅主筋直径相同的钢筋计焊接到适当的部位，监测钢支撑应力、应变的变化。

每个代表性地段布设 1 ~ 2 个监测断面，每个断面埋设 3 ~ 7 个测点。

3. 监测方法

应力、应变计的观测与同一断面的压力盒的观测频率相同，一般埋设初期观测频率较高，后期观测频率较低。根据具体情况及要求，定期进行测量。每次每个测点测量不少于 3 次，力求测量数值可靠、稳定，并做好原始记录。

10.8.5　注意事项

（1）安装时，尽量使应力计与钢筋同心，防止钢筋计偏心或应力计受扭影响元件的使用和读数的准确性。

（2）钢筋计焊接到格栅主筋时，要注意给钢筋计降温，防止温度过高烧坏钢筋计的钢弦。

（3）埋设时，注意对测试元件、测线的保护，防止埋设不当而使元件不能正常工作，或测线被扯断。

（4）埋设后初值要测量准确，以及元件未受力时的原始频率。

第 11 章　混凝土结构状况与耐久性检测及评定

11.1　回弹法检测混凝土强度

11.1.1　目的与适用范围

采用回弹法能够对普通混凝土抗压强度进行快速评定。

所试验的水泥混凝土厚度不得小于 100 mm，且被检混凝土结构或构件表层与内部没有明显差异或内部无缺陷。当使用统一测强曲线对被测结构或构件进行强度换算时，应符合如下条件：

（1）蒸汽养护出池经自然养护 7 d 以上，且混凝土表层为干燥状态。

（2）自然养护龄期为 14 ~ 1 000 d。

（3）抗压强度 10 ~ 60 MPa 混凝土。

11.1.2　主要检测仪器

回弹仪，钢砧，磨石，粉笔，碳化深度仪，酚酞，吸耳球。

11.1.3　检测依据

（1）《回弹法检测混凝土抗压强度技术规程》（JGJ/T 23—2011）；

（2）《回弹仪》（GB/T 9138—1988）。

11.1.4　检测步骤

试验主要步骤如图 11-1 所示。

1. 检测准备

（1）检测前，一般需要了解工程的名称，设计、施工、和建设单位的名称；结构或构件名称、外形尺寸、数量及混凝土设计强度等级；水泥品种、安全性、标号、厂名；砂、石种类、粒径；外加剂和掺合材料品种、掺量；施工时所采用的模板、浇筑方式及养护情况、成型日期等；配筋及预应力情况；结构或构件所处环境条件及存在的问题。其中以了解水泥的安全性合格与否最为重要，若水泥的安全性不合格，则不能采用回弹法检测。

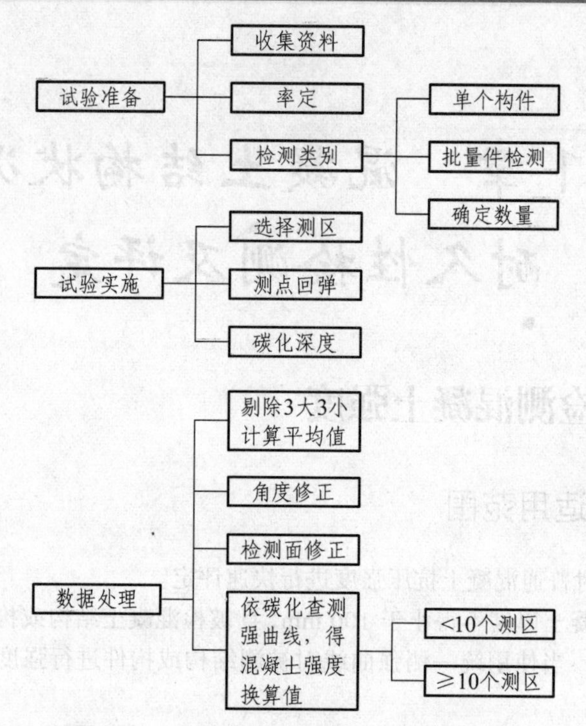

图 11-1 回弹法检测混凝土强度试验步骤

（2）对检测使用的回弹仪进行率定。

（3）一般检测混凝土结构或构件有两类方法，视测试要求而选择。一类是逐个检测被测结构或构件，另一类是抽样检测。按批进行检测的构件，抽检数量不宜少于同批构件总数的 30% 且构件数量不宜少于 10 件。当检验批构件数量大于 30 个时，抽样构件数量可适当调整，但不得少于《建筑结构检测技术标准》（GB T50344—2004）之表 3.3.13“建筑结构抽样检测的最小样本容量表”规定的数量。

2. 检　测

（1）测　区

① 对于一般构件，测区数不宜少于 10 个。当受检构件数量大于 30 个且不需提供单个构件推定强度或受剪构件某一方向尺寸小于 4.5 m 且另一方向尺寸小于 0.3 m 的构件，适当减少测区数，但不得少于 5 个。

② 相邻两测区的间距不应大于 2 m，测区离构件端部或施工缝边缘的距离不宜大于 0.5 m，且不宜小于 0.2 m。

③ 测区应选在使回弹仪处于水平方向的混凝土浇筑侧面。当不能满足这一要求时，也可使回弹仪处于非水平方向的混凝土浇筑表面或底面。

④ 测区宜选在构件的两个对称可测面上，当不能布置在对称的可测面上时，也可布置在同一可测面上，且应均匀分布。在构件的重要部位及薄弱部位必须布置测区，并应避开预埋件。

⑤ 测区的面积不宜大于 0.04 m^2。

⑥ 测区表面应为混凝土原浆面，并应清洁、平整，不应有疏松层、浮浆、油垢、涂层以及蜂窝、麻面。

⑦ 对弹击时产生颤动的薄壁、小型构件应进行固定。

⑧ 测区应标有清晰的编号，并宜在记录纸上绘制测区布置示意图和描述外观质量情况。

（2）测　点

① 测量回弹值时，回弹仪的轴线应始终垂直于混凝土检测面，并缓慢施压，准确读数，快速复位。

② 每一测区应记取 16 个回弹值，每一测点的回弹值读数精确至 1。测点宜在测区范围内均匀分布，相邻两测点的净距不宜小于 20 mm；测点距外露钢筋、预埋件的距离不宜小于 30 mm；测点不应在气孔或外露石子上，同一测点只应弹击一次。

（3）碳　化

① 测点数量

回弹值测量完毕后，应在有代表性的位置上测量碳化深度值，测点数不应少于构件测区数的 30%，取其平均值为该构件每测区的碳化深度值。当碳化深度值极差大于 2.0 mm 时，应在每一测区测量碳化深度值。

② 测量方法及要求

可采用工具在测区表面形成直径约 15 mm 的孔洞，其深度应大于混凝土的碳化深度。使用吸耳球清除孔洞中的粉末和碎屑，且不得用水擦洗。采用浓度为 1%～2%的酚酞酒精溶液滴在孔洞内壁的边缘处，当已碳化与未碳化界线清楚时，应采用碳化深度测量仪测量已碳化与未碳化混凝土交界面到混凝土表面的垂直距离，并应测量 3 次，每次读数精确至 0.25 mm。应将 3 次测量的平均值作为检测结果，并应精确至 0.5 mm。

（4）记　录

将回弹数据、回弹角度、回弹面状况等信息记录在相应的表格中，以方便后期试验数据整理。其中回弹角度如图 11-2 所示。

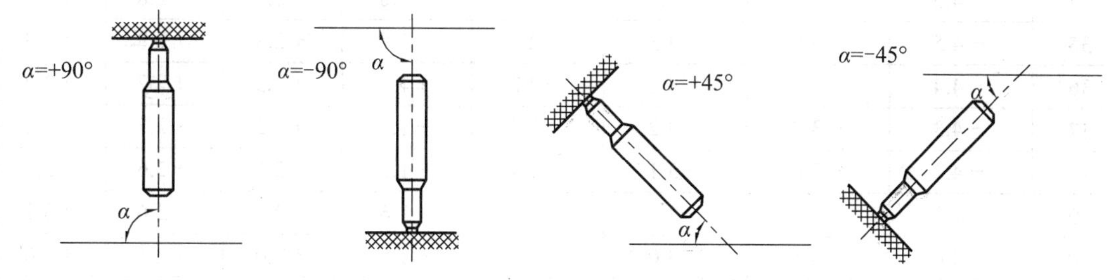

图 11-2　回弹仪与测试面角度示意图

11.1.5　检测数据整理

（1）平均回弹值的计算：将 16 个回弹值剔除 3 个最大值，3 个最小值，余下的 10 个回弹值取平均值作为该测区的平均回弹值 R_m。

$$R_m = \sum_{i=1}^{10} R_i / 10 \tag{11-1}$$

式中　R_m—— 测区平均回弹值，精确至 0.1；

R_i—— 第 i 个测点的回弹值。

（2）非水平方向检测混凝土浇筑侧面时，测区的平均回弹值应按下式修正：

$$R_m = R_{ma} + R_{a\alpha} \tag{11-2}$$

式中　R_{ma} —— 非水平状态检测时测区的平均回弹值，精确至 0.1；

$R_{a\alpha}$ —— 非水平状态检测时回弹值修正值，见表 11-1。

表 11-1　非水平状态检测时回弹值修正值

R_{ma}	检测角度							
	向上				向下			
	90°	60°	45°	30°	−30°	−45°	−60°	90°
20	−6.0	−5.0	−4.0	−3.0	+2.5	+3.0	+3.5	+4.0
21	−5.9	−4.9	−4.0	−3.0	+2.5	+3.0	+3.5	+4.0
22	−5.8	−4.8	−3.9	−2.9	+2.4	+2.9	+3.4	+3.9
23	−5.7	−4.7	−3.9	−2.9	+2.4	+2.9	+3.4	+3.9
24	−5.6	−4.6	−3.8	−2.8	+2.3	+2.8	+3.3	+3.8
25	−5.5	−4.5	−3.8	−2.8	+2.3	+2.8	+3.3	+3.8
26	−5.4	−4.4	−3.7	−2.7	+2.2	+2.7	+3.2	+3.7
27	−5.3	−4.3	−3.7	−2.7	+2.2	+2.7	+3.2	+3.7
28	−5.2	−4.2	−3.6	−2.6	+2.1	+2.6	+3.1	+3.6
29	−5.1	−4.1	−3.6	−2.6	+2.1	+2.6	+3.1	+3.6
30	−5.0	−4.0	−3.5	−2.5	+2.0	+2.5	+3.0	+3.5
31	−4.9	−4.0	−3.5	−2.5	+2.0	+2.5	+3.0	+3.5
32	−4.8	−3.9	−3.4	−2.4	+1.9	+2.4	+2.9	+3.4
33	−4.7	−3.9	−3.4	−2.4	+1.9	+2.4	+2.9	+3.4
34	−4.6	−3.8	−3.3	−2.3	+1.8	+2.3	+2.8	+3.3
35	−4.5	−3.8	−3.3	−2.3	+1.8	+2.3	+2.8	+3.3
36	−4.4	−3.7	−3.2	−2.2	+1.7	+2.2	+2.7	+3.2
37	−4.3	−3.7	−3.2	−2.2	+1.7	+2.2	+2.7	+3.2
38	−4.2	−3.6	−3.1	−2.1	+1.6	+2.1	+2.6	+3.1
39	−4.1	−3.6	−3.1	−2.1	+1.6	+2.1	+2.6	+3.1
40	−4.0	−3.5	−3.0	−2.0	+1.5	+2.0	+2.5	+3.0
41	−4.0	−3.5	−3.0	−2.0	+1.5	+2.0	+2.5	+3.0
42	−3.9	−3.4	−2.9	−1.9	+1.4	+1.9	+2.4	+2.9
43	−3.9	−3.4	−2.9	−1.9	+1.4	+1.9	+2.4	+2.9
44	−3.8	−3.3	−2.8	−1.8	+1.3	+1.8	+2.3	+2.8
45	−3.8	−3.3	−2.8	−1.8	+1.3	+1.8	+2.3	+2.8
46	−3.7	−3.2	−2.7	−1.7	+1.2	+1.7	+2.2	+2.7
47	−3.7	−3.2	−2.7	−1.7	+1.2	+1.7	+2.2	+2.7
48	−3.6	−3.1	−2.6	−1.6	+1.1	+1.6	+2.1	+2.6
49	−3.6	−3.1	−2.6	−1.6	+1.1	+1.6	+2.1	+2.6
50	−3.5	−3.0	−2.5	−1.5	+1.0	+1.5	+2.0	+2.5

注：① R_{ma} 小于 20 或大于 50 时，均分别按 20 或 50 查表。

② 表中未列入的相应于 R_{ma} 的修正值 R_{ma}，可用内差法求得，精确至 0.1。

（3）水平方向检测混凝土浇筑顶面或底面时，应按下式修正：

$$R_m = R_m^t + R_a^t$$
$$R_m = R_m^b + R_a^b \qquad (11\text{-}3)$$

式中　R_m^t、R_m^b——水平状态检测混凝土浇筑表面、底面时，测区的平均回弹值，精确至 0.1；

R_a^t、R_a^b——混凝土浇筑表面、底面回弹值的修正值，测区的平均回弹值，精确至 0.1，对其修正见表 11-2。

表 11-2　混凝土浇筑表面、底面回弹值的修正值

R_m^t 或 R_m^b	表面修正值 R_a^t	底面修正值 R_a^b	R_m^t 或 R_m^b	表面修正值 R_a^t	底面修正值 R_a^b
20	+2.5	−3.0	36	+0.9	−1.4
21	+2.4	−2.9	37	+0.8	−1.3
22	+2.3	−2.8	38	+0.7	−1.2
23	+2.2	−2.7	39	+0.6	−1.1
24	+2.1	−2.6	40	+0.5	−1.0
25	+2.0	−2.5	41	+0.4	−0.9
26	+1.9	−2.4	42	+0.3	−0.8
27	+1.8	−2.3	43	+0.2	−0.7
28	+1.7	−2.2	44	+0.1	−0.6
29	+1.6	−2.1	45	0	−0.5
30	+1.5	−2.0	46	0	−0.4
31	+1.4	−1.9	47	0	−0.3
32	+1.3	−1.8	48	0	−0.2
33	+1.2	−1.7	49	0	−0.1
34	+1.1	−1.6	50	0	0
35	+1.0	−1.5			

注：① R_m^t 或 R_m^b 小于 20 或大于 50 时，均分别按 20 或 50 查表。

② 表中有关混凝土浇筑表面的修正系数，是指一般原浆抹面的修正值。

③ 表中有关混凝土浇筑底面的修正系数，是指构件底面与侧面采用同一类型模板在正常浇筑情况下的修正值。

④ 表中未列入的相应于 R_m^t 或 R_m^b 的 R_a^t 和 R_a^b 值，可用内差法求得，精确至 0.1。

（4）修正顺序。当检测时回弹仪为非水平方向且测试面为非混凝土的浇筑侧面时，应先按表 11-1 对回弹值进行角度修正，然后再按表 11-2 对修正后的值进行浇筑面修正。

（5）平均碳化深度的计算：按每次测试的碳化深度求得平均碳化深度。

$$d_m = \sum_{i=1}^{n} d_i / n \qquad (11\text{-}4)$$

式中　d_m——构件平均碳化深度，精确至 0.1；

d_i——第 i 个碳化深度值。

（6）测区混凝土强度换算值。根据平均回弹值 R_m 及平均碳化深度 d_m 查“测区混凝土强度换算表”（详见附表），即可得到混凝土各测区的强度换算值 f_{cu}^{c}。

（7）构件混凝土强度推定值 $f_{cu,e}$ 的计算。

① 对于单个构件来说，当测区数少于 10 个时，取最小的测区混凝土抗压强度换算值作为该构件的混凝土强度推定值。

$$f_{cu,e}=f_{cu,min}^{c} \tag{11-5}$$

② 结构或构件的测区混凝土强度平均值可根据各测区的混凝土强度换算值计算。当测区数为 10 个及以上时，应计算强度标准差。平均值及标准差应按下列公式计算：

$$m_{f_{cu}^{c}}=\frac{1}{n}\sum_{i=1}^{n}f_{cu,i}^{c}$$

$$s_{f_{cu}^{c}}=\sqrt{\frac{\sum_{i=1}^{n}(f_{cu,i}^{c})^{2}-n(m_{f_{cu}^{c}})^{2}}{n-1}} \tag{11-6}$$

$$f_{cu,e}=m_{f_{cu}^{c}}-1.645s_{f_{cu}^{c}}$$

注：结构或构件混凝土强度推定值是指相应于强度换算值总体分布中保证率不低于 95%的结构或构件中混凝土抗压强度值。

式中 $m_{f_{cu}^{c}}$ —— 结构或构件测区混凝土强度换算值的平均值（MPa），精确至 0.1 MPa；

n —— 对于单个检测的构件，取一个构件的测区数，对批量检测的构件，取被抽检构件测区数之和；

$s_{f_{cu}^{c}}$ —— 结构或构件测区混凝土强度换算值的标准差（MPa），精确至 0.01 MPa。

③ 当该结构或构件的测区强度值中出现小于 10.0 MPa 时：

$$f_{cu,e}<10.0\ \text{MPa} \tag{11-7}$$

④ 检测的构件，当该批构件混凝土强度标准差出现下列情况之一时，则该批构件应全部按单个构件检测：

当该批构件混凝土强度平均值小于 25 MPa 时：

$$s_{f_{cu}^{c}}>4.5\ \text{MPa} \tag{11-8}$$

当该批构件混凝土强度平均值不小于 25 MPa：

$$s_{f_{cu}^{c}}>5.5\ \text{MPa} \tag{11-9}$$

11.2 超声回弹综合法检测混凝土强度

11.2.1 目的与适用范围

通过采用中型回弹仪和混凝土超声波检测仪对混凝土结构或构件进行综合检测，以推断出普通混凝土抗压强度。本方法不适用于检测因冻害、化学侵蚀、火灾、高温等已造成表面疏松、剥落的混凝土。

当使用本节规定的强度换算方法对被测混凝土结构或构件进行强度换算时，应符合如下条件：

（1）混凝土龄期 7 ~ 2 000 d。

（2）混凝土强度达到 10 ~ 70 MPa。

11.2.2　主要检测仪器

混凝土超声波检测仪，中型混凝土回弹仪，钢尺。

11.2.3　检测依据

（1）《超声回弹综合法检测混凝土强度技术规程》（CECS 02：2005）；

（2）《港口工程混凝土非破损检测技术规程》（JTJ/T 272—99）；

（3）《回弹仪》（GB/T 9138—1988）。

11.2.4　检测方法及要求

1. 检测准备

与 11.1 节内容相同。

2. 检　测

（1）测　区

在条件允许时，测区宜优先布置在构件混凝土浇筑方向的侧面；测区可在构件的两个对应面、相邻面或同一面上布置；测区宜均匀布置，相邻两测区的间距不宜大于 2 m；测区应避开钢筋密集区和预埋件；测区尺寸宜为 200 mm × 200 mm；采用平测时宜为 400 mm × 400 mm；测试面应清洁、平整、干燥，不应有接缝、施工缝、饰面层、浮浆和油垢，并应避开蜂窝、麻面部位。必要时，可用砂轮片清除杂物和磨平不平整处，并擦净残留粉尘。其他要求与 11.1 节内容相同。

（2）测　点

① 回弹测点

回弹测试时，应始终保持回弹仪的轴线垂直于混凝土测试面。宜首先选择混凝土浇筑方向的侧面进行水平方向测试。如不具备浇筑方向侧面水平测试的条件，可采用非水平状态测试，或测试混凝土浇筑的顶面或底面。

测量回弹值应在构件测区内超声波的发射和接收面各弹击 8 点；超声波单面平测时，可在超声波的发射和接收测点之间弹击 16 点。每一测点的回弹值，测读精确度至 1。

测点在测区范围内宜均匀布置，但不得布置在气孔或外露石子上。相邻两测点的间距不宜小于 30 mm；测点距构件边缘或外露钢筋、铁件的距离不应小于 50 mm，同一测点只允许弹击一次。

② 超声测点

超声测点应布置在回弹测试的同一测区内，每一测区布置 3 个测点。超声测试宜优先采用对测或角测，当被测构件不具备对测或角测条件时，可采用单面平测。超声测试时，换能器辐射面应通过耦合剂与混凝土测试面良好耦合。

声时测量应精确至 0.1 μs，超声测距测量应精确至 1.0 mm，且测量误差不应超过 ± 1%。声速计算应精确至 0.01 km/s。

当结构或构件被测部位只有一个表面可供检测时，可采用平测方法测量混凝土中声速。每个测区布置 3 个测点。换能器布置如图 11-3 所示。

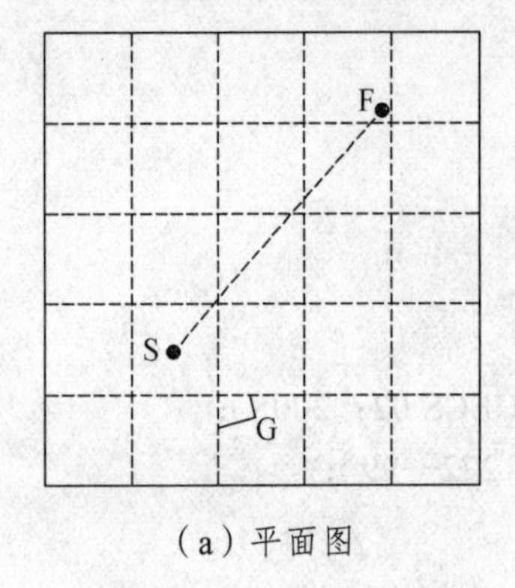

（a）平面图

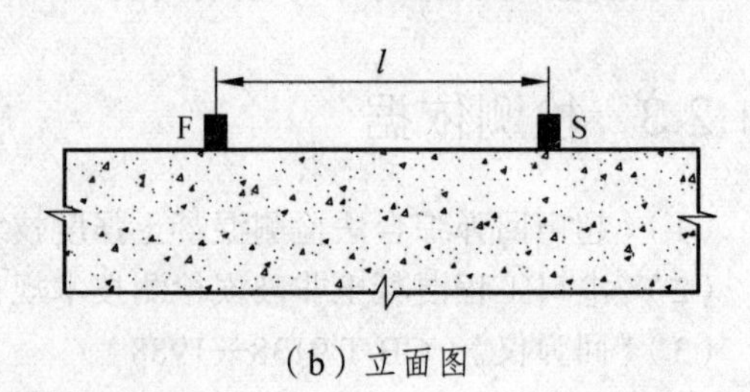

（b）立面图

图 11-3　超声波平测示意图

F—发射换能器；S—接收换能器；G—钢筋轴线

布置超声平测点时，宜使发射和接收换能器的连线与附近钢筋轴线成 40° ~ 50°，超声测距 l 宜采用 350 ~ 450 mm。

当对同一构件进行平测时，应对平测声速进行修正。

$$\lambda = v_{\mathrm{d}} / v_{\mathrm{p}} \tag{11-10}$$

式中　λ—— 修正系数；

v_{d}—— 同一构件的混凝土中对测声速值；

v_{p}—— 同一构件的混凝土中平测声速值。

当被测结构或构件不具备对测与平测的对比条件时，宜选取有代表性的部位，以测距 l = 200 mm、250 mm、300 mm、350 mm、400 mm、450 mm、500 mm，逐点测读相应声时值 t，用回归分析方法求出直线方程 $l = a + bt$。以回归系数 b 代替对测声速 v_{d}，再对各平测声速进行修正。

而《港口工程混凝土非破损检测技术规程》（JTJ/T 272—99）规定每一测区布置 4 个超声测点。

11.2.5　检测数据整理

1. 回弹测试

计算方法与 11.1 节相同，首先计算回弹测区代表值，然后对回弹依次进行角度修正和浇筑面修正。

2. 超声测试

（1）当在混凝土浇筑方向的侧面对测时，测区混凝土中声速代表值应根据该测区中 3 个测点的混凝土中声速值，按下式计算：

$$v = \frac{1}{3}\sum_{i=1}^{3}\frac{l_i}{t_i - t_0} \tag{11-11}$$

式中　v—— 测区混凝土中声速代表值；

l_i—— 第 i 个测点的超声测距（mm）；

t_i—— 第 i 个测点的声时读数（μs）；

t_0—— 声时初读数（μs）。

（2）当在混凝土浇筑方向的侧面进行平测时，修正后的混凝土中声速代表值应按下式计算：

$$v_a = \frac{\lambda}{3}\sum_{i=1}^{3}\frac{l_i}{t_i - t_0} \tag{11-12}$$

（3）当在混凝土浇筑的顶面或底面测试时，测区声速代表值应按下式修正：

$$v_a = \beta \cdot v \tag{11-13}$$

式中　v_a—— 修正后的测区混凝土中声速代表值（km/s）；

β—— 超声测试面的声速修正系数，在混凝土浇筑的顶面和底面间对测或斜测时，$\beta = 1.034$；在混凝土浇筑的顶面或底面平测时，测区混凝土中声速代表值应按下面方法对其修正。

（4）当在混凝土浇筑的顶面或底面平测时，测区声速代表值应按下式修正：

$$v_a = \frac{\lambda\beta}{3}\sum_{i=1}^{3}\frac{l_i}{t_i - t_0} \tag{11-14}$$

式中　β—— 超声测试面的声速修正系数，顶面平测 $\beta = 1.05$，底面平测 $\beta = 0.95$。

3. 计　算

（1）《超声回弹综合法检测混凝土强度技术规程》

当无专用和地区测强曲线时，可按下列全国统一测区混凝土抗压强度换算公式计算：

当粗骨料为卵石时：

$$f_{cu,i}^{c} = 0.0056 v_{ai}^{1.439} R_{ai}^{1.769} \tag{11-15}$$

当粗骨料为碎石时：

$$f_{cu,i}^{c} = 0.0162 v_{ai}^{1.656} R_{ai}^{1.410} \tag{11-16}$$

式中　$f_{cu,i}^{c}$—— 第 i 个测区混凝土抗压强度换算值（MPa），精确至 0.1 MPa。

（2）《港口工程混凝土非破损检测技术规程》

普通混凝土强度：

$$f_{cuvRo} = 0.008 m_v^{1.72} m_R^{1.57} \tag{11-17}$$

引气混凝土强度：

$$f_{cuvRo} = 0.04 m_v^{1.54} m_R^{1.30} \tag{11-18}$$

式中　f_{cuvRo}——混凝土推定强度值（MPa）。

4. 推定强度

（1）结构或构件混凝土抗压强度推定值 $f_{cu,e}$ 与 11.1 节推定方法相同。

（2）对按批量检测的构件，当一批构件的测区混凝土抗压强度标准差出现下列情况之一时，该批构件应全部重新按单个构件进行检测：

① 一批构件的混凝土抗压强度平均值 $m_{f_{cu}^c} < 25.0$ MPa，标准差 $s_{f_{cu}^c} > 4.5$ MPa。

② 一批构件的混凝土抗压强度平均值 $m_{f_{cu}^c} = 25.0 \sim 50.0$ MPa，标准差 $s_{f_{cu}^c} > 5.50$ MPa。

③ 一批构件的混凝土抗压强度平均值 $m_{f_{cu}^c} > 50.0$ MPa，标准差 $s_{f_{cu}^c} > 6.50$ MPa。

5. 结果修正

当结构或构件所采用的材料及其龄期与制定测强曲线所采用的材料及其龄期有较大差异时，应采用同条件立方体试件或从结构或构件测区中钻取的混凝土芯样试件的抗压强度进行修正。试件数量不应少于 4 个。此时，采用式（11-19）计算测区混凝土抗压强度换算值应乘以下列修正系数 η。

采用同条件立方体试件修正时：

$$\eta = \frac{1}{n}\sum_{i=1}^{n} f_{cu,i}^{o} / f_{cu,i}^{c} \tag{11-19（a）}$$

采用混凝土芯样试件修正时：

$$\eta = \frac{1}{n}\sum_{i=1}^{n} f_{cor,i}^{o} / f_{cu,i}^{c} \tag{11-19（b）}$$

式中 η —— 修正系数，精确至小数点后两位；

$f_{cu,i}^{c}$ —— 对应于第 i 个立方体试件或芯样试件的混凝土抗压强度换算值（MPa），精确至 0.1 MPa；

$f_{cu,i}^{o}$ —— 第 i 个混凝土立方体（边长 150 mm）试件的抗压强度实测值（MPa），精确至 0.1 MPa；

$f_{cor,i}^{o}$ —— 第 i 个混凝土芯样（$\phi 100 \times 100$ mm）试件的抗压强度实测值（MPa），精确至 0.1 MPa。

11.3 钻芯法检测混凝土强度

11.3.1 目的与适用范围

钻芯法检测混凝土强度是从混凝土结构物中钻取芯样来测定混凝土的抗压强度。当对试块抗压强度的测试结果有怀疑时，因材料、施工或养护不良而发生混凝土质量问题时，混凝土遭受冻害、火灾、化学侵蚀或其他损害时，需检测经多年使用的建筑结构或构筑物中混凝土强度时，均可采用钻芯法进行检测。当钻芯法与回弹法、超声-回弹综合法等混凝土强度间接测试方法配合使用时，可用芯样抗压强度值对间接方法的结果进行修正。

11.3.2 主要检测仪器

钻芯机，钢筋位置测定仪，研磨机，压力机，游标卡尺。

11.3.3 检测依据

（1）《钻芯法检测混凝土强度技术规程》（CECS 03：2007）；

（2）《普通混凝土力学性能试验方法标准》（GB/T 50081—2002）。

11.3.4　检测方法及要求

1. 检测前

（1）收集资料

在检测前需收集相关资料，如工程名称（或代号）及设计、施工、建设单位名称；结构或构件种类，外形尺寸及数量；设计采用的混凝土强度等级；成型日期，原材料（水泥品种，粗集料粒径等）和混凝土试块抗压强度试验报告；结构或构件质量状况和施工中存在问题的记录；有关的结构设计图和施工图等。

（2）确定钻取芯样部位

① 结构或构件受力较小的部位。

② 混凝土强度质量具有代表性的部位。

③ 便于钻芯机安放与操作的部位。

④ 避开主筋、预埋件和管线的位置，并尽量避开其他钢筋。

2. 芯样要求

（1）芯样数量

芯样试件的数量应根据检测批的容量确定。标准芯样试件的最小样本量不宜少于 15 个，小直径芯样试件的最小样本量应适当增加。芯样应从检测批的结构构件中随机抽取，每个芯样应取自一个构件或结构的局部部位，且取芯位置应符合上文提到的要求。

（2）芯样直径

抗压试验的芯样试件宜使用标准芯样试件，其公称直径不宜小于集料最大粒径的 3 倍；也可采用小直径芯样试件，但其公称直径不应小于 70 mm 且不得小于集料最大粒径的 2 倍。

（3）芯样高度

芯样抗压试件的高度和直径之比（H/d）宜为 1.00。

（4）芯样外观检查

每个芯样应详细描述有关裂缝、分层、麻面或离析等情况，并估计集料的最大粒径、形状种类及粗细集料的比例与级配，检查并记录存在气孔的位置、尺寸与分布情况，必要时应进行拍照。

（5）芯样测量

在试验前应按下列规定测量芯样试件的尺寸：

① 平均直径用游标卡尺在芯样试件中部相互垂直的两个位置上测量，取测量的算术平均值作为芯样试件的直径，精确至 0.5 mm。

② 芯样试件高度用钢卷尺或钢板尺进行测量，精确至 1 mm。

③ 垂直度用游标量角器测量芯样试件两个端面与母线的夹角，精确到 0.1°。

④ 平整度用钢板尺或角尺紧靠在芯样试件端面上，一面转动钢板尺，一面用塞尺测量钢板尺与芯样试件端面之间的缝隙，也可采用其他专用设备量测。

（6）芯样端面处理方法

锯切后的芯样应进行端面处理，宜采取在磨平机上磨平端面的处理方法。承受轴向压力芯样试件的端面，也可采取下列处理方法：

① 用环氧胶泥或聚合物水泥砂浆补平。

② 抗压强度低于 40 MPa 的芯样试件，可采用水泥砂浆、水泥净浆或聚合物水泥砂浆补平，补平层厚度不宜大于 5 mm；也可采用硫黄胶泥补平，补平层厚度不宜大于 1.5 mm。

（7）芯样试件内不宜含有钢筋。

当不能满足此项要求时，抗压试件应符合下列要求：

① 标准芯样试件，每个试件内最多只允许有 2 根直径小于 10 mm 的钢筋。

② 公称直径小于 100 mm 的芯样试件，每个试件内最多只允许有一根直径小于 10 mm 的钢筋。

③ 芯样内的钢筋应与芯样试件的轴线基本垂直并离开端面 10 mm 以上。

（8）芯样试件尺寸偏差及外观质量超过下列数值时，相应的测试数据无效：

① 芯样试件的实际高径比（H/d）小于要求高径比的 0.95 或大于 1.05。

② 沿芯样试件高度的任一直径与平均直径相差大于 2 mm。

③ 抗压芯样试件端面的不平整度在 10 mm 长度内大于 0.1 mm。

④ 芯样试件端面与轴线的不垂直度大于 1°。

⑤ 芯样有裂缝或有其他较大缺陷。

3. 抗压强度试验

（1）芯样试件宜在与被检测结构或构件混凝土湿度基本一致的条件下进行抗压试验。如结构工作条件比较干燥，芯样试件应以自然干燥状态进行试验；如结构工作条件比较潮湿，芯样试件应以潮湿状态进行试验。

（2）按自然干燥状态进行试验时，芯样试件在受压前应在室内自然干燥 3 d，按潮湿状态进行试验时，芯样试件应在（20 ± 5）°C 的清水中浸泡 40 ~ 48 h，从水中取出后应立即进行抗压试验。

11.3.5 检测数据整理

1. 芯样试件混凝土强度换算值

可按下式计算：

$$f_{\rm cu,cor}=F_{\rm c}/A \tag{11-20}$$

式中 $f_{\rm cu,cor}$—— 芯样试件混凝土强度换算值（MPa）;

$F_{\rm c}$—— 芯样试件抗压试验测得的最大压力（N）;

A—— 芯样试件抗压截面面积（$\rm mm^2$）。

2. 钻芯确定混凝土强度推定值

（1）检测批混凝土强度的推定值应按下列方法确定：

① 检测批的混凝土强度推定值应计算推定区间，推定区间的上限值和下限值按下列公式计算。

上限值：

$$f_{\rm cu,e1}=f_{\rm cu,cor,m}-k_1S_{\rm cor} \tag{11-21}$$

下限值：

$$f_{\rm cu,e2}=f_{\rm cu,cor,m}-k_2S_{\rm cor} \tag{11-22}$$

平均值：

$$f_{cu,cor,m}=\frac{\sum_{i=1}^{n}f_{cu,cor,i}}{n} \tag{11-23}$$

标准差：

$$S_{cor}=\sqrt{\frac{\sum_{i=1}^{n}(f_{cu,cor,i}-f_{cu,cor,m})^2}{n-1}} \tag{11-24}$$

式中　$f_{cu,cor,m}$——芯样试件的混凝土抗压强度平均值（MPa），精确至 0.1 MPa；

$f_{cu,cor,i}$——单个芯样试件的混凝土抗压强度值（MPa），精确至 0.1 MPa；

$f_{cu,e1}$——混凝土抗压强度推定上限值（MPa），精确至 0.1 MPa；

$f_{cu,e2}$——混凝土抗压强度推定下限值（MPa），精确至 0.1 MPa；

k_1、k_2——推定区间上限值系数和下限值系数，按表 11-3 查得；

S_{cor}——芯样试件抗压强度样本的标准差（MPa），精确至 0.1 MPa。

在置信度为 0.85 的条件下，试件数与上限值系数、下限值系数的关系见表 11-3。

表 11-3　上限值系数、下限值系数

试件数 n	k_1（0.10）	k_2（0.05）	试件数 n	k_1（0.10）	k_2（0.05）
15	1.222	2.566	37	1.36	2.149
16	1.234	2.524	38	1.363	2.141
17	1.244	2.486	39	1.366	2.133
18	1.254	2.453	40	1.369	2.125
19	1.263	2.423	41	1.372	2.118
20	1.271	2.306	42	1.375	2.111
21	1.279	2.371	43	1.378	2.105
22	1.286	2.349	44	1.381	2.098
23	1.293	2.328	45	1.383	2.092
24	1.3	2.309	46	1.386	2.086
25	1.306	2.292	47	1.389	2.081
26	1.311	2.275	48	1.391	2.075
27	1.317	2.26	49	1.393	2.07
28	1.322	2.246	50	1.396	2.065
29	1.327	2.232	60	1.415	2.022
30	1.332	2.22	70	1.431	1.99
31	1.336	2.208	80	1.444	1.964
32	1.341	2.197	90	1.454	1.944
33	1.345	2.186	100	1.463	1.927
34	1.349	2.176	110	1.471	1.912
35	1.352	2.167	120	1.478	1.899
36	1.356	2.158			

② $f_{cu,e1}$ 和 $f_{cu,e2}$ 所构成推定区间置信度宜为 0.85，$f_{cu,e1}$ 和 $f_{cu,e2}$ 之间的差值不宜大于 5.0 MPa 和 0.10 $f_{cu,cor,m}$ 两者的较大值。

③ 宜以 $f_{cu,e1}$ 作为检测批混凝土强度的推定值。

④ 钻芯确定检测批混凝土强度推定值时，可剔除芯样试件抗压强度样本中的异常值。剔除规则应按现行国家标准《数据的统计处理和解释正态样本异常值的判断和处理》（GB/T 4883—2008）的规定执行。当确有试验依据时，可对芯样试件抗压强度样本的标准差 S_{cor}，进行符合实际情况的修正或调整。

（2）检测单个构件混凝土强度的推定值应按下列方法确定：

① 钻芯确定单个构件的混凝土强度推定值时，有效芯样试件的数量不应少于 3 个；对于较小构件，有效芯样试件的数量不得少于 2 个。

② 单个构件的混凝土强度推定值不再进行数据的舍弃，而应按有效芯样试件混凝土抗压强度值中的最小值确定。

3. 钻芯修正方法

（1）对间接测强方法进行钻芯修正时，宜采用修正量的方法，也可采用其他形式的修正方法。

（2）当采用修正量的方法时，芯样试件的数量和取芯位置应符合下列要求：标准芯样试件的数量不应少于 6 个，小直径芯样试件数量宜适当增加；芯样应从采用间接检测方法的结构构件中随机抽取；当采用的间接检测方法为无损检测方法时，钻芯位置应与间接检测方法相应的测区重合；当采用的间接检测方法对结构构件有损伤时，钻芯位置应布置在相应测区的附近。

（3）钻芯修正后的换算强度可按下列公式计算：

$$f_{cu,i0}^{c} = f_{cu,i}^{c} + \Delta f \quad [11\text{-}25（a）]$$

$$\Delta f = f_{cu,cor,m} - f_{cu,mi}^{c} \quad [11\text{-}25（b）]$$

式中 $f_{cu,i0}^{c}$ —— 修正后的换算强度；

$f_{cu,i}^{c}$ —— 修正前的换算强度；

Δf —— 修正量；

$f_{cu,mi}^{c}$ —— 所用间接检测方法对应芯样测区的换算强度的算术平均值。

（4）由钻芯修正方法确定检测批的混凝土强度推定值时，应采用修正后的样本算术平均值和标准差，并按前面规定的方法确定。

11.4 超声法检测混凝土结构缺陷

11.4.1 检测目的

通过使用超声法对混凝土结构或构件中存在的裂缝深度、不密实区和空洞、分次浇筑的混凝土结合面质量、混凝土表面损伤层厚度、混凝土均质性等方面进行准确的检测和评定。

11.4.2 主要检测仪器

混凝土超声波检测仪。

11.4.3　检测依据

（1）《超声法检测混凝土缺陷技术规程》（CECS 21：2000）；

（2）《公路桥涵养护规范》（JTG H11—2004）；

（3）《城市桥梁养护技术规范》（CJJ 99—2003）。

11.4.4　混凝土裂缝深度检测

超声法检测混凝土裂缝深度，一般根据被测裂缝所处部位的具体情况，采用单面平测法、双面斜对测法或钻孔测法。

1. 单面平测法

当混凝土结构被测部位只有一个表面可供超声检测时，可采用单面平测法进行裂缝深度检测，如混凝土路面、飞机跑道、隧道、洞窟建筑裂缝检测以及其他大体积混凝土的浅裂缝检测。

（1）适用范围

① 适用于检测深度为 500 mm 以内的裂缝。

② 结构的裂缝部位只有一个可测表面。

（2）检测步骤

① 选择被测裂缝较宽、尽量避开钢筋的影响且便于测试操作的部位。

② 打磨清理混凝土表面。当被测部位不平整时，应打磨、清理表面，以保证换能器与混凝土表面耦合良好。

③ 布置超声测点。所测的每一条裂缝，在布置跨缝测点的同时，都应该在其附近布置不跨缝测点。测点间距一般可设 T、R 换能器内边缘，$l_1' = 50 \sim 100$ mm，$l_2' = 2l_1'$，$l_3' = 3l_1'$，…，如图 11-4 所示。

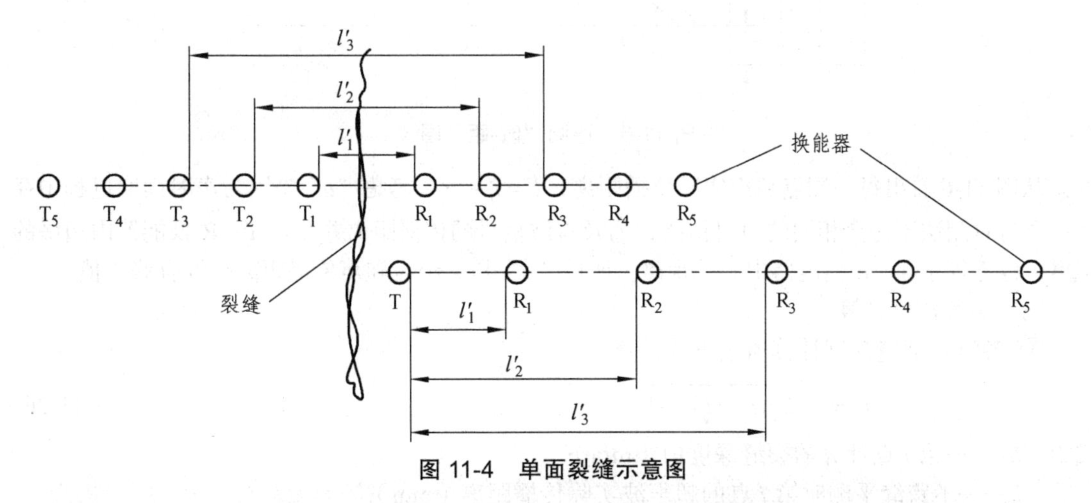

图 11-4　单面裂缝示意图

④ 分别以适当不同的间距作跨缝超声测试。跨缝测试过程中注意观察首波相位变化。记录首波反相时的测试距离 l'。在模拟试验和工程检测中，跨缝测试常出现首波相位翻转现象，如图 11-5 所示。

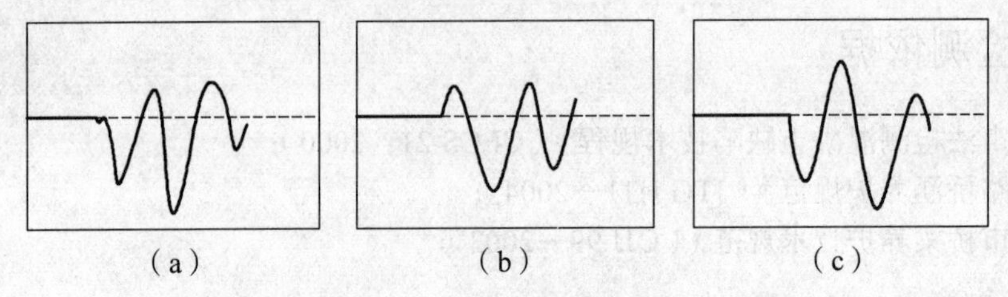

图 11-5　首波反相示意图

实践表明首波反相时的测距 l' 与裂缝深度 h_0 存在一定关系，其关系式是 $l'/2 \approx h_0$。在实验室模拟带裂缝试件及工程检测中发现，当被测结构断面尺寸较大，且不存在边界面及钢筋影响的情况下，首波反相最为明显。当 $l'/2 > h_0$，首波呈现如同换能器对测时一样的波形，即首波拐点向下为山谷状，如图 11-5（a）所示。当 $l'/2 < h_0$ 的情况下各测点首波都反相，即首波拐点向上为山峰状，如图 11-5（b）所示。此时如果改变换能器平测距离，使 $l'/2 > h_0$，首波相位恢复正常，如图 11-5（c）所示。

⑤ 求不跨缝各测点的声波实际传播距离 l' 及混凝土声速 v。

a. 用回归分析方法：$l' = a + bt_i$（mm）；a、b 为回归系数，混凝土声速 $v = b$（km/s）。

b. 绘制“时-距”坐标图，如图 11-6 所示。

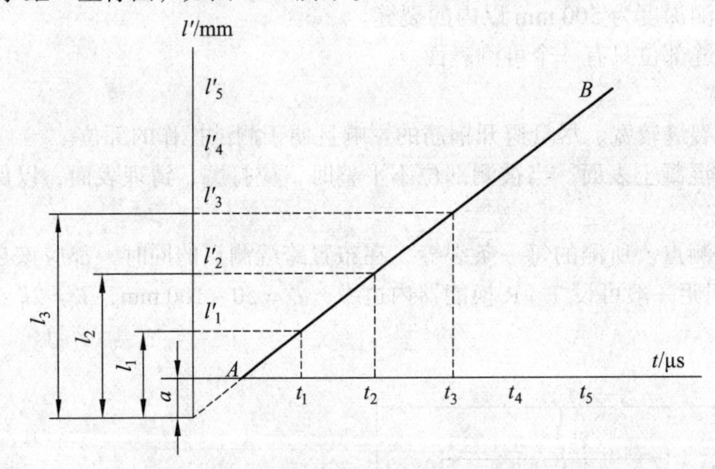

图 11-6　评测“时-距”图

从图 11-6 看出每一测点超声实际传播距离，$l_i = l_i' + |a|$，考虑“a”是因为声时读取过程中存在一个与对测法不完全相同的声时初读数 t_0 及首波信号的传播距离并非是 T、R 换能器内边缘的距离，也不等于 T、R 换能器中心的距离，所以“a”是一个 t_0 和声传播距离的综合修正值。

（3）裂缝深度计算

① 各测点裂缝深度计算值按下式计算。

$$h_{ci} = l_i / 2\sqrt{(t_i^0 v / l_i)^2 - 1} \tag{11-26}$$

式中　h_{ci}——第 i 点计算的裂缝深度值（mm）；

l_i——不跨缝平测时第 i 点的超声波实际传播距离（mm）；

t_i^0——第 i 点跨缝平测的声时值（μs）；

v——不跨缝平测的混凝土声速值（km/s）。

② 测试部位裂缝深度的平均值按下式计算。

$$m_{hc} = 1/n\sum h_{ci} \tag{11-27}$$

式中　m_{hc}——各测点计算裂缝深度的平均值（mm）;

n ——测点数。

单面平测法是基于裂缝中完全充满空气，超声波只能绕过裂缝末端传播到接收换能器，当裂缝中填充了水或泥浆，超声波将通过水耦合层穿过裂缝直接到达接收换能器，不能反映裂缝的真实深度。因此，检测时裂缝中不得填充水和泥浆。

当有钢筋穿过裂缝时，如果 T、R 换能器的连线靠近该钢筋，则沿钢筋传播的超声波首先到达接受换能器，检测结果也不能反映裂缝的真实深度。因此，布置测点时应用 T、R 换能器的连线离开穿缝钢筋一定距离，但实际工程中很难离开足够距离，一般采用使 T、R 换能器连线与穿缝钢筋轴线保持一定夹角（40° ~ 50°）的方法加以解决。

2. 双面斜测法

由于实际裂缝中不可能被空气完全隔开，总是存在局部连通点，单面平测时超声波的一部分绕过裂缝末端传播，另一部分穿过裂缝中的连通点，以不同声程到达接收换能器，在仪器接收信号首波附近形成一些干扰波，严重时会影响首波起始点的辨认，如操作人员经验不足，便产生较大的测试误差。所以，当混凝土结构的裂缝部位，具有一对相互平行的表面时，宜优先选用双面斜测法。

（1）适应范围

只要裂缝部位具有两个相互平行的表面，都可用等距斜测法检测。如常见的梁、柱及其结合部位。这种方法较直观，检测结果较为可靠。

（2）检测方法

如图 11-7 所示，采用等测距、等斜角的跨缝与不跨缝的斜测法检测。

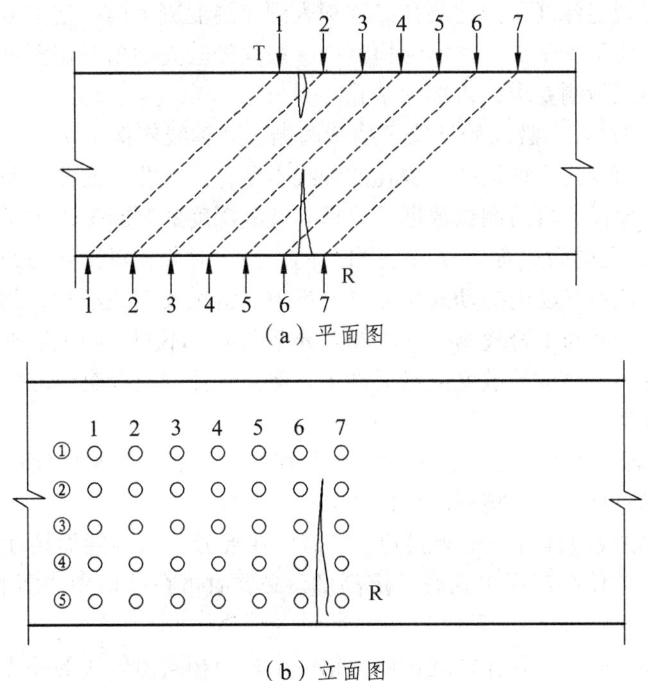

图 11-7　斜测裂缝测点布置示意图

（3）裂缝深度判定

该方法是在保持 T、R 换能器连线的距离相等、倾斜角一致的条件下进行跨缝与不跨缝检测，分别读取相应的声时、波幅和主频值。当 T、R 换能器连线通过裂缝时，由于混凝土失去连续性，超声波在裂缝界面上产生很大衰减，仪器接收到的首波信号很微弱，其波幅、声时测值与不跨缝测点相比较，存在显著差异（一般波幅差异最明显）。据此便可判定裂缝深度以及是否在所处断面内贯通。

3. 钻孔对测法

对于水坝、桥墩、大型设备基础等大体积混凝土结构，在浇筑混凝土过程中由于水泥的水化热散失较慢，混凝土内部温度比表面高，在结构断面形成较大的温度梯度，内部混凝土的热膨胀量大于表面混凝土，使表面混凝土产生拉应力。当由温差引起的拉应力大于混凝土抗拉强度时，便在混凝土表面产生裂缝。温差越大，形成的拉应力越大，混凝土裂缝越深。因此，大体积混凝土在施工过程中，往往因均温措施不力而造成混凝土裂缝。对于大体积混凝土裂缝检测，一般不宜采用单面平测法，即使被测部位具有一对相互平行的表面，因其测距过大，测试灵敏度满足不了检测仪器的要求，也不能在平行表面进行检测，一般多采用钻孔法检测。

（1）适应范围

适用于水坝、桥墩、承台等大体积混凝土，预计深度在 500 mm 以上的裂缝检测，被测混凝土结构允许在裂缝两侧钻测试孔。

（2）对测试孔的要求

① 孔径应比所用换能器直径大 5 ~ 10 mm，以便换能器在孔中移动顺畅。

② 测孔深度应比所测裂缝深 600 ~ 800 mm。本测试方法是以超声波通过有缝和无缝混凝土的波幅变化来判定裂缝深度，因此测孔必须深入到无缝混凝土内一定深度，为便于判别，通过无缝混凝土的测点应不少于 3 个。实际检测中一般凭经验先钻出一定深度的孔，通过测试，如发现测孔深度达不到检测要求，再加深钻孔。

③ 对应的两个测试孔，必须始终位于裂缝两侧，其轴线应保持平行。因声时和波幅测值随着测试距离的改变而变化，如果两个测孔的轴线不平行，各测点的测试距离不一致，读取的声时和波幅值缺乏可比性，将给测试数据的分析和裂缝深度的判断带来困难。

④ 两个对应测试孔的间距宜为 2 m 左右，同一检测对象各对测孔间距宜保持相同。根据目前一般超声波检测仪器和径向振动式换能器的灵敏度情况及实践经验，测孔间距过大，超声波接收信号很微弱，跨缝与不跨缝测得的波幅差异不明显，不利于测试数据分析和裂缝深度判定。如果测孔间距过小，测试灵敏度虽然提高了，但是延伸的裂缝有可能位于两个测孔的连线之外，造成漏检和误判。

⑤ 孔中粉末碎屑应清理干净。如果测孔中存在粉尘碎屑，注水后便形成悬浮液，使超声波在测孔中大量散射而衰减，影响测试数据的分析和判断。

⑥ 横向测孔的轴线应具有一定倾斜角。当需要在混凝土结构侧面钻横向测试孔时，为保证测孔中能蓄满水，应使孔口高出孔底一定高度。必要时可在孔口做“围堰”，以提高测孔的水位。

⑦ 如图 11-8（a）所示，宜在裂缝一侧多钻一个孔距相同但较浅的孔（C），通过 B、C 两孔测量无裂缝混凝土的声学参数。

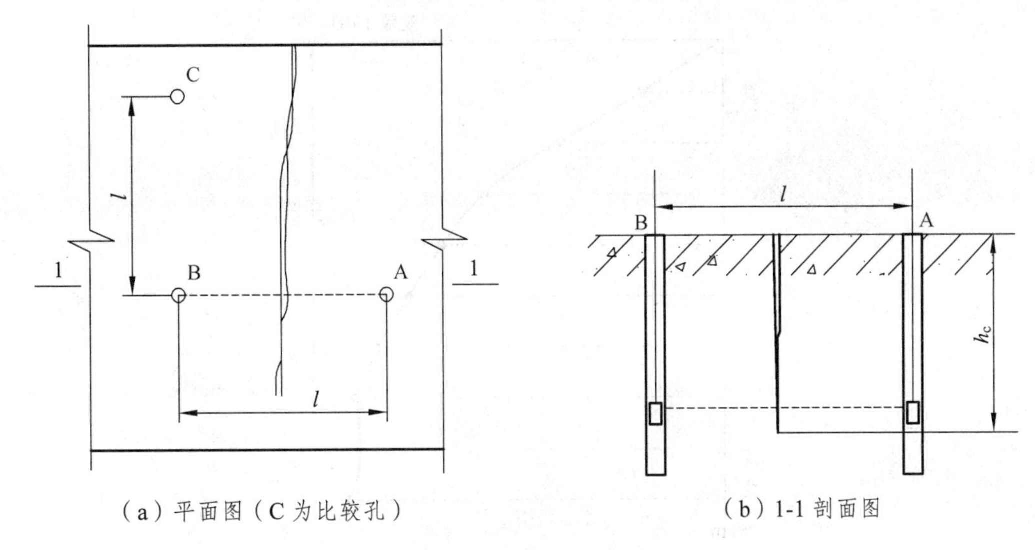

（a）平面图（C 为比较孔）　　（b）1-1 剖面图

图 11-8　钻孔测裂缝深度

（3）测试方法

① 在钻孔中检测时，应采用频率为 20 ~ 60 kHz 的径向振动式换能器。为提高测试灵敏度，接收换能器宜带有前置放大器。

② 向钻孔注满清水并检查是否有漏水现象。如果发现漏水较快，说明该测孔与裂缝相交，应重新钻孔。

③ 先将两个换能器分别置于图 11-8（a）所示的 B、C 两孔中，测量无缝混凝土的声时、波幅值。检测时，根据混凝土实际情况，将仪器发射电压、采样频率等参数调整至首波信号足够高，且清晰稳定，在固定仪器参数的条件下，将 T、R 换能器保持相同高度，自上而下等间距同步移动，逐点测读声时、波幅及换能器所处深度。然后再将两个换能器分别置于 A、B 两孔中，以相同方法逐点测读声时、波幅及换能器所处深度。

（4）裂缝深度判断

混凝土结构产生裂缝，总是表面较宽，越向里深入越窄直至完全闭合，而且裂缝两侧的混凝土不可能被空气完全隔开，个别地方被石子、砂粒等固体介质所连通，裂缝越宽连通的地方越少。反之，裂缝越窄连通点越多。当 T、R 换能器连线通过裂缝时，超声波的一部分被空气层反射，一部分通过连通点穿过裂缝传播到接收换能器，成为仪器的首波信号，随着连通点增多超声波穿过裂缝的部分增加。就是说 T、R 换能器连线通过裂缝的测点，超声传播距离仍然为两个对应测孔的间距，只是随着裂缝宽度的变化，接收到的声波能量发生明显变化。因此跨缝与不跨缝的测点，其声时差异不明显，而波幅差异却很大，且随着裂缝宽度减小波幅值增大，直至两个换能器连线超过裂缝末端，波幅达到最大值。所以此种检测方法需用深度（h_c）-波幅（A）坐标图来判定混凝土裂缝深度。如图 11-9 所示，随着换能器位置的下移，波幅值逐渐增大，当换能器下移至某一位置后，波幅达到最大值并基本保持稳定，该位置对应的深度，便是所测裂缝的深度值 h_c。

（5）检测注意事项

① 混凝土不均匀性的影响。当放置 T、R 换能器的测孔之间混凝土质量不均匀或者存在不密实或空洞时，将使 h-A 曲线偏离原来趋向，此时应注意识别和判断，以免产生误判。

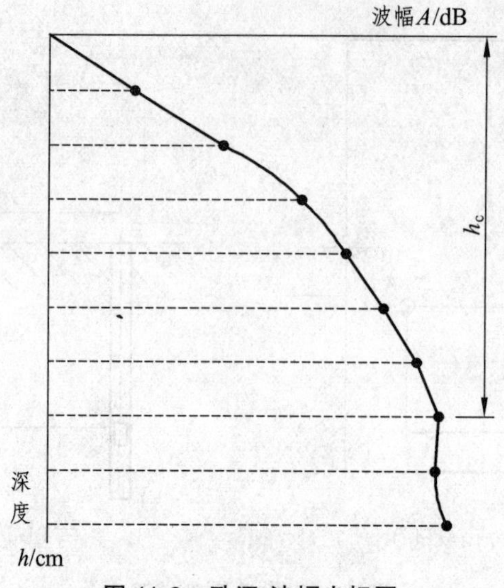

图 11-9 孔深-波幅坐标图

② 温度和外力的影响。由于混凝土本身存在较大的体积变形，当温度升高而膨胀时其裂缝变窄甚至完全闭合。当混凝土结构在外力作用下，其受压区的裂缝也会产生类似变化。在这种情况下进行超声检测，难以正确判断裂缝深度。因此，最好在气温较低的季节或结构卸荷状态下进行裂缝检测。

③ 钢筋的影响。当有主钢筋穿过裂缝且靠近一对测孔，T、R 换能器又处于该钢筋的高度时，大部分超声波将沿钢筋传播到接收换能器，波幅测值难以反映裂缝的存在，检测时应注意判别。

④ 水分的影响。当裂缝中充满水时，绝大部分超声波经水穿过裂缝传播到接收换能器，使得有无裂缝的波幅值无明显差异，难以判断裂缝深度。因此，检测时被测裂缝中不应填充水或泥浆。当有钢筋穿过裂缝时，如果 T、R 换能器的连线靠近该钢筋，则沿钢筋传播的超声波首先到达接收换能器，检测结果也不能反映裂缝的真实深度。因此，布置测点时应使 T、R 换能器的连线离开穿缝钢筋一定距离，但实际工程中很难离开足够距离，一般采用使 T、R 换能器连线与穿缝钢筋轴线保持一定夹角（40° ~ 50°）的方法予以解决。

11.4.5 混凝土不密实区和空洞检测

1. 概念及适用范围

所谓不密实区，是指因振捣不够、漏浆或石子架空等造成的蜂窝状，或因缺少水泥而形成的松散状以及遭受意外损伤所产生的疏松状混凝土区域。尤其是体积较大的结构或构件，因混凝土浇灌量大，且不允许产生施工缝必须连续浇灌。因此施工管理稍有疏忽，便会产生漏振或混凝土拌和物离析等现象。对这种隐蔽在结构内部的缺陷，如不及时查明情况并作适当的技术处理，其后果是很难设想的。

2. 检测方法

混凝土内部缺陷范围无法凭直觉判断，一般根据现场施工记录和外观质量情况，或在使用过程中出现质量问题而怀疑混凝土内部可能存在缺陷，其位置只是大致的，因此对这类缺陷进行检测时，测试范围一般都要大于所怀疑的区域，或者先进行大范围粗测，根据粗测的数据情况再着重对可疑区域进行细测。检测时一般根据被测结构实际情况选用适宜的测试方法。

（1）对测法

对测法适用于具有两对相互平行表面的构件检测，测点布置如图 11-10 所示。检测时，先将 T、R 换能器分别置于其中一对相互平行测试面的对应测点上，逐点测读声时、波幅和主频值。当某些测点的数据存在异常时，除了清理表面进行复测外，还需将 T、R 换能器分别置于另一对相互平行的测试面上，逐点进行检测，以便判断缺陷的位置和范围。对测法简单省事，两个方向测完即可根据声时、波幅的变化情况判定缺陷的空间位置。

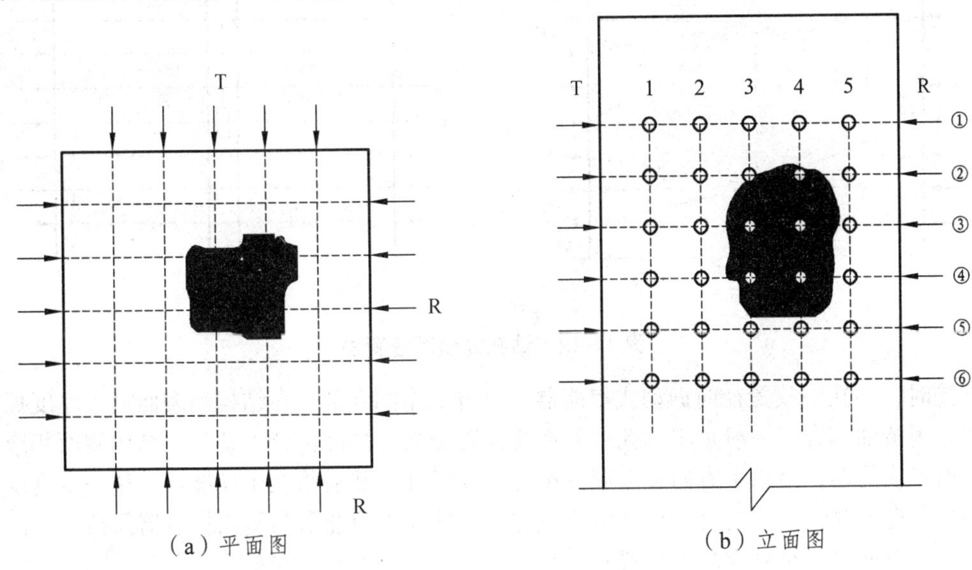

图 11-10　对测法示意图

（2）斜测法

斜测法适用于只有一对相互平行表面的构件检测。测试步骤同对测法，一般是在对测的基础上围绕可疑测点进行斜测（包括水平方向和竖直方向的斜测），以确定缺陷的空间位置。测点布置如图 11-11 所示。

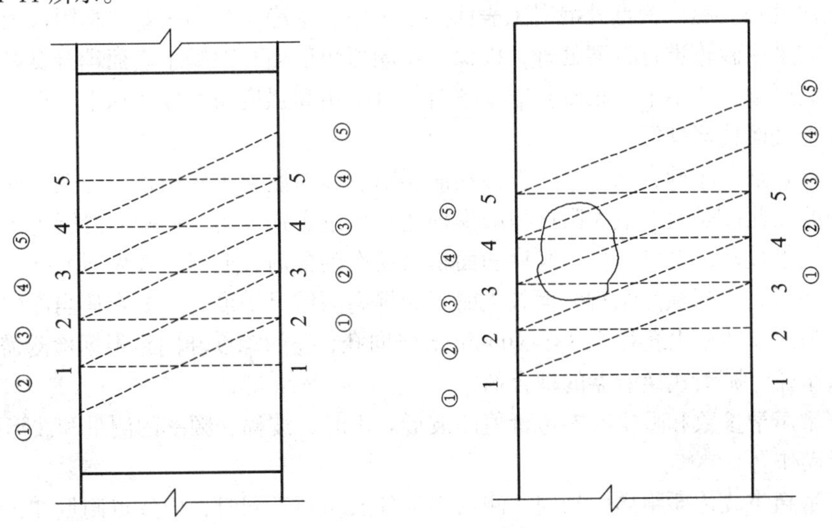

图 11-11　斜测法示意图

（3）钻孔测法

对于断面较大的结构，虽然具有一对或两对相互平行的表面，但测距太大，若穿过整个断面测试，接收信号很弱甚至接收不到信号。为了提高测试灵敏度，可在适当位置钻测试孔或预埋声测管，以缩短测距。测点布置如图 11-12 所示。

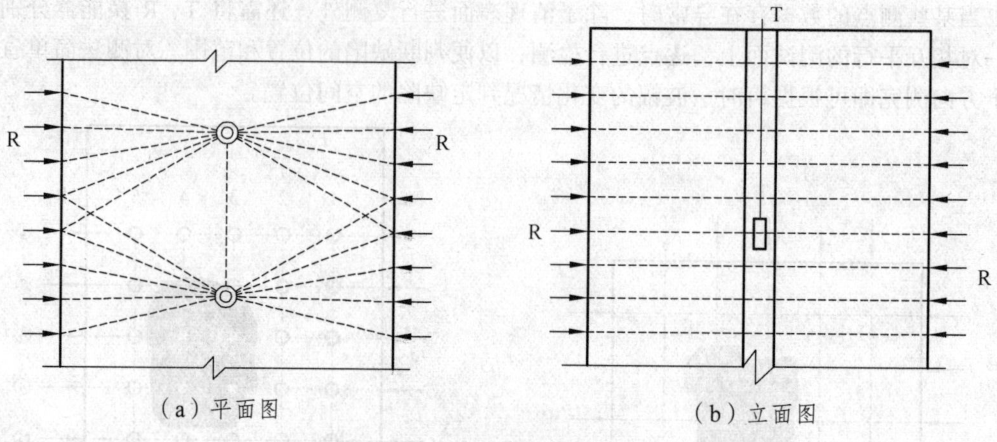

（a）平面图　　（b）立面图

图 11-12　钻孔或预埋管测法

检测时，钻孔中放置径向振动式换能器，用清水作耦合剂，在结构侧表面放置厚度振动式换能器，用黄油耦合。一般是将钻孔中的换能器置于某一高度保持不动，在结构侧面相应高度放置平面式换能器，沿水平方向逐点测读声 t_i 和波幅 A_i，然后将孔中换能器调整一定高度，再沿水平方向逐点测试。必要时也可以沿竖直方向，使孔中换能器与侧面换能器保持一定高度差进行测试，以便进一步判定缺陷位置。

3. 测试步骤

（1）布点画线。在结构或构件被测部位两对（或一对）相互平行的表面，分别画出等间距（间距大小可根据构件被测部位断面大小及混凝土外观质量情况确定，一般为 100 ~ 300 mm）网格线，并在两个相对表面的网格交叉点编号，定出 T、R 换能器对应测点位置。

（2）表面处理。超声测点处混凝土表面必须平整、干净。对不平整或粘附有泥砂等杂物的测点表面，应采用砂轮进行打磨处理，以保证换能器辐射面与混凝土表面耦合良好；当测试表面存在麻面或严重凹凸不平，很难打磨平整时，可采用高强度快凝砂浆抹平，但必须保证抹平砂浆与混凝土表面粘接良好。

（3）涂耦合剂。涂耦合剂是为了保证换能器辐射面与混凝土表面达到完全平面接触，以确保超声脉冲波在此接触面上最大限度地减少损耗。大量实践证明，钙基润滑脂（黄油）和凡士林作耦合剂效果最好，也可用化学浆糊和面粉浆糊作耦合剂，但耦合效果不太好。

（4）钻测试孔。当被测结构断面较大时，为提高测试灵敏度，需要在适当部位钻测试孔。一般采用电锤或风钻钻出孔径为 38 ~ 40 mm 的竖向孔，孔的深度和间距根据检测需要确定，孔中注满清水作径向振动式换能器的耦合剂。

（5）测量声学参数和采集有参考价值的波形。声时、波幅、频率的测量和波形的采集应正确无误进行操作。

（6）测量超声波传播距离。当同一测试部位各点测距不同时，应逐点测量 T、R 换能器之间的距离，一般要求精确至 1%。

（7）描绘所测部位的测点布置示意图。现场描绘测点布置示意图，有助于数据分析判断，也便于出报告时绘制缺陷位置图。

（8）分析处理数据。这是一个极其重要的环节，根据对各声学参数的分析处理，并结合检测人员实践经验，进行综合判断，从而获取被测对象的真实信息，以便对被测混凝土给出正确评价。

（9）出具检测报告。检测报告是整个工程检测的最终成果，必须以科学、认真、求实的态度编写。

4. 数据处理及判断

（1）混凝土内部缺陷判断的特殊性

混凝土内部缺陷判断，比金属内部缺陷判断复杂得多。金属是均质材料，只要材料型号一定，其声速值基本固定，用标准试件校准好仪器，可以用高频超声反射法，直接在工件上测出缺陷的位置和大小。

而混凝土是非均质材料，它是固-液-气三相混合体，而且固相中，粗骨料的品种、级配差异较大，即使无缺陷的正常混凝土，测得的声速、波幅和主频等参数都会在相当大的范围内波动。因此，不可能用一个固定的临界指标作为判断缺陷的标准，一般都利用概率统计法进行判断。

（2）利用概率统计法判断混凝土内部缺陷的原理

对于混凝土超声测缺技术来讲，一般认为正常混凝土的质量服从正态分布，在测试条件基本一致，且无其他因素影响的情况下，其声速、波幅、频率观测值也基本属于正态分布。在一系列观测数据中，凡属于混凝土本身不均匀性或测试中的随机误差带来的数值波动，都应服从统计规律，处在所给定的置信范围以内。在混凝土缺陷超声检测中，凡遇到读数异常的测点，一般都要查明原因（如表面是否平整、耦合层中有否砂粒或测点附近有否预埋件、空壳等）。并清除或避开干扰因素进行复测。因此，可以说基本不存在观测失误的问题。出现异常值，必然是混凝土本身性质改变所致。这就是利用统计学方法判定混凝土内部缺陷的基本思想。

（3）测试部位声学参数平均值（m_x）和标准差（S_x）的计算

$$m_x = \sum x_i / n \tag{11-28}$$

$$S_x = \sqrt{(\sum x_i^2 - nm_x^2)/(n-1)} \tag{11-29}$$

式中　x_i —— 第 i 点声学参数测量值；

　　　n —— 参与统计的测点数。

（4）异常测点判断

将同一测试部位各测点的波幅、声速或主频值由大至小按顺序分别排列，即 $x_1 \geqslant x_2 \geqslant x_3 \cdots \geqslant x_n \geqslant x_{n+1}$，将排在后面明显小的数据视为可疑，再将这些可疑数据中最大的一个（假定 X_n）连同其前面的数据计算出小 m_x 及 S_x 值，并按下式计算异常数据的判断值（X_0）。

$$X_0 = m_x - \lambda_1 S_x \tag{11-30}$$

式中，λ_1 按表 11-4 取值。

表 11-4　统计数据的个数 n 与对应的 λ_1、λ_2、λ_3 值

n	10	12	14	16	18	20	22	24	26	28
λ_1	1.45	1.50	1.54	1.58	1.62	1.65	1.69	1.73	1.77	1.80
λ_2	1.12	1.15	1.18	1.20	1.23	1.25	1.27	1.29	1.31	1.33
λ_3	0.91	0.94	0.98	1.00	1.03	1.05	1.07	1.09	1.11	1.12
n	30	32	34	36	38	40	42	44	46	48
λ_1	1.83	1.86	1.89	1.92	1.94	1.96	1.98	2.00	2.02	2.04
λ_2	1.34	1.36	1.37	1.38	1.39	1.41	1.42	1.43	1.44	1.45
λ_3	1.14	1.16	1.17	1.18	1.19	1.20	1.22	1.23	1.25	1.26
n	50	52	54	56	58	60	62	64	66	68
λ_1	2.05	2.07	2.09	2.10	2.12	2.13	2.14	2.15	2.17	2.18
λ_2	1.46	1.47	1.48	1.49	1.49	1.50	1.51	1.52	1.53	1.53
λ_3	1.27	1.28	1.29	1.30	1.31	1.31	1.32	1.33	1.34	1.35
n	70	72	74	76	78	80	82	84	86	88
λ_1	2.19	2.20	2.21	2.22	2.23	2.24	2.25	2.26	2.27	2.28
λ_2	1.54	1.55	1.56	1.56	1.57	1.58	1.58	1.59	1.60	1.61
λ_3	1.36	1.36	1.37	1.38	1.39	1.39	1.40	1.41	1.42	1.42
n	90	92	94	96	98	100	105	110	115	120
λ_1	2.29	2.30	2.30	2.31	2.31	2.32	2.35	2.36	2.38	2.40
λ_2	1.61	1.62	1.62	1.63	1.63	1.64	1.65	1.66	1.67	1.68
λ_3	1.43	1.44	1.45	1.45	1.45	1.46	1.47	1.48	1.49	1.51
n	125	130	140	150	160	170	180	190	200	210
λ_1	2.41	2.43	2.45	2.48	2.50	2.53	2.56	2.59	2.62	2.65
λ_2	1.69	1.71	1.73	1.75	1.77	1.79	1.80	1.82	1.84	1.85
λ_3	1.53	1.54	1.56	1.58	1.59	1.61	1.62	1.65	1.67	1.70

将判断值（X_0）与可疑数据的最大值（X_n）相比较，当 $X_n<X_0$ 时，则 X_n 及排列于其后的各数据均为异常值，应将 X_n 及其后面测值剔除。此时，判别尚未结束，排列于 X_n 之前的测值中可能还包含有异常数据。因此，再用 $X_1 \sim X_{n-1}$ 进行计算和判别，直至判不出异常值为止。当 $X_n > X_0$ 时，说明 X_n 为正常值，应再将 X_{n+1} 放进去重新进行计算和判别，依次类推。

（5）异常测点相邻点的判断

当一个测试部位中判出异常测点时，在某些异常测点附近，可能存在处于缺陷边缘的测点，为了提高缺陷范围判断的准确性，可对异常数据相邻点进行判别。

根据异常测点的分布情况，按下列公式进一步判别其相邻测点是否异常。

$$X_0 = m_x - \lambda_2 S_x \tag{11-31}$$

$$X_0 = m_x - \lambda_3 S_x \tag{11-32}$$

式中 λ_2、λ_3 按表 11-4 取值。当测点布置为网格状时（如在构件两个相互平行表面检测）取 λ_2；当单排布置测点时（如在声测孔中检测）取 λ_3。异常数据判断值 X_0 是参照数理统计学判断

异常值方法确定的。但与传统的 m_x-2S_x 或 m_x-3S_x 不同，在混凝土缺陷超声检测中，测点数量变化范围很大，采用固定的 2 倍或 3 倍标准差判断，置信概率不统一，容易造成漏判或误判。因此，这里的λ_1、λ_2、λ_3是随着测点数 n 的变化而改变的。

λ_i是基于在以次测量中，取异常值不可能出现的个数为1，对于正态分布，异常测点不可能出现的概率为：$P(\lambda_1)=1/n$。

λ_2、λ_3是基于在 n 次测量中，相邻两点不可能同时出现的概率是：

$P(\lambda_2)=1/2\sqrt{1/n}$（用平面式换能器穿透测试）；

$P(\lambda_3)=\sqrt{1/2n}$（用径向振动式换能器在钻孔或预埋管中测试）。

表 11-4 中的λ_1、λ_2、λ_3是根据以上三个关系式，按统计数据的个数“n”在正态分布表中查得。异常值判断流程如图 11-13 所示。

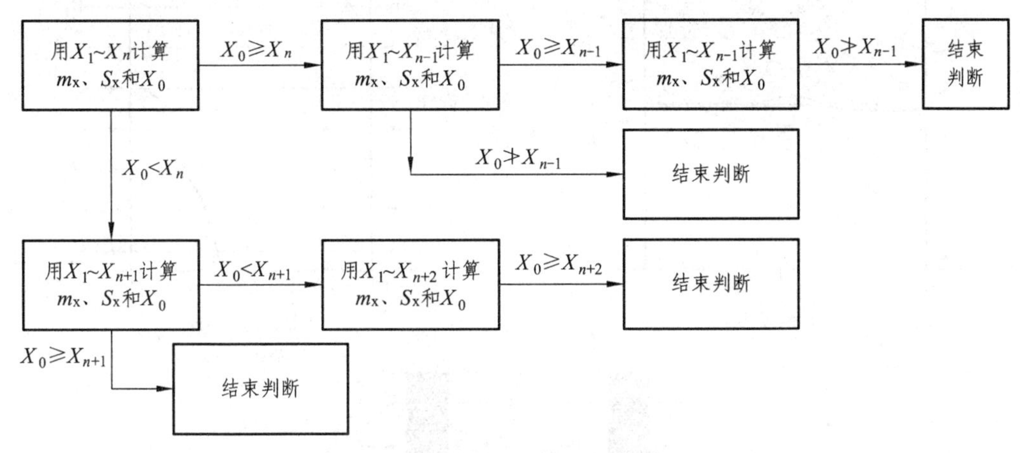

图 11-13　异常值判断流程示意图

利用专门软件可同时进行异常测点及其相邻点的判断。

11.4.6　分次浇筑的混凝土结合面检测

所谓混凝土结合面是指前后两次浇筑的混凝土之间形成的接触面（主要指在已经终凝了的混凝土上再浇筑新混凝土，两者之间形成的接触面）。对于大体积混凝土和一些重要结构物，为了保证其整体性，应该连续不间断地一次浇筑完混凝土，但有时因施工工艺的需要或因停电、停水、机械故障等意外原因，不得不中途停顿间歇一段时间后再继续浇筑混凝土；对有些早已浇筑好混凝土的构件或结构，因某些原因需要加固补强，进行第二次混凝土浇筑。两次浇筑的混凝土之间，应保持良好结合，使新旧混凝土形成一个整体，共同承担荷载，方能确保结构的安全使用。但是，在做混凝土第二次浇筑时，往往不能完全按规范要求处理已硬化混凝土的表面。因此，人们对两次浇筑的混凝土结合面质量特别关注，希望能有科学的方法进行检验。

1. 检测前的准备

对施工接槎的检测，应首先了解施工情况，弄清接槎位置，查明结合面的范围及走向，以保证所布置的测点能使脉冲波垂直或斜穿混凝土结合面。其次是制订合适的检测方案，使检测范围不仅覆盖结合面而且一定要大于结合面的范围。

2. **测试方法**

超声法检测混凝土结合面质量，一般采用穿过与不穿过结合面的脉冲波声速、波幅和频率等声学参数进行比较的方法。因此，为保证各测点的声学参数具有可比性，每一对测点都应保持倾斜角度一致、测距相等。对于柱子之类构件的施工接槎检测，可用斜测法，换能器布置如图 11-14（a）所示；对于局部修补混凝土的结合面检测，可用对测法，换能器布置如图 11-14（b）所示；对于加大断面进行加固的混凝土结合面检测，可采用对测加斜测的方法，在对测的基础上，围绕异常测点进行斜测，以确定结合不良的具体部位，如图 11-14（c）所示。

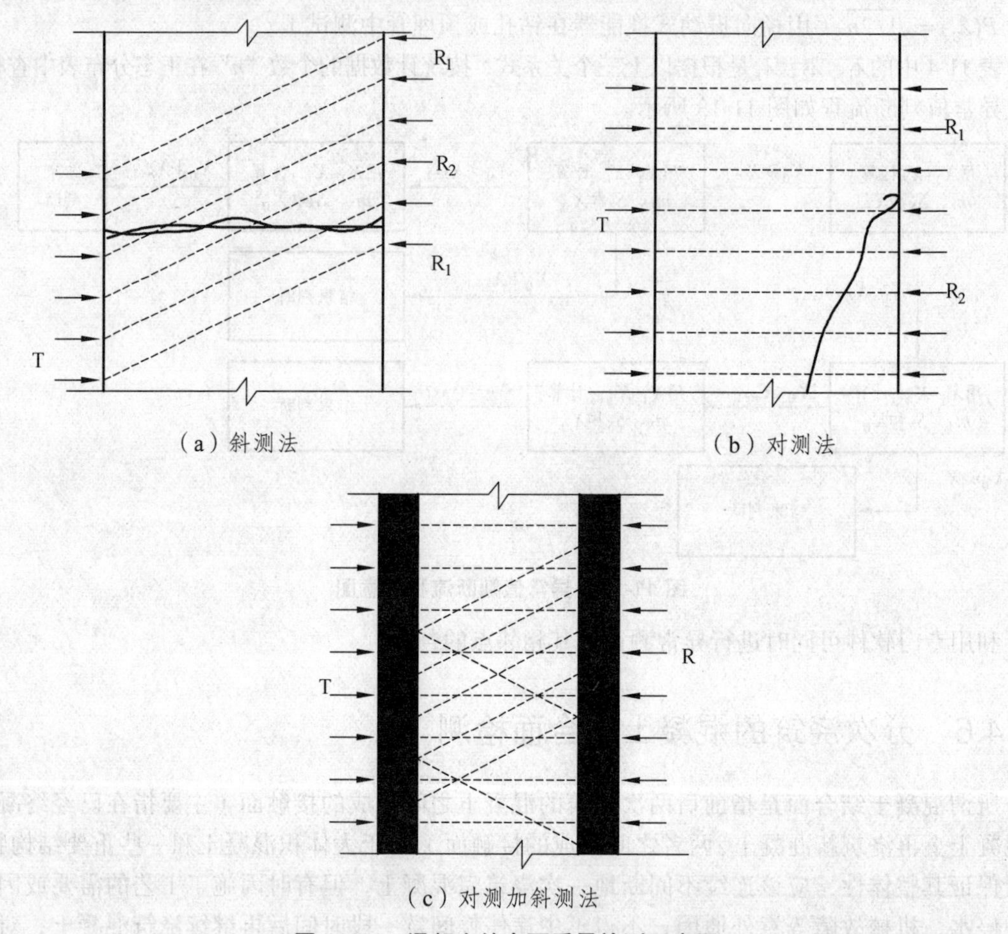

图 11-14　混凝土结合面质量检测示意图

测点间距可根据结构被测部位的尺寸和结合面外观质量情况确定，一般为 100 ~ 300 mm，间距过大，可能会使缺陷漏检。

一般施工接槎附近的混凝土表面都较粗糙，检测之前一定要处理好表面，以保证换能器与混凝土表面有良好的耦合状态，提高测试数据的可比性。当发现某些测点声学参数异常时，应检查异常测点表面是否平整、干净，并作必要的打磨处理后再进行复测和细测，以便于数据分析和缺陷判断。

3. **数据处理及判断**

检测混凝土结合面的数据处理及判断方法，与本节第 5 部分不密实混凝土和空洞检测相同。

如果所测混凝土的结合面良好，则超声波穿过有无结合面的混凝土时，声速、波幅等声学参数应无明显差异。当结合面局部地方存在疏松、空洞或填进杂物时，该部分混凝土与邻近正常混凝土相比较，其声学参数值出现明显差异。但有时受耦合不良、测距发生变化或对应测点错位等因素的影响，导致检测数据异常。因此，对于数据异常的测点，只有在查明无其他非混凝土自身的影响时，方可判定该部位混凝土结合不良。当测点数较少无法进行统计判断或数据较离散标准差较大时，可直接用穿过与不穿过结合面的声学参数相比较。若穿过结合面的 T-R_2 测点的声速、波幅明显低于不穿结合面的 T-R_1 测点，则该点可判为异常测点。

对于构件或结构修补加固所形成的结合面，因两次浇筑混凝土的间隔时间较长，而且加固补强用的混凝土强度比原有混凝土高一个等级，骨料级配和施工工艺条件也与原混凝土不一样。所以，两种混凝土不属于同一个样本，但如果结合面两侧的混凝土厚度之比保持不变，穿过结合面的测点声学参数反映了这两种混凝土的平均质量，那么，仍然可以按本节所述的统计判断方法进行操作。

11.4.7　混凝土损伤层检测

1. 概念和基本原理

混凝土构件或结构，在施工或使用过程中，其表层有时会在物理或化学因素作用下受到损伤，物理因素如火焰、冰冻等；化学因素如一些酸和盐碱类等。结构物受到这些因素作用时，其表层损伤程度除了与作用时间长短及反复循环次数有关外，还与混凝土本身某些特征有关，如表面积大小、水泥用量、龄期长短、水灰比及捣实程度等。

当混凝土表层受到损伤时，其表面会产生裂缝或疏松脱离，降低对钢筋的保护作用，影响结构的承载力和耐久性。用超声法检测混凝土损伤层厚度，既能查明结构表面损伤程度，又为结构加固提供了技术依据。

在考虑上述问题时，人们都假定混凝土的损坏层与未损伤部分有一条明显分界线，但实际情况并非如此，国外一些研究人员曾用射线照相法，观察化学作用对混凝土产生的腐蚀情况，发现损伤层与未损伤部分不存在明显的界线。通常总是最外层损伤严重，越向里深入，损伤程度越轻微，其强度和声速的分布曲线应该是连续圆滑的，但为了计算方便把损伤层与未损伤部分截然分成两部分来考虑。该方法的基本原理如图 11-15 所示。

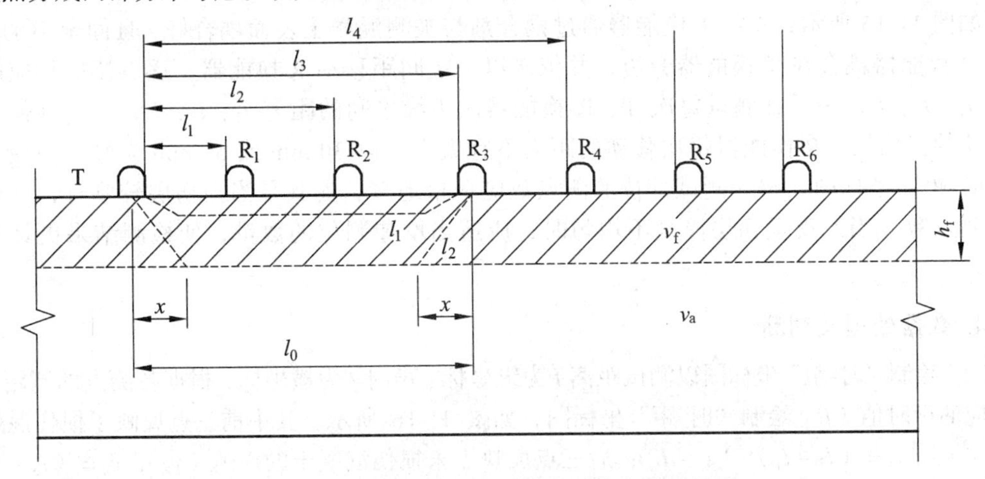

图 11-15　损伤层与未损伤检测基本原理假设

当T、R换能器的间距较近时，超声波沿表面损伤层传播的时间最短，首先到达R换能器，此时读取的声时值反映了损伤层混凝土的传播速度。随着T、R换能器间距增大，部分声波穿过损伤层，沿未损伤混凝土传播一定间距后，再穿过损伤层到达R换能器。当T、R换能器间距增大到某一距离（l_0）时，穿过损伤层经未损伤混凝土传播一定距离再穿过损伤层到达R换能器的声波，比沿损伤层直接传播的声波早到达或同时到达R换能器，即$t_2 \leqslant t_1$。

由图11-15在此给出判定混凝土层厚度的通用公式。

$$h_f = l_0 / 2\sqrt{(v_a - v_f)/(v_a + v_f)} \qquad (11\text{-}33)$$

式中 l_0—— 损伤混凝土与未损伤混凝土的界线测距（mm）；

v_a—— 未损伤混凝土层声速（km/s）；

v_f—— 损伤混凝土层声速（km/s）。

2. 测试方法

（1）选取有代表性的部位。选取有代表性的部位进行检测，既可减少测试工作量，又使测试结果更符合混凝土实际情况。

（2）被测表面应处于自然干燥状态，且无接缝和饰面层。由于水的声速比空气声速大4倍多，疏松或有龟裂的损伤层很易吸收水分，如果表面潮湿，其声速测量值必然偏高，与未损伤的内部混凝土声速差异减小，使检测结果产生较大误差。测试表面存在裂缝或饰面层，也会使声速测值不能反映损伤混凝土真实情况。

（3）如条件允许，可对测试结果作局部破损验证。为了提高检测结果的可靠性，可根据测试数据选取有代表性的部位，局部凿开或钻取芯样验证其损伤层厚度。

（4）用频率较低的厚度振动式换能器。混凝土表面损伤层检测，一般是将T、R换能器放在同一表面进行单面平测，这种测试方法接收信号较弱，换能器主频愈高，接收信号愈弱。因此，为便于测读，确保接收信号具有一定首波幅度，宜选用较低频率的换能器。

（5）布置测点应避开钢筋的影响。布置测点时，应使T、R换能器的连线离开钢筋一定距离或与附近钢筋轴线形成一定夹角。

3. 检测步骤

如图11-15所示，先将T换能器通过耦合剂与被测混凝土表面耦合好，且固定不动，然后将R换能器耦合在T换能器旁边，并依次以一定间距移动R换能器，逐点读取相应的声时值t_1、t_2、t_3，…，并测量每次T、R换能器内边缘之间的距离l_1、l_2、l_3，…。为便于检测较薄的损伤层，R换能器每次移动的距离不宜太大，以30 mm或50 mm为好。为便于绘制“时-距”坐标图，每一测试部位的测点数应尽量地多，尤其是当损伤层较厚时，应适当增加测点数。当发现损伤层厚度不均匀时，应适当增加测位的数量，使检测结果更具有真实性。

4. 数据处理及判断

（1）绘制“时-距”坐标图以测试距离l为纵坐标、声时t为横坐标，根据各测点的测距（l_i）和对应的声时值（t_i）绘制“时-距”坐标图，如图11-16所示。其中前三点反映了损伤混凝土声速（v_f），$v_f =（l_3 - l_1）/（t_3 - t_1）$；后三点反映了未损伤混凝土的声速（$v_a$），$v_a =（l_6 - l_4）/（t_6 - t_4）$。

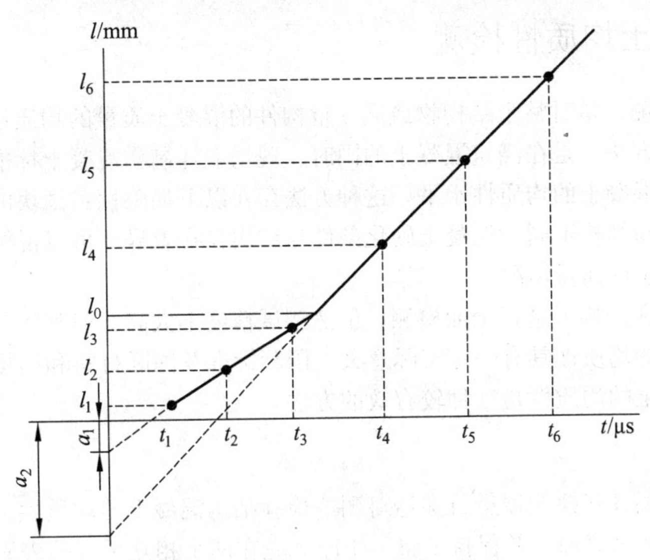

图 11-16　损伤层检测"时-距"图

（2）求损伤和未损伤混凝土的回归直线方程

由图 11-16 看出，在斜线中间形成一拐点，拐点前、后分别表示损伤和未损伤混凝土的 l 与 t 相关直线。用回归分析方法分别求出损伤、未损伤混凝土 l 与 t 的回归直线方程损伤混凝土：

$$l_{\mathrm{f}} = a_1 + b_1 t_{\mathrm{f}} \tag{11-34}$$

未损伤混凝土：

$$l_{\mathrm{a}} = a_2 + b_2 t_{\mathrm{a}} \tag{11-35}$$

式中　l_{f}——拐点前各测点的测距（mm），对应于图 11-16 中的 l_1、l_2、l_3；

t_{f}——拐点前各测点的声时（μs），对应于图 11-16 中的 t_1、t_2、t_3；

l_{a}——拐点后各测点的测距（mm），对应于图 11-16 中的 l_4、l_5、l_6；

t_{a}——拐点后各测点的声时（μs），对应于图 11-16 中的 t_4、t_5、t_6；

a_1、b_1、a_2、b_2——回归系数，即图 11-16 中损伤和未损伤混凝土直线的截距和斜率。

（3）损伤层厚度计算

两条直线的交点对应的测距：

$$l_0 = (a_1 b_2 - a_2 b_1)/(b_2 - b_1) \tag{11-36}$$

损伤层厚度：

$$h_{\mathrm{f}} = l_0 / 2\sqrt{(b_2 - b_1)/(b_2 + b_1)} \tag{11-37}$$

由图 11-16 可知，采用平测法测量损伤层厚度时，测点的布置数量是非常有限的。在采用数学回归处理的场合，拐点前后的测点数量似乎是偏少的，尤其是拐点前的测点，当表面损伤层不深时，拐点前有时只能是 1～2 个测点，而《超声法检测混凝土缺陷技术规程》（CECS 21：2000）规程在"测量空气声速进行声时计量校验"中规定：用于回归的测点数应不少于 10 个。仅用拐点前后的少数几个测点计算回归直线方程，往往会由于个别测量数据误差产生的"跷跷板"的效应，直线方程斜率差异造成的测量随机误差会特别大。规程中超声法检测表面损伤层厚度的方法已经流行了许多年，但依据少数几个测点回归声速值计算的表面损伤层厚度的检测精度不得而知。

11.4.8 混凝土均质性检测

所谓均质性检测，是对整个结构物或同一批构件的混凝土质量的均质性进行检验。混凝土均质性检验的传统方法，是在浇筑混凝土的同时，现场取样制作混凝土标准试块，以其破坏强度的统计值来评价混凝土的均质性水平。这种方法存在以下局限性：试块的数量有限，几何尺寸、浇筑养护方法与结构不同，混凝土硬化条件与结构存在差异。可以说标准试块的强度很难全面反映结构混凝土的质量情况。

超声法是直接在结构上进行全面检测，虽然测试精度不太高，但其数据代表性较强，因此用该法检验混凝土的均质性具有一定实际意义。国际标准及国际材料和结构实验室协会都认为用超声法检验混凝土的均质性是一种较有效的方法。

1. 测试方法

一般采用厚度振动式换能器进行穿透对测法检验结构混凝土的均质性，要求被测结构应具备一对相互平行的测试表面，并保持平整、干净。先在两个相互平行的表面分别画出等间距网格，并编上对应的测点序号，网格间距大小由结构类型和测试要求确定，一般为 200 ~ 500 mm。对于断面尺寸较小，质量要求较高的结构，测点间距可小一些；对尺寸较大的大体积混凝土，测点间距可取大一些。

测试时，应使 T、R 换能器在对应的一对测点上保持良好耦合状态，逐点读取声时 t_i。超声测距的测量，可根据构件实际情况确定，若各点测距完全一致，可在被测构件的不同部位测量几次，取其平均数作为该构件的超声测距值 l。当各测点的测距不尽相同时，应分别进行测量。如条件许可，最好采用专用工具逐点测量 l_i 值。

2. 数据处理及判断

为了比较或评价混凝土质量均质性的优劣，需要应用数理统计学中两个特征值，标准差和离差系数。在数理统计中，常用标准差来判断一组观测值的波动情况或比较几组测量过程的准确程度。但标准差只能反映一组观测值的波动情况，要比较几组测量过程的准确程度，则概念不够明确，没有统一的基准，缺乏可比性。例如，有两批混凝土构件，分别测得混凝土强度的平均值为 20 MPa 和 45 MPa，标准差为 4 MPa、5 MPa，仅从标准差来看，前者的强度均质性较好。其实不然，若以标准差除以其平均值，则分别为 0.2 和 0.11，实际上是后者的强度均质性较好。所以人们除了用标准差以外，还常采用离差系数来反映一组或比较几组观测数据的离散程度。

（1）混凝土的声速值计算

$$v_i = l_i / t_i \tag{11-38}$$

式中 v_i —— 第 i 点混凝土声速值（km/s）；

l_i —— 第 i 点超声测距值（mm）；

t_i —— 扣除初读数 t_0 后的第 i 点测读声时值（μs）。

（2）混凝土声速的平均值、标准差及离差系数的计算

$$m_{\text{v}} = 1/n\sum v_i \tag{11-39}$$

$$S_{\text{v}} = \sqrt{(\sum_{i=1}^{n} v_i^2 - nm_{\text{v}}^2)/(n-1)} \tag{11-40}$$

$$C_v = S_v / m_v \tag{11-41}$$

式中　m_v—— 混凝土声速平均值（km/s）；

S_v—— 混凝土声速的标准差（km/s）；

C_v—— 混凝土声速的离差系数；

n—— 测点数。

由于混凝土的强度与其声速之间存在较密切的相互关系，结构混凝土各测点声速值的波动，基本反映了混凝土强度质量的波动情况。因此，可以直接用混凝土声速的标准差（S_v）和离差系数（C_v）来分析比较相同测距的同类结构混凝土质量均匀性的优劣。但是，由于混凝土声速与强度之间存在的相互关系并非线性，所以直接用声速的标准差和离差系数，与现行验收规范以标准试块 28 d 抗压强度的标准差和离差系数，不属于同一量值。因此，如果事先建立有混凝土强度与声速的相关曲线，最好将测点声速值换算成混凝土强度值，并进行强度平均值、标准差和离差系数计算，再用混凝土强度的标准差和离差系数来评价同一批混凝土的均质性等级。

11.5　电磁感应法检测钢筋位置、间距、保护层厚和直径

11.5.1　目的与适用范围

使用电磁感应法可检测混凝土中钢筋直径、保护层厚度、钢筋数量、钢筋位置，为进一步判定混凝土结构或构件的相关参数服务。电磁感应法不适用于含有铁磁性物质的混凝土检测。

11.5.2　主要检测仪器

钢筋位置测定仪。

11.5.3　检测依据

（1）《混凝土中钢筋检测技术规程》（JGJ/T 152—2008）；

（2）《混凝土结构现场检测技术标准》（GB T 50784—2013）；

（3）《电磁感应法检测钢筋保护层厚度和钢筋直径技术规程》（DB 11/T 365—2006）；

（4）《混凝土结构工程施工质量验收规范》（GB 50204—2002）（2011 版）；

（5）《建筑结构检测技术标准》（GB/T 50344—2004）；

（6）《公路桥梁承载能力检测评定规程》（JTG/T J21—2011）。

11.5.4　检测方法及要求

钢筋位置测定仪检测内容包括：检测混凝土结构中钢筋的位置及走向，已知钢筋直径时检测钢筋的保护层厚度，未知钢筋直径时同时估测钢筋的直径和保护层厚度，检测并显示某一测面下钢筋位置的网格图像以及钢筋的保护层厚度。

1. **钢筋位置和间距的检测方法**

（1）获取被测构件的设计施工资料，了解被测结构中的钢筋品种和配置排列方式，确定被测构件中钢筋的大致位置、走向和直径。

（2）将仪器探头放置在被检测部位表面，沿被测钢筋走向的垂直方向匀速缓慢移动探头，根据信号的提示判定出钢筋的大致位置后再前后移动仔细找到信号峰值点即钢筋的位置，此时探头中心线与钢筋轴线相重合，在混凝土表面的对应位置作出标记，对同一根钢筋应至少用 3 个标记确定其走向。

（3）确定箍筋或横向钢筋的位置：在被测钢筋走向的中间部位，沿着与被测钢筋平行方向检测出与被测钢筋垂直的箍筋或横向钢筋的位置。

（4）如果无法获取被测构件的设计施工资料，不明确钢筋的大致位置和走向，应在构件上预先扫描检测，了解其大概的位置。沿两个正交方向扫描，可以确定出同一根钢筋的走向。

（5）钢筋间距的测量：将设计间距相同的连续相邻钢筋位置逐个确定，并不宜少于 7 根钢筋（6 个间隔），然后逐个量测所有相邻钢筋的间距，多个连续钢筋间距的平均值为钢筋的平均间距。

2. **根据已知钢筋直径检测保护层厚度**

（1）每一个构件的钢筋保护层厚度检测应满足以下几点：

被测构件的全部受力钢筋，均应测定其保护层厚度，每根钢筋测一点；对每根钢筋测点应选取钢筋保护层厚度有代表性的部位，且宜选在结构构件受力的不利部位；多根钢筋保护层厚度测定时，应在被测构件的同一断面上进行。

（2）被测钢筋保护层厚度的检测部位：在相邻箍筋或横向钢筋的中间部位，沿被测钢筋的垂直方向进行检测。

（3）预置已知的钢筋公称直径。

（4）每一个测点应重复检测一次，对同一处读取的两个保护层厚度值相差大于 1 mm 时，该组检测数据无效，并应查明原因，在该处重新进行检测，如两个保护层厚度值相差仍大于 1 mm，则应更换检测仪器。

（5）钢筋保护层厚度测量允许偏差为：保护层厚度在 40 mm（含）以下时，测量允许偏差为 ± 1 mm；保护层厚度在 40 ~ 60 mm（含）时，测量允许偏差为 ± 2 mm；保护层厚度在 60 mm 以上时，测量允许偏差应不大于钢筋保护层厚度设计值的 10%。

（6）单个测点钢筋保护层厚度合格判定：纵向受力钢筋保护层厚度的允许偏差，对梁类、柱类构件为 + 10 mm，－7 mm；对板类、墙类构件为 + 8 mm，－5 mm。在检测结果中，不合格点的最大偏差不应大于规定允许偏差的 1.5 倍。

（7）钢筋保护层厚度的检测的抽样数量合格判定应按照《建筑结构检测技术标准》规定执行；结构验收时，钢筋保护层厚度的检测结果评定应按《混凝土结构工程施工质量验收规范》规定执行；对桥梁结构进行耐久性检测评定时，应按《公路桥梁承载能力检测评定规程》规定执行。

3. **未知钢筋直径估测及检测保护层厚度**

（1）如果缺少设计图纸或图纸不详，或者对构件中的钢筋直径有疑虑时，需要测定已有建筑结构内的钢筋直径。在检测钢筋直径的同时检测保护层厚度。

（2）钢筋直径测量的允许偏差为 ± 2 mm，钢筋直径测量的结果一般以钢筋公称直径的规格给出。

（3）在实际测量中，当混凝土中仅埋设单根钢筋或钢筋间距较大时，钢筋直径的测量精度基本上在一个钢筋公称直径的规格的偏差范围内，当被测钢筋附近存在平行钢筋时，会对钢筋的测量产生明显的影响。因此要求在检测钢筋直径时，被测钢筋与相邻钢筋的净间距应大于 10 mm。

（4）每根钢筋应重复测量两次，在同一处测量钢筋直径的数值偏差不应大于 2 mm，取二者中的小者作为测量结果。

（5）钢筋直径的测量受其他因素的影响较大，因此检测钢筋直径时，应尽可能辅以其他测试手段进行验证。

11.5.5　检测数据整理

（1）钢筋混凝土保护层厚度平均检测值计算

$$c_{m,i}^{t} = (c_1^t + c_2^t + 2c_c - 2c_0)/2 \tag{11-42}$$

式中　$c_{m,i}^{t}$ —— 第 i 测点混凝土保护层厚度平均检测值，精确至 1 mm；

c_1^t、c_2^t —— 第 1、2 次检测的混凝土保护层厚度检测值，精确至 1 mm；

c_c —— 混凝土保护层厚度修正值，为同一规格钢筋的混凝土保护层厚度实测验证值减去检测值，精确至 0.1 mm；

c_0 —— 探头垫块厚度，精确至 0.1 mm，不加垫块时 $c_0 = 0$。

（2）检测构件或部位的钢筋保护层厚度平均值 $\bar{D}_n$ 计算

$$\bar{D}_n = \frac{\sum_{i=1}^{n} D_{ni}}{n} \tag{11-43}$$

式中　D_{ni} —— 钢筋保护层厚度实测值，精确至 0.1 mm；

n —— 检测构件或部位的测点数。

（3）检测构件或部位的钢筋保护层厚度特征值 D_{ne} 计算

$$D_{ne} = \bar{D}_n - K_p S_D \tag{11-44}$$

式中　S_D——钢筋保护层厚度实测值标准差，精确至 0.1 mm；

$$S_D = \sqrt{\frac{\sum_{i=1}^{n}(D_{ni})^2 - n(\bar{D}_n)^2}{n-1}} \tag{11-45}$$

K_p —— 判定系数，按表 11-5 取用。

表 11-5　钢筋保护层厚度判定系数

n	10 ~ 15	16 ~ 24	≥25
K_p	1.695	1.645	1.595

11.5.6 注意事项

1. 测试面的处理

检测混凝土表面应清洁、平整，混凝土表面粗糙不平将影响测量精度。

2. 钢筋周边铁磁性介质的影响

电磁感应法检测的物理量是钢筋感应电流产生的二次场的强度，因此如果埋置钢筋的非金属材质或周边介质具有铁磁性，在探头辐射出的电磁场中也会产生感应磁场，叠加到由钢筋所产生的感生电动势上，使接收信号的幅度和峰值发生变化，造成测试误差，因此钢筋检测中应尽可能避开周边铁磁性介质的影响。

3. 相邻钢筋的影响

相邻钢筋分为平行的相邻钢筋和垂直的相邻钢筋，对于与被测钢筋垂直的钢筋，对测试结果的影响不大，因此只要测试点偏离垂直钢筋，其影响可以忽略。而相邻的平行钢筋则会影响到测试结果的精度和分辨率。

试验结果表明，当钢筋净间距小于保护层厚度时，测试结果的误差可能大于 ± 1 mm，只有当钢筋净间距与保护层厚度的比值在 1∶1 以上时，保护层测试误差在 ± 1 mm 以内，满足《混凝土结构工程施工质量验收规范》中对钢筋保护层厚度检测误差的要求。

4. 仪器的影响

（1）每次进入检测状态（厚度测试、直径测试和钢筋扫描）时，应把探头拿到空中并远离金属等导磁介质进行探头校正。测试过程中，每隔 5 min 左右应将探头校正一次。

（2）检测过程尽量保持匀速移动探头，探头移动速度不应大于 20 mm/s，避免在找到钢筋以前向相反的方向移动，否则容易造成误判。

11.6 钢筋锈蚀电位的检测

11.6.1 目的与适用范围

使用半电池电位法检测混凝土中钢筋锈蚀状况，为判断混凝土耐久性提供参考指标。该方法不适用于带涂层的钢筋及已饱水或接近饱水的钢筋混凝土构件检测。

11.6.2 主要检测仪器

钢筋锈蚀仪、钢筋位置测定仪。

11.6.3 检测依据

（1）《混凝土中钢筋检测技术规程》（JGJ/T 152—2008）；

（2）《混凝土结构现场检测技术标准》（GB T 50784—2013）；

（3）《电磁感应法检测钢筋保护层厚度和钢筋直径技术规程》（DB 11/T 365—2006）；

（4）《混凝土结构工程施工质量验收规范》（GB 50204—2002）（2011 版）；
（5）《公路桥梁承载能力检测评定规程》（JTG/T J21—2011）。

11.6.4　检测方法及要求

1. 检测前准备

（1）用稀释的盐酸溶液将铜棒轻轻擦洗，再用蒸馏水清洗干净。

（2）在室温（22 ± 1）°C 时，使用甘汞电极进行校准，其铜-硫酸铜电极与甘汞电极之间的电位差应为（68 ± 10）mV。

（3）先用保护层测定仪找到并标注出钢筋位置及走向，钢筋的交叉点即为测点，并进行编号。

（4）用纯净水（为加强润湿效果，缩短润湿时间，可在纯净水中加入少量家用液体清洁剂）将待测混凝土表面润湿。

2. 检　测

（1）在混凝土结构及构件上可布置若干测区，测区面积不宜大于 5 m × 5 m，并应按确定的位置编号。每个测区应采用矩阵式（行、列）布置测点，依据被测结构及构件的尺寸，宜用 100 mm × 100 mm ~ 500 mm × 500 mm 划分网格，网格的节点应为电位测点。

（2）当测区混凝土有绝缘涂层介质隔离时，应清除绝缘涂层介质。测点处混凝土表面应平整、清洁。必要时应采用砂轮或钢丝刷打磨，并应将粉尘等杂物清除。

（3）导线与钢筋的连接应按下列步骤进行：

① 采用钢筋位置测定仪检测钢筋的分布情况，并应在适当位置剔凿出钢筋。

② 导线一端应接于电压仪的负输入端，另一端应接于混凝土中钢筋上。

③ 连接处的钢筋表面应除锈或清除污物，并保证导线与钢筋的有效连接。

④ 测区内的钢筋（钢筋网）必须与连接点的钢筋形成电通路。

（4）导线与半电池的连接应按下列步骤进行：

① 连接前应检查各种接口，接触应良好。

② 导线一端应连接到半电池接线插头上，另一端应连接到电压仪的正输入端。

（5）测区混凝土应预先充分浸湿。可在饮用水中加入适量（约 2%）家用液态洗涤剂配制成导电溶液，在测区混凝土表面喷洒，半电池的电连接垫与混凝土表面测点应有良好的耦合。

（6）半电池检测系统稳定性应符合下列要求：

① 在同一测点，用相同半电池重复 2 次测得该点的电位差值应小于 10 mV。

② 在同一测点，用两只不同的半电池重复 2 次测得该点的电位差值应小于 20 mV。

（7）半电池电位的检测应按下列步骤进行：

① 测量并记录环境温度。

② 应按测区编号，将半电池依次放在各电位测点上，检测并记录各测点的电位值。

③ 检测时，应及时清除电连接垫表面的吸附物，半电池多孔塞与混凝土表面应形成电通路。

④ 在水平方向和垂直方向上检测时，应保证半电池刚性管中的饱和硫酸铜溶液同时与多孔塞和铜棒保持完全接触。

⑤ 检测时应避免外界各种因素产生的电流影响。

（8）当检测环境温度在（22±5）°C 之外时，应按下列公式对测点的电位值进行温度修正。

当 $T\geqslant 27$ °C：

$$V=0.9\times(T-27.0)+V_{\mathrm{R}} \tag{11-46}$$

当 $T\leqslant 17$ °C：

$$V=0.9\times(T-17.0)+V_{\mathrm{R}} \tag{11-47}$$

式中 V —— 温度修正后电位值，精确至 1 mV；

V_{R} —— 温度修正前电位值，精确至 1 mV；

T —— 检测环境温度，精确至 1 °C；

0.9 —— 系数（mV/ °C）。

11.6.5 结果评定

宜按合适比例在结构及构件图上标出各测点的半电池电位值，可通过数值相等的各点或内插等值的各点绘出电位等值线。电位等值线最大间隔为 100 mV，如图 11-17 所示。

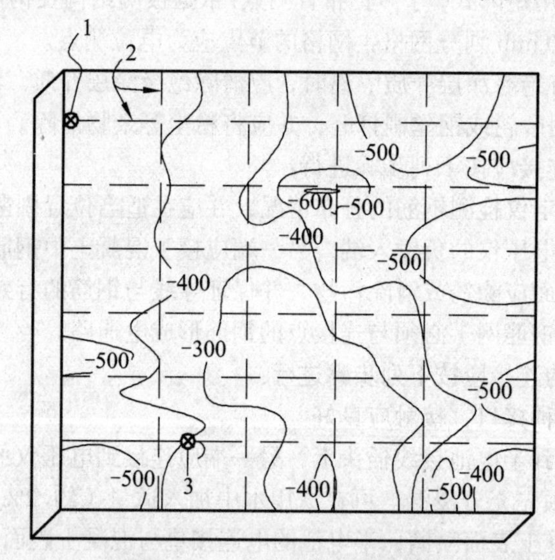

图 11-17 点位等值线示意图

1—钢筋锈蚀检测仪与钢筋连接点；2—钢筋；3—铜-硫酸铜半电池

依据表 11-6、表 11-7 判定钢筋锈蚀性状。

表 11-6 电池半电位评价钢筋锈蚀性状

电位水平（mV）	钢筋锈蚀性状
>−200	不发生锈蚀的概率>90%
−200～−350	锈蚀状况不确定
<−350	发生锈蚀的概率>90%

注： 本表为《混凝土中钢筋检测技术规程》中判定标准。

表 11-7　混凝土桥梁钢筋锈蚀电位评定标准

序号	电位水平（mV）	钢筋状态
1	0～－200	无锈蚀活动性或锈蚀活动性不确定
2	－200～－300	有锈蚀活动性，但锈蚀状态不确定，可能坑蚀
3	－300～－400	有锈蚀活动性，发生锈蚀概率>90%
4	－400～－500	有锈蚀活动性，严重锈蚀可能性极大
5	<－500	构件存在锈蚀开裂区域
备注	① 表中电位水平为采用铜-硫酸铜电极时的量测值； ② 混凝土湿度对量测值有明显影响，量测时构件应为自然状态，否则不能使用此评定标准	

注：本表为《公路桥梁承载能力评定规程》中判定标准。

11.7　混凝土中氯离子含量的检测

11.7.1　目的与适用范围

通过化学分析法检测混凝土中氯离子的含量，为判断混凝土耐久性提供参考指标。其检测适用于既有混凝土结构或构件中氯离子含量的检测。

11.7.2　主要检测仪器

混凝土氯离子含量快速测定仪，电子分析天平，钢筋探测仪，磁力搅拌机，锥形瓶，烧杯，容量瓶，玻璃棒等。

11.7.3　检测依据

（1）《混凝土中氯离子含量检测技术规程》（JGJ/T 322—2013）；

（2）《公路桥梁承载能力检测评定规程》（JTG/T J21—2011）；

（3）《混凝土质量控制标准》（JTG/T J21—2011）。

11.7.4　检测方法及要求

1. 配制电极校准标准溶液

（1）用蒸馏水依次清洗配制溶液所用的烧杯、容量瓶、玻璃棒等玻璃器皿。

（2）用电子分析天平称取 0.5844 g 分析纯（或更高纯度等级）NaCl，溶于盛有 100 mL 蒸馏水烧杯中。

（3）将溶解的 100 mL NaCl 溶液倒入 1 000 mL 容量瓶中，用蒸馏水清洗烧杯 3 次，并将清洗液倒入容量瓶中。

（4）将蒸馏水加至容量瓶刻度处，使水面月牙与刻度相切，盖好瓶盖颠倒数次，静置 8 h 以上备用，此时标准 NaCl 溶液的浓度为 1.000×10^{-2} mol/L。

（5）同样的方法配制 5.000×10^{-3} mol/L、5.000×10^{-4} mol/L、5.000×10^{-5} mol/L 等其他任意浓度的 NaCl 标准溶液。

2. 操作步骤

（1）在混凝土构件表面上布置若干测区，在锈蚀电位水平不同部位、工作环境变化部位、质量状况有明显差异部位布置测区，测区面积不宜大于 5 m × 5 m，每一测区钻孔数量不宜少于 3 个，对测区位置、测孔统一编号，绘制测区、测孔位置图。

（2）用钢筋位置测定仪探测钢筋位置，并在混凝土表面标识出钢筋位置。

（3）使用直径 20 mm 以上的冲击钻在混凝土表面钻孔，并用附在钻头侧面的标尺杆控制深度，钻孔取粉应分层收集，一般深度间隔可取 3 mm、5 mm、10 mm、15 mm、20 mm、25 mm、50 mm、…。若需指定深度处的钢筋周围氯离子含量，取粉间隔可进行调整。用一硬塑料管和塑料袋收集粉末，如图 11-18 所示，不同深度的粉末分别收集，每次采集后，钻头、硬塑料管及钻孔内都应用毛刷将残留粉末清理干净，以免不同深度粉末混杂；同一测区不同孔相同深度的粉末可收集在一个塑料袋内，重量不应少于 25 g，若不够可增加同一测区测孔数量。不同测区测孔相同深度的粉末不能混合在一起。

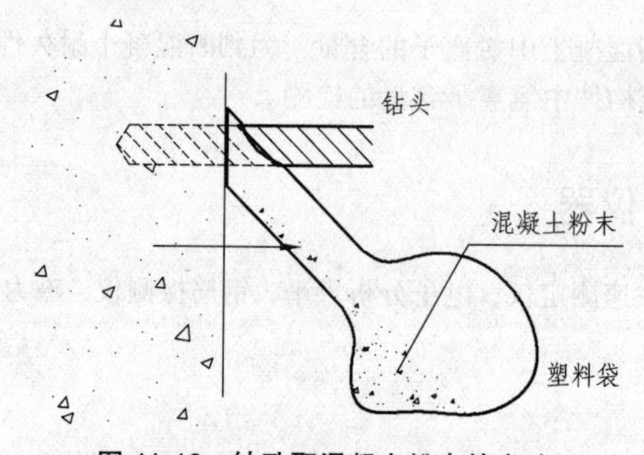

图 11-18　钻孔取混凝土粉末的方法

（4）采集粉末后，塑料袋应立即封口保存，注明测区、测孔编号及深度。

（5）将试样研磨至通过 0.08 mm 的筛孔，用磁铁吸出试样中的金属铁屑。

（6）将试样置于 105 ~ 110 °C 烘箱中烘至恒重，取出后放入干燥器中冷却至室温。

（7）用天平称取 20 g 试样粉末，置于 300 mL 的锥形瓶中，向锥形瓶中加入 50 ~ 200 mL 蒸馏水，盖上胶皮塞防止水分散失，在磁力搅拌器上断续搅拌 24 h。

（8）将配置好的标准溶液和试样溶液密封并在同温度下保持 24 h。

（9）氯电极活化。在 1.000×10^{-3} mol/L NaCl 溶液中浸泡 1 ~ 2 h，然后用蒸馏水清洗 3 次。

（10）双盐桥甘汞电极：在内盐桥充注饱和 KCl（优级纯）溶液，并检查内盐桥有无气泡，外盐桥充注 $NaNO_3$ 溶液（0.1 mol/L）。

（11）清洗电极：将活化好的电极置于清洗瓶中，用离子水清洗 3 次，用滤纸擦干电极表面。

（12）仪器校准：依次选取 50 ~ 150 mL 两种不同浓度的 NaCl 溶液，从稀到浓校准，每种溶液测量后，电极用蒸馏水清洗 3 次，清洗在磁力搅拌机上进行，然后用滤纸擦干电极，再进行下一溶液的校准测量，持续时间大于 2 h，应重新校准仪器。

（13）将试样溶液放在磁力搅拌机上测量，同一对象不能连续测量，要连续测量时必须将试样在磁力搅拌机上搅拌 30 min 以上。

（14）取误差在 20%以内的 3 个平行试样的均值作为待测试样中氯离子含量的值。

11.7.5　结果评定

依据《公路桥梁承载能力检测评定规程》对混凝土桥氯离子含量进行评定，评定时按照测区最高氯离子含量值，确定混凝土氯离子含量评定标度，其评定标准见表 11-8。

表 11-8　混凝土氯离子含量评定标准

氯离子含量（占水泥含量百分比）	诱发钢筋锈蚀的可能性	评定标度
<0.15	很　小	1
[0.15，0.40）	不确定	2
[0.40，0.70）	有可能诱发钢筋锈蚀	3
[0.70，1.00）	会诱发钢筋锈蚀	4
≥1.00	钢筋锈蚀活化	5

11.7.6　注意事项

（1）每次测试电极必须严格清洗，清洗用的蒸馏水不能重复使用。

（2）测量时保证标定溶液和样品溶液的温度变化范围是 ± 1 °C。

（3）电极短时间可以储存在 0.01 mol/L 氯化钠标准溶液中。对于长期储存（超过 3 天），首先要冲洗电极并擦干，接着将保护帽盖住电极顶端密封保存。

11.8　混凝土电阻率的检测

11.8.1　目的与适用范围

通过四电极阻抗测量法检测混凝土电阻率值，为判断混凝土耐久性提供参考指标。其检测适用于既有混凝土结构或构件的电阻率测试。

11.8.2　主要检测仪器

混凝土电阻率测试仪。

11.8.3　检测依据

（1）《混凝土结构工程施工质量验收规范》（GB 50204—2002）（2011 版）；

（2）《建筑结构检测技术标准》（GB 50344—2004）；

（3）《公路桥梁承载能力检测评定规程》（JTG/T J21—2011）。

11.8.4 检测方法及要求

（1）测区与测位布置可参照钢筋锈蚀自然电位测量的要求，在电位测量网格间进行，并做好编号工作。

（2）混凝土表面应清洁、无尘、无油脂。为了提高量测的准确性，必要时可去掉表面碳化层。

（3）调节好仪器电极的间距，一般采用的间距为 50 mm。为了保证电极与混凝土表面有良好、连续的电接触，应在电极前端涂上耦合剂，特别是当读数不稳定时。测量时探头应垂直置于混凝土表面，并施加适当的压力。

11.8.5 结果评定

依据《公路桥梁承载能力检测评定规程》对混凝土电阻率进行评定，其评定标准见表 11-9。

表 11-9　混凝土电阻率评定标准

电阻率	可能的锈蚀速率	评定等级
≥20 000	很慢	1
[15 000，20 000）	慢	2
[10 000，15 000）	一般	3
[5 000，10 000）	快	4
<5 000	很快	5

注： 量测时混凝土桥梁结构或构件应为自然状态。

第 12 章　地基基础试验与检测

12.1　地基平板载荷试验

12.1.1　目的与适用范围

在原位条件下，对原型基础或缩尺模型基础逐级施加荷载，同时观测地基（或基础）随时间发展的变形（沉降），以此掌握地基的荷载-变形基本特性，确定地基的比例界限压力值、极限压力值等特征指标。

12.1.2　主要试验设备

1. 承压板

基本要求：承压板应为刚性，要求承压板具有足够刚度、不破损、不挠曲、压板底部光平，尺寸和传力重心准确，搬运方便。

形状：正方形或圆形。

压板材质：钢板或钢筋混凝土板。

承压板面积：对天然地基，规范规定宜用 0.25 ~ 0.5 m^2；对软土应采用尺寸大些的承压板；对碎石土，要注意碎石的最大粒径；对较硬的裂隙性黏土及岩层，还要注意裂隙的影响。

2. 加载系统

加荷系统是指通过承压板对地基施加荷载的装置，大体可分为 4 类：

（1）单个手动液压千斤顶加荷装置。

（2）两个或两个以上千斤顶并联加荷、高压油泵。

（3）千斤顶自动控制加荷装置。

（4）压重加荷装置。

3. 荷载测量系统

测量荷载装置有 3 种方式：

（1）油压表量测荷载，在千斤顶侧壁安装油压表显示油压，根据率定的曲线，将千斤顶油压换算成荷载，或在油泵上安装油压表显示油压，换算成荷载，常用油压表的规格：10 MPa、20 MPa、40 MPa、60 MPa、100 MPa。

（2）标准测力计量测。在千斤顶端放置标准测力计（压力环），由测力计上的百分表直接测量荷载。常用规格：300 kN、600 kN、1 000 kN、2 000 kN、3 000 kN。

（3）荷载传感器量测（称重传感器的一种）。通过放置在千斤顶上的荷载传感器，将荷载信号转换成电信号通过专门显示器显示荷载大小。

4. 反力系统

反力系统有多种，常用的可分为以下 4 类：

（1）堆重平台反力装置：利用钢锭、混凝土块、砂袋等重物堆放在专门平台上。压重应在试验开始前一次加上，并均匀稳固放置于平台上。

（2）锚桩横梁反力装置。

（3）伞形构架式地锚反力装置。

（4）撑壁式反力装置。

常用加荷载装置构造及主要特点如表 12-1 所示。

表 12-1 常用加载方式

名称	示意图	主要特点	适用范围
荷载台重加荷		结构简单，加工容易，但堆载有限、易倾斜，欠安全	适用于试验荷载在 50～100 kN，且要求重物几何形状规则
墩式荷载台		具有较大的反力条件，安全、可靠	适用于具有砌制垛台及吊装重物的条件
伞形构架式		结构简单，装拆容易，对中灵活，下锚费力，且反力大小取决于土层性质	适用于能下锚的场地及土层条件
桁架式		反力梁能根据试验需要配备，荷载易保持竖向，安全系数高	适用于采用地锚（或锚桩）的场地，地锚试坑地应大于 1 m
坑壁斜撑式		设备简单，反力受坑壁土质强度控制	适用于试验深度大于 2 m，地下水位以上，硬塑或坚硬的土层

5. **观测系统**

测定地基土沉降的观测系统由观测基准支架和测量仪表两部分构成。

（1）观测基准支架用来固定量测仪表，由基准梁和基准桩组成。基准梁和支承量测仪表的夹具在构造上应确保不受气温、振动和其他外界因素影响而发生竖向变位，基准桩距离承压板中距离不小于1.5倍板宽，以确保观测系统稳定。

（2）测量仪表可以是精密水准仪、机械百分表或数字式位移计，常用百分表的量程有：0 ~ 10 mm、0 ~ 30 mm、0 ~ 50 mm、0 ~ 100 mm。

12.1.3 试验依据

（1）《岩土工程勘察规范》（GB50021—2001）（2009年版）；

（2）《公路桥涵地基与基础设计规范》（JTG D63—2007）；

（3）《建筑地基基础设计规范》（GB50007—2011）。

12.1.4 试验方法及要求

1. **检测前准备**

（1）浅层平板载荷试验的试坑宽度或直径不应小于承压板宽度或直径的3倍；深层平板载荷试验的试井直径应等于承压板直径；当试井直径大于承压板直径时，紧靠承压板周围土的高度不应小于承压板直径。

（2）试坑或试井底的岩土应避免扰动，保持其原状结构和天然湿度，并在承压板下铺设不超过20 mm的砂垫层找平，尽快安装试验设备。

载荷试验宜采用圆形刚性承压板，根据土的软硬或岩体裂隙密度选用合适的尺寸；土的浅层平板载荷试验承压板面积不应小于 0.25 m^2，对软土和粒径较大的填土不应小于 0.5 m^2；土的深层平板载荷试验承压板面积宜选用 0.5 m^2；岩石载荷试验承压板的面积不宜小于 0.07 m^2。

2. **设备安装和加荷方式**

（1）设备安装

设备安装顺序：先下后上，先中心后两侧，先轻放承压板，再尽量一次达到预定位置，再放置千斤顶于其上。注意保持各传力系统之间结合平稳、对中。对小承压板可用两块对称安装的百分表测读沉降，对较大承压板，应安装四块百分表测读压板沉降。

（2）加荷方式

① 载荷试验加荷方式应采用分级维持荷载沉降相对稳定法（常规慢速法）；有地区经验时，可采用分级加荷沉降非稳定法（快速法）或等沉降速率法；加荷等级宜取10 ~ 12级，并不应少于8级，荷载量测精度不应低于最大荷载的 ± 1%。

② 对慢速法，当试验对象为土体时，每级荷载施加后，间隔5 min、5 min、10 min、10 min、15 min、15 min测读一次沉降，以后间隔30 min测读一次沉降，当连读2 h每小时沉降量小于等于0.1 mm时，可认为沉降已达相对稳定标准，施加下一级荷载。

③ 试验前应采取有效的预防措施，防止地基土含水量变化或地基土受到扰动。

3. 试验终止

当出现下列现象之一时，可终止加荷：

（1）承压板周边的土出现明显侧向挤出，周边岩土出现明显隆起或径向裂缝持续发展。

（2）本级荷载的沉降量大于前级荷载沉降量的 5 倍，荷载与沉降曲线出现明显陡降。

（3）在某级荷载下 24 h 沉降速率不能达到相对稳定标准。

（4）总沉降量与承压板直径（或宽度）之比超过 0.06。

12.1.5 试验数据整理

1. 修正荷载与沉降量误差

可按下列公式进行修正：

$$s' = s_0 + cp \tag{12-1}$$

式中 s'——修正后的沉降值（m）；

s_0——直线方程在沉降 s 轴上的截距（m）；

c——直线方程的斜率（m^3/kN）；

p——承压板单位面积上所受的压力（kPa）。

修正的实质是使各点修正后的沉降值与真值的离差平方积为最小，即：

$$c = \frac{N\sum p_i s_i - \sum p_i s_i}{N\sum p_i^2 - (\sum p_i)^2} \tag{12-2}$$

$$s_0 = \frac{\sum s_i \sum p_i^2 - \sum p_i \sum p_i s_i}{N\sum p_i^2 - (\sum p_i)^2} \tag{12-3}$$

式中 p_i—— 荷载级的单位压力；

s_i—— 相应于 p_i 的沉降观测值；

N—— 荷载级数。

2. 确定比例界限压力值

比例界限压力 p_0 的确定方法见表 12-2，确定极限压力值的常用方法见表 12-3，在实际工程中应根据相关条件，合理取用。

表 12-2 确定比例界限压力的几种方法

序号	方法	要点及适用性	示 意 图
1	转折点法	（1）取 *p-s*，曲线首段直线转折点所对应的压力为比例界限压力； （2）该法适用于直线段及转折点明显的 *p-s* 曲线	

续表 12-2

序号	方法	要点及适用性	示意图
2	二倍沉降增量法	（1）当某级压力下的沉降增量 Δs_{i-1} 大于或等于前级压力下沉降增量（Δs_{i-1}）的两倍时，则可取该前级压力为比例界限压力； （2）该法一般适用于软黏土，但试验时的压力级必须合适	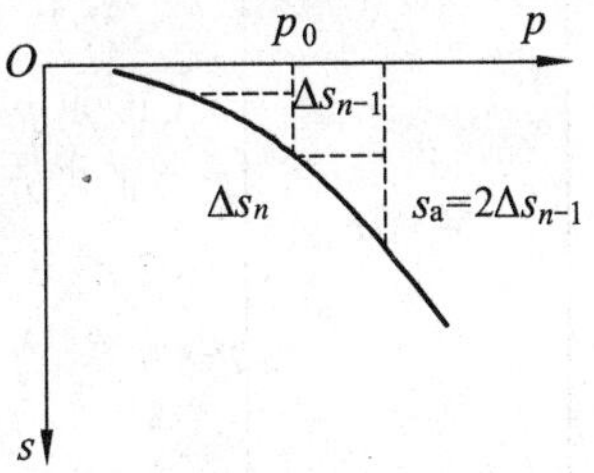
3	切线交会法	（1）取 p-s 曲线首尾段两切线交会点所对应的压力为比例界限压力； （2）该法适用于 p-s 曲线首尾段有明显弧度的情况，但作切线任意性较大	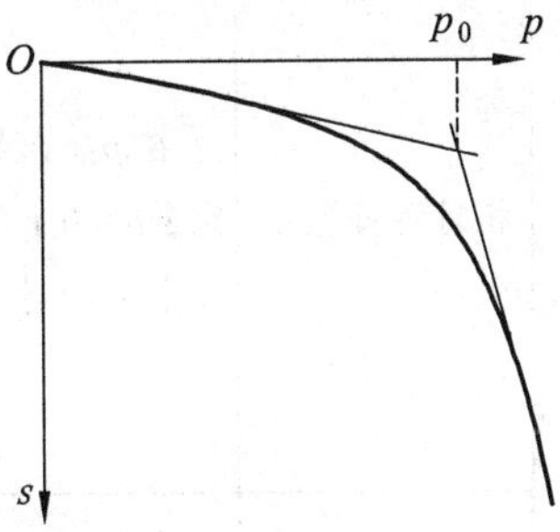
4	全对数法	（1）在 $\lg p$-$\lg s$ 曲线上，取曲线急剧转折点所对应的压力为比例界限压力； （2）适用于各种情况	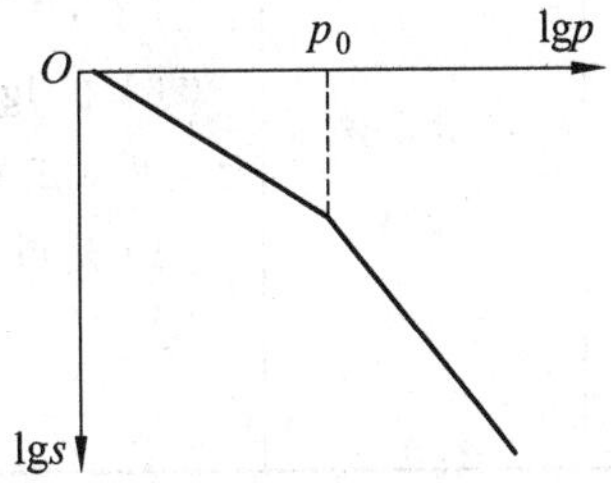
5	斜率法	（1）在 p-$\Delta s/\Delta p$ 曲线上，取第一转折点所对应的压力为比例界限压力；第二转折点所对应的压力为极限压力； （2）适用于各种情况	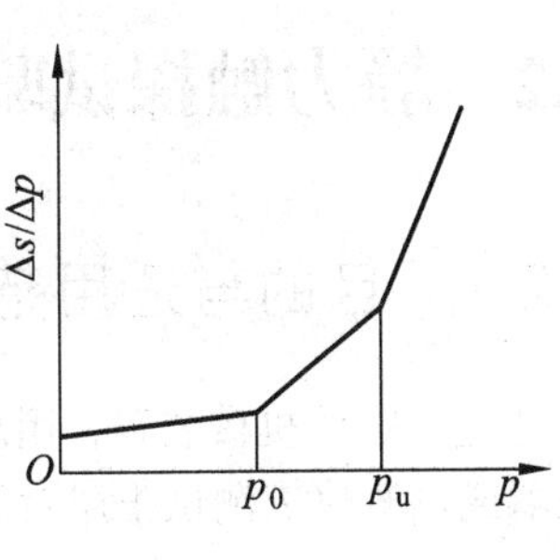
6	沉降速率法	（1）在某级压力下，沉降增量与时间增量比趋于常数（即 $\Delta s_i/\Delta p_i$→常数），则可取前一级压力为比例界限压力； （2）适用于各种情况，但荷载级必须合适	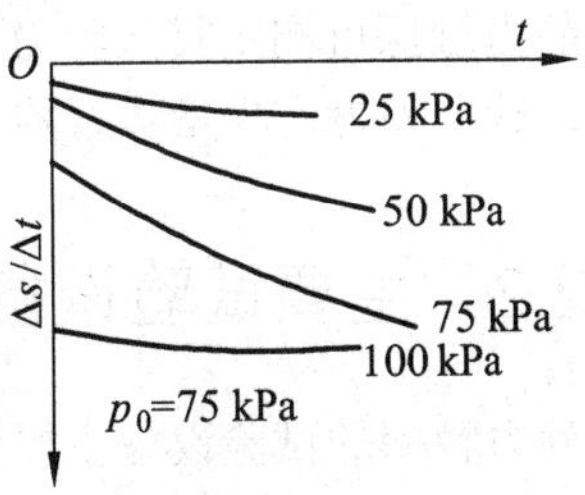

表 12-3　确定极限压力值的常用方法

序号	方法	要点及适用性	示意图
1	实测法	（1）取 p-s 曲线沉降量急剧增加转折点所对应的压力为极限压力值； （2）该法适用于急剧沉降量转折点明显的 p-s 曲线	O, p_u, p, s
2	相对沉降量法	在 p-s 曲线上，取沉降量与承压板宽度之比 $s/b=0.1$（软黏土）或 $s/b=0.06$（一般黏性土）所对应的压力为极限压力	O, p_u, p, $s=0.1b$, s
3	半对数法 lg$p$-s	（1）在 lg$p$-s 或 lg$s$-p 曲线上，取直线上起点所对应的压力为极限压力； （2）适用于一般黏性土和砂土	O, lg$p$, p_u, p, s

12.2　静力触探试验

12.2.1　目的与适用范围

通过一定的机械装置，用准静力将标准规格的金属探头垂直均匀的压入地层中，同时利用传感器或量测仪表测试土层对触探头的贯入力，根据测得的阻力情况来分析判断土层的物理力学性质。

静力触探可测定贯入阻力、锥尖阻力、侧壁摩阻力、贯入时的孔隙水压力，其适用于软土、粉土、砂土和含有少量碎石的土。

12.2.2　主要试验设备

静力触探的试验设备主要由探头部分、贯入部分和测量部分构成。

1. 探　头

常用的静力触探探头分为单桥探头、双桥探头两种，此外还有能同时测量孔隙水压力的孔压探头。根据现行《岩土工程勘察规范》，探头圆锥截面积应采用 10 cm^{2}或者 15 cm^2，现在工程中大多使用锥头底面积为 10 cm^{2}的探头。

（1）单桥探头

单桥探头在锥尖上部带有一定长度的侧壁摩擦筒，只能测得一个触探指标，即比贯入阻力。比贯入阻力是一个反应锥尖阻力和侧壁摩擦力的综合值：

$$p_s = P / A \tag{12-4}$$

式中　P —— 总贯入阻力；

A —— 锥尖底面积；

p_s —— 比贯入阻力。

单桥探头的结构如图 12-1 所示。

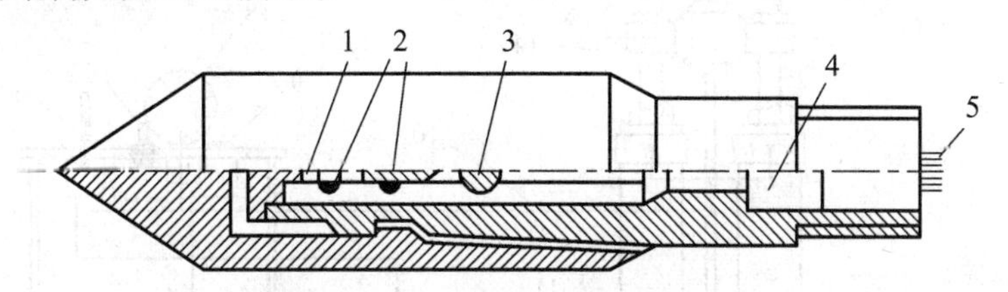

图 12-1　单桥探头结构示意图

1—顶柱；2—电阻应变片；3—传感器；4—密封垫圈套；5—四芯电缆

（2）双桥探头

双桥探头是将锥尖和侧壁摩擦筒分开，因而分别测定锥尖阻力 q_c 和侧壁摩擦力 f_s，其中：

$$q_c = Q_c / A \tag{12-5}$$

$$f_s = P_f / F \tag{12-6}$$

式中　Q_c、P_f——锥尖总阻力和侧壁总阻力；

A、F——锥底截面面积和摩擦筒截面面积。

由锥尖阻力 q_c 和侧壁摩擦力 f_s 还可以得到摩阻比 R_f，即：

$$R_f = \frac{f_s}{q_c} \times 100\% \tag{12-7}$$

双桥探头的结构如图 12-2 所示。

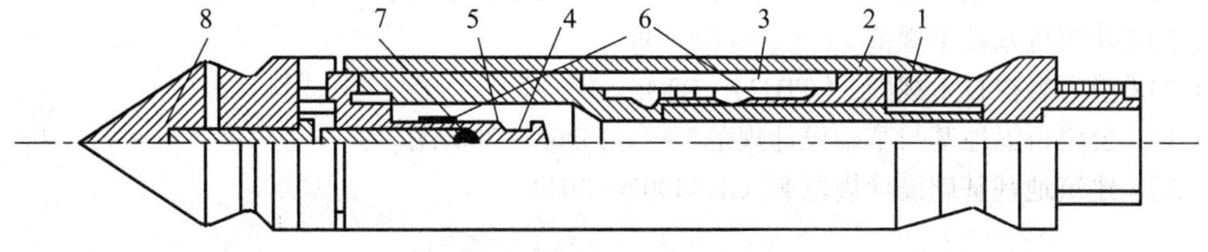

图 12-2　双桥探头结构示意图

1—传力杆；2—摩擦传感器；3—摩擦筒；4—锥尖传感器；5—顶柱；6—电阻应变片；7—钢珠；8—锥尖头

2. 贯入装置

贯入装置由两部分构成，一是触探杆加压的压力装置，常见的压力装置有三种：液压传动式、电动机械式及手摇链条式；二是提供加压所需的反力，反力系统主要有两种，第一种是利用旋入地下的地锚的抗拔力提供反力，第二种是利用重物提供加压反力，当需要贯入阻力比较大时，可以将这两种反力系统结合起来使用。

3. 测量装置

触探头在贯入土层的过程中其变形柱会随探头遇到的阻力大小产生相应的变形，因此通过测量其变形就可以反算土层阻力的大小。变形柱的变形一般是通过贴在其上的应变片来测量的，应变计通过配套的测量电路及位于地表的读数装置来工作，同时，自动记录装置可以绘制出贯入阻力随深度的变化曲线，可以直观地反映土层力学性质随深度的变化，常用的液压式静力触探机如图 12-3 所示。

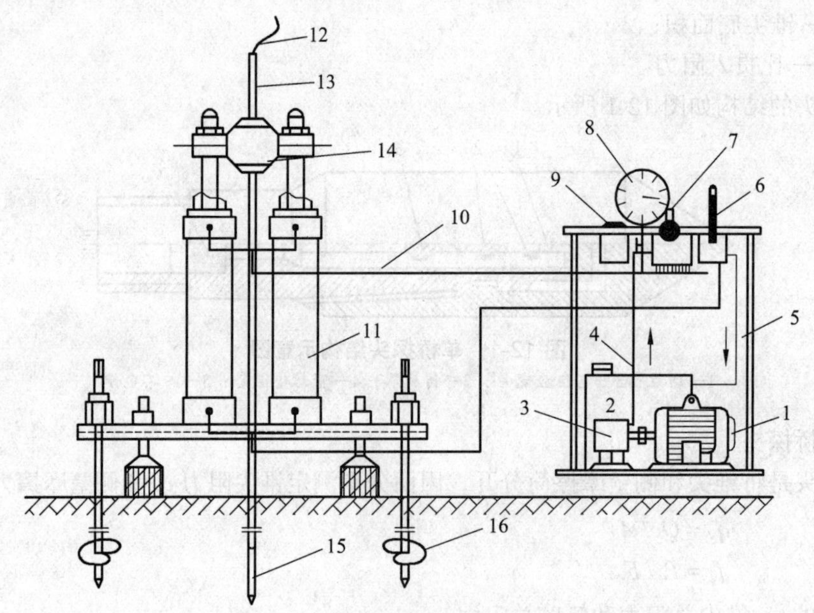

图 12-3　液压式静力触探机

1—马达；2—油箱；3—油泵；4—进油路；5—回油路；6—换向阀；7—节流阀；8—压力表；9—开关；10—油管；11—油缸；12—电缆；13—探杆；14—卡杆器；15—探头；16—地锚

12.2.3　试验依据

(1)《岩土工程勘察规范》(GB50021—2001)(2009 年版)；
(2)《建筑桩基技术规范》(JGJ 94—2008)；
(3)《静力触探技术规则》(TBJ37—93)；
(4)《公路桥涵地基与基础设计规范》(JTG D63—2007)；
(5)《建筑地基基础设计规范》(GB50007—2011)。

12.2.4　试验方法及要求

1. 试验方法

(1) 将触探机就位后，调平机座，并使用水平尺校准，使贯入压力保持竖直方向，并使机

座与反力装置衔接、锁定。当触探机不能按指定孔位安装时，应将移动后的孔位和地面高程记录清楚。

（2）探头、电缆、记录仪器的接插和调试，必须按已有规定进行。

（3）触探机的贯入速率，应控制在 1 ~ 2 cm/s 内，一般为 2 cm/s。使用手摇式触探机时，手把转速应力求均匀。

（4）在地下水埋藏较深的地区使用孔压探头触探时，应先使用外径不小于孔压探头的单桥或双桥探头开孔至地下水位以下，而后向孔内注水至与地面齐平，再换用孔压探头触探。

（5）探头的归零检查应按下列要求进行：

① 使用单桥或双桥探头时，当贯入地面以下 0.5 ~ 1.0 m 后，上提 5 ~ 10 cm，待读数漂移稳定后，将仪表调零即可正式贯入。在地面以下 1 ~ 6 m 内，每贯入 1 ~ 2 m 提升探头 5 ~ 10 cm，并记录探头不归零读数，随即将仪器调零。孔深超过 6 m 后，可根据不归零读数之大小，放宽归零检查的深度间隔。终孔起拔时和探头拔出地面后，亦应记录不归零读数。

② 使用孔压探头时，在整个贯入过程中不得提升探头。终孔后，待探头刚一提出地面时，应立即卸下滤水器，记录不归零读数。

（6）使用记读式仪器时，每贯入 0.1 m 或 0.2 m 应记录一次读数；使用自动记录仪时，应随时注意桥压、走纸和划线情况，做好深度和归零检查的标注工作。

（7）若计深标尺设置在触探主机上，则贯入深度应以探头、探杆入土的实际长度为准，每贯入 3 ~ 4 m 校核一次。当记录深度与实际贯入长度不符时，应在记录本上标注清楚，作为深度修正的依据。

（8）当在预定深度进行孔压消散试验时，应从探头停止贯入之时起，用秒表记时，记录不同时刻的孔压值和锥尖阻力值。其计时间隔应由密而疏，合理控制。在此试验过程中，不得松动、碰撞探杆，也不得施加能使探杆产生上、下位移的力。

（9）对于需要作孔压消散试验的土层，若场区的地下水位未知或不确切，则至少应有一孔孔压消散达到稳定值，以连续 2 h 内孔压值不变为稳定标准。其他各孔、各试验点的孔压消散程度，可视地层情况和设计要求而定，一般当固结度达 60% ~ 70%时，即可终止消散试验。

（10）遇下列情况之一者，应停止贯入，并应在记录表上注明。

① 触探主机负荷达到其额定荷载的 120%时。

② 贯入时探杆出现明显弯曲。

③ 反力装置失效。

④ 探头负荷达到额定荷载时。

⑤ 记录仪器显示异常。

（11）起拔最初几根探杆时，应注意观察、测量探杆表面干、湿分界线距地面的深度，并填入记录表的备注栏内或标注于记录纸上。同时，应于收工前在触探孔内测量地下水位埋藏深度；有条件时，宜于次日核查地下水位。

（12）将探头拔出地面后，应对探头进行检查、清理。当移位于第二个触探孔时，应对孔压探头的应变腔和滤水器重新进行脱气处理。

（13）记录人员必须按记录表要求用笔逐项填记清楚。

2. 注意事项

（1）触探孔要避开地下设施（管路、地下电缆等），以免发生意外。

（2）安全用电，严防触（漏）电事故。工作现场应尽量避开高压线、大功率电机及变压器，以保证人身安全和仪表正常工作。

（3）在贯入过程中，各操作人员要相互配合，尤其操纵台人员，要严肃认真、全神贯注，以免发生人身、仪器设备事故。司机要坚守岗位，及时观察车体倾斜、地铺松动等情况，并及时通报车上操作人员。

（4）保护好探头，严禁摔打探头；避免探头暴晒和受冻；不许用电缆线拉探头；装卸探头时，只可转动探杆，不可转动探头；接探杆时，一定要拧紧，以防止孔斜。

（5）当贯入深度较大时，探头可能会偏离铅垂方向，使所测深度不准确。为了减少偏移，要求所用探杆必须是平直的，并要保证在最初贯入时不应有侧向推力。当遇到硬岩土层以及石头、砖瓦等障碍物时，要特别注意探头可能发生偏移的情况。

（6）锥尖阻力和侧壁摩阻力虽是同时测出的，但所处的深度是不同的。当对某一深度处的锥头阻力和摩阻力作比较时，例如计算摩阻比时，须考虑探头底面和摩擦筒中点的距离，如贯入第一个 10 cm 时，只记录 q_c；从第二个 10 cm 以后才开始同时记录 q_c 和 f_s。

（7）在钻孔、触探孔、十字板试验孔旁边进行触探时，离原有孔的距离应大于原有孔径的 20～25 倍，以防土层扰动。如要求精度较低时，两孔距离也可适当缩小。

12.2.5 试验数据整理

1. 主要成果

（1）单桥静力触探：比贯入阻力（p_s）-深度（h）关系曲线，如图 12-4 所示。

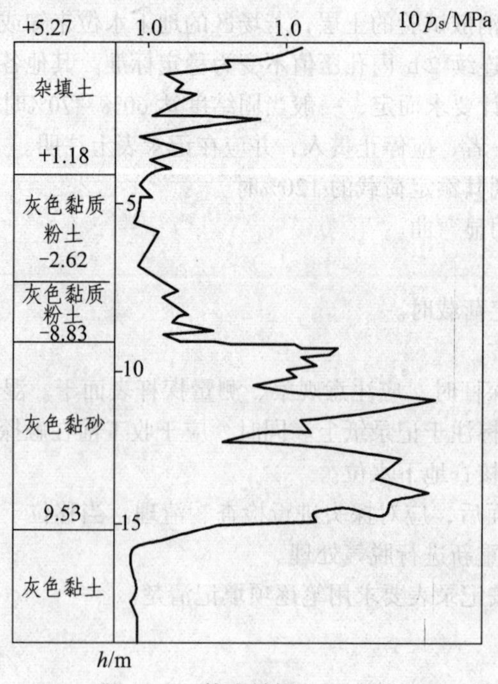

图 12-4 静力触探 p_s-h 曲线

（2）双桥静力触探：锥尖阻力（q_c）-深度（h）关系曲线、侧壁摩阻力（f_s）-深度（h）关系曲线，如图 12-5 所示。摩阻比（R_f））-深度（h）关系曲线，如图 12-6 所示。

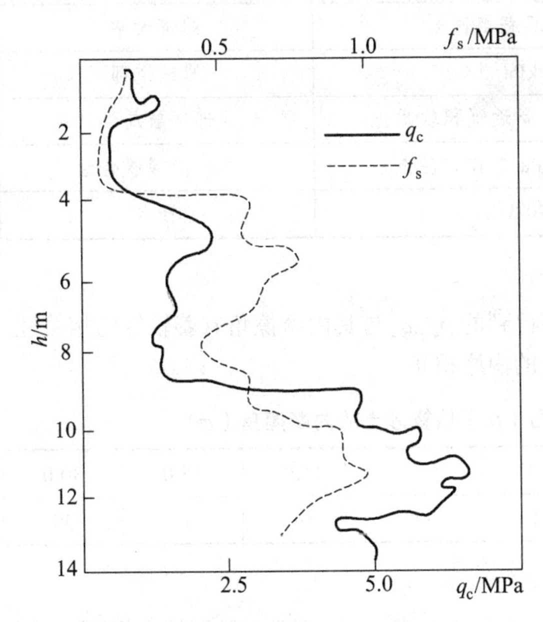

图 12-5　静力触探 q_c-h、f_s-h 曲线

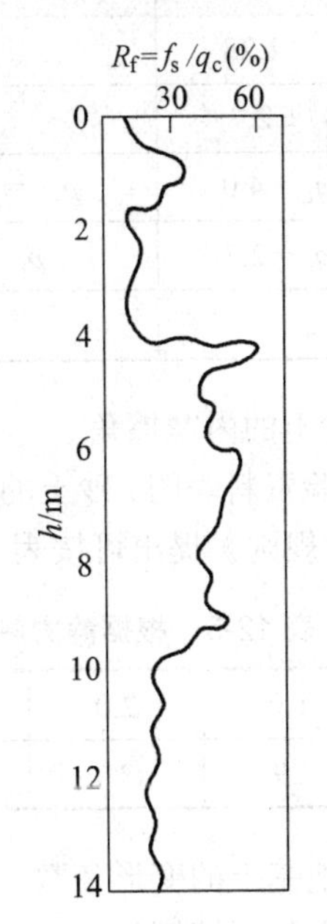

图 12-6　静力触探的 R_f-h 曲线

2. 成果应用

（1）划分土层界线

土层界线划分是岩土工程勘察工作的一个重要内容，特别是在桩基工程勘察时，对桩尖持力层顶面标高的确定和桩的施工长度控制具有十分重要的意义。根据静力触探试验曲线结合钻探分层可以准确确定土层分层界线，土层分界线的确定应考虑到试验时超前和滞后的影响，其具体确定方法如下：

① 上、下层贯入阻力相差不大时，取超前深度的中心位置，或中心偏向小阻力土层 5～10 cm 处作为分层界线。

② 上、下层贯入阻力相差一倍以上时，当由软土层进入硬土层（或由硬土层进入软土层）时，取软土层最后一个贯入阻力小值偏向硬土层 10 cm 作为分层界线。

③ 上、下层贯入阻力变化不明显时，可结合 f_s 和 R_f 的变化情况确定分层界线。

（2）划分场地土的类别

利用静力触探试验结果划分土层类别的方法主要有三种：

① 以 R_f 和 p_s（或 N_p）的值共同判别土的类别。

② 以 p_s-h 曲线和 N_p-h 曲线形态判别土的类别。

③ 以 R_f 和 N_p-h 曲线形态共同综合判别土的类别。

（3）评定地基土的强度参数

① 估算饱和黏性土的不排水抗剪强度 C_u

饱和黏性土不排水抗剪强度 C_u 可以直接按表 12-4 所列出的经验公式估算。

表 12-4 估算饱和黏土不排水抗剪强度 C_u 的经验公式

经验公式	使用条件	来源
$C_u = 0.071\ q_c + 1.28$	q_c <700 kPa 的滨海相软土	同济大学
$C_u = 0.039\ q_c + 2.7$	q_c <800 kPa	原铁道部
$C_u = 0.0308\ q_c + 4.0$	p_s =100～1 500 kPa 新近沉积软黏土	交通部一航局设计院
$C_u = 0.0696\ q_c - 2.7$	p_s =300～1 200 kPa 饱和软黏土	武汉静探联合组
$C_u = 0.1\ q_c$	$\phi = 0$ 的纯黏土	日本

② 评价砂土的内摩擦角

国内外试验资料表明，砂土的静力触探试验得到的 p_s、q_c 与其内摩擦角有着较好的相关性。《静力触探技术规则》提出可按表 12-5 估算砂土的内摩擦角。

表 12-5 根据静力触探的比贯入阻力（p_s）估算砂土的内摩擦角（φ）

p_s（MPa）	1.0	2.0	3.0	4.0	6.0	11.0	15.0	30.0
φ（°）	29	31	32	33	34	36	37	39

（4）评定地基土的变形参数

估算黏性土的压缩模量 E_s、变形模量 E_0 或砂土的压缩模量 E_s，《静力触探技术规则》提出可按表 12-6 估算砂土的压缩模量 E_s。

表 12-6 根据比贯入阻力（p_s）估算砂土压缩模量 E_s 对照表

p_s（MPa）	0.5	0.8	1.0	1.5	2.0	3.0	4.0	5.0
E_s（MPa）	2.6～5.0	3.5～5.6	4.1～6.0	5.1～7.5	6.0～9.0	9.0～11.5	11.5～13.0	13.0～15.0

（5）评定地基土的承载力

利用静力触探结果评定地基土承载力，国内外已开展了大量的工作，各地区和部门取得了许多对比经验公式或表格，各地之间并不统一，如表 12-7 是武汉地区 Q4 土层常用的比贯入阻力与地基承载力基本值的关系表，数值之间内插使用。

表 12-7 根据静力触探 P_0 估算地基土承载力基本值 f_0（kPa）的关系表

p_s（MPa）	0.1	0.3	0.5	0.8	1.0	1.5	2.0	3.0	4.0	5.0	6.0	7.0	8.0
一般黏性土				115	135	180	210	270	320	365			
粉土及饱和沙土					80	100	120	150	180	200	220	235	250

（6）预估单桩承载力

采用静力触探试验预估单桩承载力的技术已经比较成熟，许多国家已将这种方法列入了国家规范，如我国《建筑桩基技术规范》规定，应用单桥静力触探试验确定单桩极限承载力标准值时，可按下式计算：

$$Q_{uk} = u\sum q_{sik} l_i + \alpha p_{sk} A_p \tag{12-8}$$

式中 u——桩身周长；

q_{sik}——用静力触探比贯入值估算的桩周第 i 层土的极限摩擦阻力标准值；

l_i——桩穿越第 i 层土的厚度；

α——桩端阻力修正系数；

p_{sk}——桩端附近的静力触探比贯入阻力标准值（平均值）；

A_p——桩端面积。

采用双桥探头静力触探试验资料确定混凝土预制桩单桩竖向承载力标准值时，对于黏性土、粉土和砂土，当无地区经验公式时可按下式计算：

$$Q_{uk}=u\sum\beta_i l_i f_{si}+\alpha q_c A_p \tag{12-9}$$

式中　f_{si}——第 i 层土的探头平均侧阻力；

q_c——桩端平面处探头锥尖阻力；

α——桩端阻力修正系数；

β_i——第 i 层土桩侧阻力修正系数。

12.3　标准贯入试验

12.3.1　目的与适用范围

将贯入器贯入土中 30 cm 所需要的锤击数（又称为标贯击数）作为分析判断的依据，以此评定砂土的密实程度、黏性土的稠度状态和无侧限抗压强度、砂土的抗剪强度、饱和砂粉土的液化、地基土的承载力等指标。

12.3.2　主要试验设备

标准贯入试验设备见表 12-8。

表 12-8　标准贯入试验设备规格及适用土类

项目		规格	数值
落锤		质量（kg）	63.5
		落距（cm）	76
		直径（mm）	74
贯入器	对开管	长度（mm）	500
		外径（mm）	51
		内径（mm）	35
探杆（钻杆）		直径（mm）	42
		相对弯曲	<1‰
贯入指标			贯入 30 cm 的锤击数 $N_{63.5}$
主要使用土类			砂土、粉土、一般黏性土

12.3.3 试验依据

（1）《岩土工程勘察规范》（GB 50021—2001）（2009 年版）；

（2）《公路桥涵地基与基础设计规范》（JTG D63—2007）；

（3）《建筑地基基础设计规范》（GB 50007—2011）；

（4）《建筑抗震设计规范》（GB 50011—2010）。

12.3.4 试验方法及要求

（1）标准贯入试验应采用回转钻进，钻进过程中要保持孔中水位略高于地下水位，以防止孔底涌土，加剧孔底以下土层的扰动。当孔壁不稳定时，可采用泥浆或套管护壁，钻时应停止钻进，清除孔底残土至试验标高以上 15 cm 后再进行贯入试验。

（2）应采用自动脱钩的自由落锤装置并保证落锤平稳下落，减小导向杆与锤间的摩阻力，避免锤击偏心和侧向晃动，保持贯入器、探杆、导向杆连接后的垂直度，锤击速率应 30 击。

（3）探杆最大相对弯曲度应小于 1‰。

（4）正式试验前，应预先将贯入器打入土中 15 cm，然后开始记录每打入 10 cm 的锤击数，累计打入 30 cm 的锤击数为标准贯入试验锤击数 N。当锤击数已达到 50 击，而贯入深度未达到 30 cm 时，可记录 50 击的实际贯入度，并按下式换算成相当于 30 cm 贯入度的标准贯入试验锤击数 N 并终止实验：

$$N = 30 \times \frac{50}{\Delta S} \tag{12-10}$$

式中　ΔS——50 击时的实际贯入深度（cm）。

（5）标准贯入试验可在钻孔全深度范围内进行，也可仅在砂土、粉土等需要试验的土层中进行，间距一般为 1.0 ~ 2.0 m。

（6）由于标准贯入试验锤击数 N 值的离散性往往较大，故在利用其解决工程问题时应持慎重态度，仅仅依据单孔标贯试验资料提供设计参数是不可信的，如要提供定量的设计参数，应有当地经验，否则只能提供定性的结果，供初步评定用。

12.3.5 试验数据整理

标准贯入试验的成果就是试验点土层的标贯击数。对于标贯击数首先要说明一点的是，实测的标贯击数是否要进行探杆长度修正的问题，对于这一问题有两种截然不同的观点。一种观点认为探杆长度对标贯试验有显著影响，因此必须要进行杆长的修正，如日本的有关规范都规定要对实测的标贯击数进行杆长修正。而我国国标《岩土工程勘察规范》、《建筑抗震设计规范》及一些欧美国家的规范均明确规定不必进行杆长修正。其实由于标贯击数与土层的物理力学性质参数之间是统计关系，可以由经验决定是否修正。

（1）判定砂土的密实程度

显然，砂土的密实度越高，标贯击数 N 就越大；反之，砂土密实度越低，标贯击数 N 就越小，因此可以利用标贯击数对砂土的密实程度进行判别，具体可按表 12-9 进行。

表 12-9　标贯击数 N 与砂土密实度的关系对照表

密实程度	相对密实度 Dr	标贯击数 N
松散	0 ~ 0.2	0 ~ 10
稍密	0.2 ~ 0.33	10 ~ 15
中密	0.33 ~ 0.67	15 ~ 30
密实	0.67 ~ 1	>30

（2）评定黏性土的稠度状态和无侧限抗压强度

在国内经过大量试验，标贯击数与黏性土的稠度状态存在表 12-10 所列的统计关系。

表 12-10　黏性土的稠度状态与标贯击数的关系

标贯击数 N	<2	2 ~ 4	4 ~ 7	7 ~ 18	18 ~ 35	>35
稠度状态	流动	软塑	软可塑	硬可塑	硬塑	坚硬
液性指数 I_L	>1	1 ~ 0.75	0.75 ~ 0.5	0.5 ~ 0.25	0.25 ~ 0	<0

（3）评定砂土的抗剪强度指标 φ

砂土内摩擦角 φ 与标贯击数 N 的关系式如下：

$$\varphi = 0.3N + 27 \tag{12-11}$$

我国《建筑基础设计规范》采用如下经验公式：

$$\varphi = \sqrt{20N} + 15 \tag{12-12}$$

（4）评定地基土的承载力

用标贯击数 N 值确定砂土和黏性土的承载力标准值时，可按表 12-11、表 12-12 所示关系进行判定，中间采用线性内插。

表 12-11　砂土承载力标准值 f_k（kPa）与标贯击数的关系

f_k（kPa） \ 标贯击数 N		10	15	30	50
土类	中、粗砂	180	250	340	500
	粉、细砂	140	180	250	340

表 12-12　黏性土承载力标准值 f_k（kPa）与标贯击数的关系

标贯击数 N	3	5	7	9	11	13	15	17	19	21	23
f_k（kPa）	105	145	190	235	280	325	370	430	515	600	680

（5）饱和砂土、粉土的液化判定

标准贯入试验是判别饱和砂土、粉土液化的重要手段。《建筑抗震设计规范》推荐采用标准贯入试验判别法对地面以下 20 m 深度范围内的可液化土，按下式进行判别：

$$N < N_{cr} \tag{12-13}$$

$$N_{cr} = N_0\beta\left[\ln(0.6d_s + 1.5) - 0.1d_w\right]\sqrt{3/\rho_c} \tag{12-14}$$

式中 N—— 待判别饱和土的实测标贯击数；

N_{cr}—— 是否液化的标贯击数临界值；

N_o—— 是否液化的标贯击数基准值，按表 12-13 取用；

d_s—— 饱和土标准贯入试验点深度（m）；

d_w—— 地下水位深度（m），宜按建筑使用期内年平均最高水位采用，也可按近期内年最高水位采用；

ρ_c—— 黏粒含量百分率，当小于 3 或为砂土时均取 3；

β—— 调整系数，设计地震第一组取 0.8，第二组取 0.95，第三组取 1.05。

表 12-13 液化判别标准贯入击数基准值 N_0

设计基本地加速度（g）	0.10	0.15	0.20	0.30	0.40
液化判别标准贯入击数基准值	7	10	12	16	19

经上述判别为液化土层的地基，应进一步探明各液化土层的深度和厚度，并按下式计算液化指数：

$$L_{le} = \sum_{i=1}^{n}\left(1 - \frac{N_i}{N_{cri}}\right)d_i w_i \tag{12-15}$$

式中 L_{le}—— 液化指数；

n—— 在判别深度内每一个钻孔标准贯入试验点的总数；

N_i、N_{cri}—— 第 i 试验点标贯锤击数的实测值和临界值，当实测值大于临界值时，应取临界值的数值；当只需要判别 15 m 范围以内的液化时，15 m 以下的实测值可按临界值采用；

d_i——第 i 试验点所代表的土层厚度（m），可采用与该标准贯入试验点相邻的上、下两标贯试验点深度差值的一半，但上界不高于地下水位深度，下界不深于液化深度；

w_i——i 试验点所在土层的层厚影响权函数（单位 m^{-1}），当该土层中点深度不大于 5 m 时应取 10，等于 20 m 时应取 0，大于 5 m 而小于 20 m 时则按线性内插法确定。

根据计算结果，按表 12-14 确定液化等级。

表 12-14 液化等级判别表

液化指数 L_{le}	$0<L_{le}\leqslant 5$	$0<L_{le}\leqslant 5$	$0<L_{le}\leqslant 5$
液化等级	轻微	中等	严重

12.4 低应变反射波法检测桩基完整性

12.4.1 目的与适用范围

通过在桩顶施加激振信号产生应力波，该应力波沿桩身传播过程中，遇到不连续界面（如蜂窝、夹泥、断裂、孔洞等缺陷）和桩底面（即波阻抗发生变化）时，将产生反射波，检测分析反射波的传播时间、幅值、相位和波形特征，得出桩缺陷的大小、性质、位置等信息，最终对桩基的完整性给予评价。

本方法不适用于对薄壁钢管桩和类似于 H 型钢桩的异型桩的检测。

12.4.2　主要检测仪器

检测仪器包括：传感器，激振设备，采集记录仪器，测试分析软件。

传感器是反射波法测试桩基完整性的重要仪器，传感器一般可选用宽频带的速度或加速度传感器。一般用于测试的加速度传感器其上限频率不小于 2 kHz，电压灵敏度应大于 100 mV/g，电荷灵敏度应大于 100 pC/g，量程应大于 100 g。

激振设备应有不同的材质、不同重量之分，以便于改变激振频谱和能量，满足不同的检测目的。目前工程中常用的锤头有塑料头锤和尼龙头锤，他们激振的主频分别为 2 000 Hz 左右和 1 000 Hz 左右；锤柄有塑料柄、尼龙柄、铁柄等，柄长可根据需要而变化。一般来说，柄越短，则由柄本身的振动所引起的噪音越小，而且短柄产生的力脉冲宽度小、力谱宽度大。当检测深部缺陷时，应选用柄长、重的尼龙锤来加大冲击能量；当检测浅部缺陷时，可选用柄短、轻的尼龙锤。

采集记录仪器：用于采集、放大传感器信号，并将信号记录、保存。

12.4.3　检测依据

（1）《公路工程基桩动测技术规程》（JTG/T F81-01—2004）；

（2）《建筑基桩检测技术规范》（JGJ 106—2014）；

（3）《基桩动测仪》（JG/T 3055—1999）；

（4）《公路桥涵地基与基础设计规范》（JTG D63—2007）；

（5）《建筑地基基础设计规范》（GB 50007—2011）。

12.4.4　检测方法及要求

1. 检测前准备

（1）收集基桩施工过程的全部技术资料、档案。

（2）受检桩应符合下列规定：

① 受检桩混凝土强度至少达到设计强度的 70%，且不小于 15 MPa。

② 桩头的材质、强度、截面尺寸应与桩身基本等同。

③ 桩顶面应平整、密实、并与桩轴线基本垂直。

（3）对被测桩头进行处理，凿去浮浆，平整桩头，割除或扳开桩外露出的过长钢筋。

（4）选择传感器放置的位置。实心桩的激振点位置应选择在桩中心，测量传感器安装位置宜为距桩中心 2/3 半径处；空心桩的激振点与测量传感器安装位置宜在同一水平面上，且与桩中心连线形成的夹角宜为 90°，激振点和测量传感器安装位置宜为桩壁厚的 1/2 处，如图 12-7

所示。为了保证传感器与桩头地紧密接触，应在传感器放置位置将桩顶混凝土打磨平整，并在传感器底面涂抹凡士林或黄油，当桩径较大时，可在桩头安放两个或多个传感器。

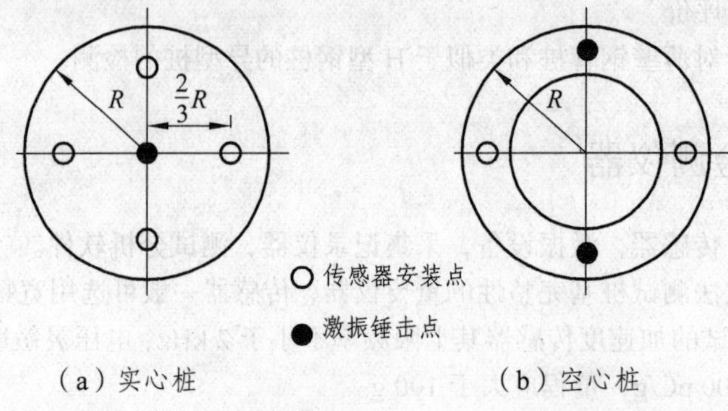

图 12-7　传感器安装点、锤击点布置示意图

2. 正式检测

（1）接通电源，对测试仪器进行预热，进行激振和信号接收的测试，以确定最佳的激振方式和接收条件。

（2）每根试桩应进行 3～5 次重复测试，出现异常波形应及时分析原因，排除影响测试的不良因素后再重复测试，重复测试的波形应与原波形有较好的相似性。

3. 测试参数设定

（1）时域信号分析的时间段长度应在 2 L/c 时刻后延续不少于 5 ms；幅频信号分析的频率范围上限不应小于 2 000 Hz。

（2）设定桩长应为桩顶测点至桩底的施工桩长，设定桩身截面面积应为施工截面面积。

（3）桩身波速可根据本地区同类型桩的测试值初步设定。

（4）采样时间间隔或采样频率应根据桩长、桩身波速和频域分辨率合理选择；时域信号采样点数不宜少于 1 024 个点。

（5）传感器的设定值应按计量检定结果设定。

4. 提高测试精度的措施

（1）为了减少随机干扰的影响，可采用信号增强技术进行多次重复激振，以提高信噪比。

（2）为了提高反射波的分辨率，应尽量使用小能量激振并选用截止频率较高的传感器和放大器。

（3）由于面波的干扰，桩身浅部的反射比较紊乱，为了有效地识别桩头附近的浅部缺陷，必要时可采用横向激振水平接收的方式进行辅助判别。

12.4.5　检测数据整理

1. 桩身波速平均值的确定

桩身波速平均值的确定应符合规定。

（1）当桩长已知、桩底反射信号明确时，在地质条件、设计桩型、成桩工艺相同的基桩中，选取不少于 5 根Ⅰ类桩，桩身波速值按下式计算其平均值：

$$c_{\mathrm{m}} = \frac{1}{n}\sum_{i=1}^{n} c_i \quad [12\text{-}16(a)]$$

$$c_i = \frac{2\,000L}{\Delta T} \quad [12\text{-}16(b)]$$

$$c_i = 2L \cdot \Delta f \quad [12\text{-}16(c)]$$

式中　c_{m}——桩身波速的平均值（m/s）；

c_i——第 i 根受检桩的桩身波速值（m/s），且$|c_i - c_{\mathrm{m}}|/c_{\mathrm{m}} \leqslant 5\%$；

L——测点下桩长（m）；

ΔT——速度波第一峰与桩底反射波峰间的时间差（ms）；

Δf——幅频曲线上桩底相邻谐振峰间的频差（Hz）；

n——参加波速平均值计算的基桩数量（$n \geqslant 5$）。

（2）当无法按上式确定时，波速平均值可根据本地区相同桩型及成桩工艺的其他桩基工程的实测值，结合桩身混凝土的骨料品种和强度等级综合确定。

2. 桩身缺陷位置的确定

桩身缺陷位置的确定应按下列公式计算：

$$x = \frac{1}{2000} \cdot \Delta t_{\mathrm{x}} \cdot c \quad (12\text{-}17)$$

$$x = \frac{1}{2} \cdot \frac{c}{\Delta f'} \quad (12\text{-}18)$$

式中　x——桩身缺陷至传感器安装点的距离（m）；

Δt_{x}——速度波第一峰与缺陷反射波峰间的时间差（ms）；

c——受检桩的桩身波速（m/s），无法确定时用平均值替代；

$\Delta f'$——幅频信号曲线上缺陷相邻谐振峰间的频差（Hz）。

12.4.6　结果评定

1. 评定桩身质量

反射波形特征是桩身质量的反应，利用反射波曲线进行桩身完整性判定时，应根据波形、相位、振幅、频率及波到达时间等因素综合考虑，桩身不同所得到的反射波特征如图 12-8、图 12-9、图 12-10、图 12-11 所示。

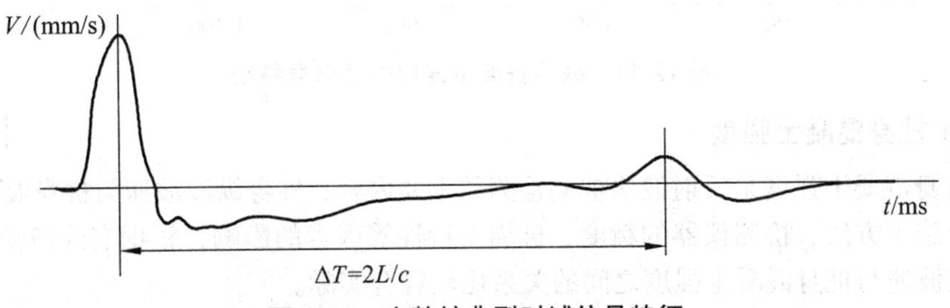

图 12-8　完整桩典型时域信号特征

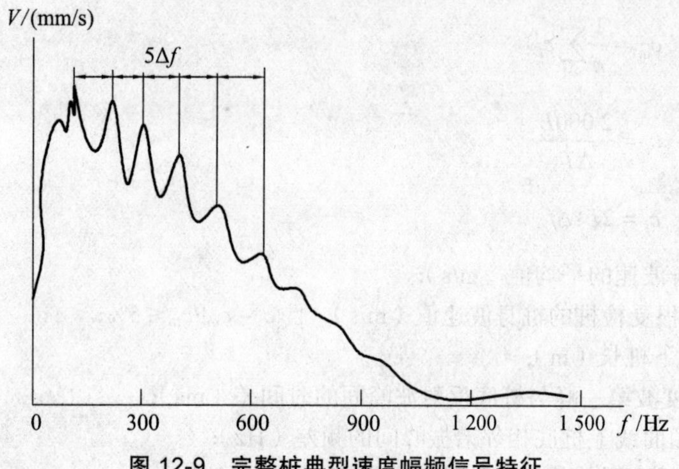

图 12-9 完整桩典型速度幅频信号特征

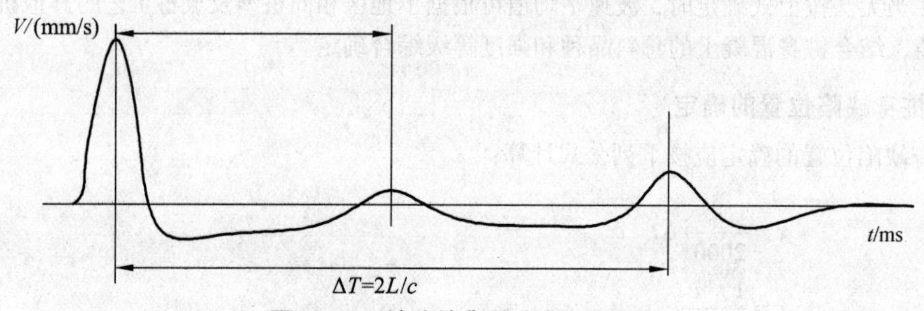

图 12-10 缺陷桩典型时域信号特征

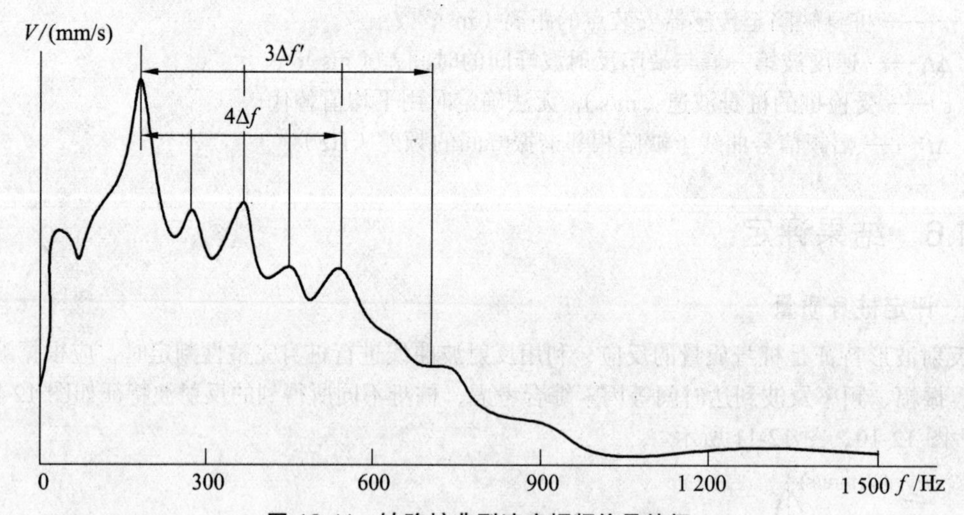

图 12-11 缺陷桩典型速度幅频信号特征

2. 推求桩身混凝土强度

推求桩身混凝土强度是反射波法桩基检测的重要内容，桩身纵波波速与桩身混凝土强度之间的关系受施工方法、检测仪器的精度、桩周土特性等因素的影响，根据实践经验，表 12-15 中桩身纵波波速与桩身混凝土强度之间的关系比较符合实际。

表 12-15　混凝土纵波波速与桩身强度关系

混凝土纵波波速（m/s）	混凝土强度（等级）
>4 100	>C35
3 700～4 100	C30
3 500～3 700	C25
2 700～3 500	C20
<2 700	<C20

3. 缺陷判断

为了更好地理解不同桩身阻抗变化条件对桩顶速度相应波形的影响，表 12-16 给出一些典型的记录曲线，除改变桩的横截面尺寸以外，桩的物理常数、冲击力脉冲的宽度和幅值、土的阻尼和阻力均不考虑变化。

表 12-16　不同缺陷反射波典型记录曲线

缺陷类别	典型记录曲线	说　　明
完整		① 短桩桩底反射波 R 与直达波 D 频率相近，振幅略小； ② 长桩 R 振幅频率低； ③ R 与 D 初动相位相同
扩径		① 情况与完整桩相近； ② 扩径反射波 R' 初动相位与直达波 D 相反； ③ R' 的振幅与扩径尺寸相关
缩径		① 缩径反射波 R'，其振幅大小与缩径尺寸有关； ② 缩径尺寸越大 R' 振幅越大，而桩底反射 R 振幅变小
夹泥 微裂 空露		① 夹泥、微裂、空洞三者情况相近，缺陷反射；波 R' 初动相近，缺陷反射波 R' 初动相位与 D 相同 ② 桩底反射 R 的频率随缺陷的严重程度有所降低
离析		① 离析反射 R' 一般不明显； ② 桩底反射 R 的频率有所下降
局部断裂		① 局部断裂会出现等间隔的多次反射 R'，R''，R'''； ② 桩底反射振幅小，频率往往降低
断桩		断桩无桩底反射，只有断桩部位的多次反射 R'，R''，R'''，R''''

桩身完整性类别应结合缺陷出现的深度、测试信号衰减特性以及设计桩型、成桩工艺、地质条件、施工情况和表 12-17 所列实测时域或幅频信号特征进行综合分析判定。

表 12-17　桩身完整性判定

类别	时域信号特征	幅频信号特征
Ⅰ	$2L/c$ 时刻前无缺陷反射波； 有桩底反射波	桩底谐振峰排列基本等间距，其相邻频差 $\Delta f \approx c/2L$
Ⅱ	$2\ /c$ 时刻前出现轻微缺陷反射波； 有桩底反射波	桩底谐振峰排列基本等间距，其相邻频差 $\Delta f \approx c/2L$，轻微缺陷产生的谐振峰与桩底谐振峰之间的频差 $\Delta f' > c/2L$
Ⅲ	有明显缺陷反射波，其他特征介于Ⅱ类和Ⅳ类之间	
Ⅳ	$2L/c$ 时刻前出现严重缺陷反射波或周期性反射波，无桩底反射波； 或因桩身浅部严重缺陷使波形呈现低频大振幅衰减振动，无桩底反射波	缺陷谐振峰排列基本等间距，相邻频差 $\Delta f' > c/2L$，无桩底谐振峰； 或因桩身浅部严重缺陷只出现单一谐振峰，无桩底谐振峰

注：对同一场地、地质条件相近、桩型和成桩工艺相同的基桩，因桩端部分桩身阻抗与持力层阻抗相匹配导致实测信号无桩底反射波时，可参照本场地同条件下有桩底反射波的其他桩实测信号判定桩身完整性类别。

对于嵌岩桩，桩底时域反射信号为单一反射波且与锤击脉冲信号同向时，应采取其他方法核验桩底嵌岩情况。

出现下列情况之一，桩身完整性判定宜结合其他检测方法进行：

（1）实测信号复杂，无规律，无法对其进行准确评价。

（2）设计桩身截面渐变或多变，且变化幅度较大的混凝土灌注桩。

12.4.7　检测常见问题

（1）加速度计与桩面用什么方法耦合较好？

由于桩面凹凸不平，且有砂石，再加上电缆线的拉动作用，用黄油往往达不到好的耦合效果。在桩头滴少许 502 胶，再将指头大小、黏性较好的橡皮泥压入桩面，然后再将加速度计旋入橡皮泥，这样耦合就会好些。或使用石膏，但需石膏完全凝固后再进行测试。

（2）脉冲频率或滤波频率较低对浅部缺陷判断有无影响？

当桩身浅部有缺陷，其反射波的频率较高。若桩身深部也存在缺陷，其反射波在桩端面反射后经浅部缺陷处又会产生反射。当脉冲频率或滤波频率较低时，高频反射波部分会丢失，导致实测信号失真，可能造成误判。所以建议尽量用高频信号来测桩，当遇到长桩时请用高频、低频相结合测试。

（3）反向过冲较大是否信号较差？

在实测信号中，我们往往会发现脉冲信号结束后有一个较大反向信号。导致反向过冲较大的因素较多，除了电缆线过长、电荷放大器电感及电容等参数不当、锤击点位置及锤击脉冲频率、传感器幅频及相频特性外，还有桩身阻抗变化影响，如：① 当桩头部分混凝土强度较低时，应力波遇强度较高混凝土时会产生反向反射。② 桩头附近波阻抗增大。③ 桩头附近波阻抗变小，由于锤击频率或滤波频率太低，高频成分被滤掉，此时，往往也会出现反向过冲这种现象。

（4）当检测信号是低频振荡衰减信号时，可能是什么因素造成的?

① 桩端附近断裂，应力波在断裂处会多次反射，同时还会引起断裂部分振动，振动相当于弹簧、阻尼、质量块系统振动。

② 桩顶至以下一段距离混凝土疏松、强度较低，应力波传播至正常混凝土时会产生反射，反射波信号与入射波信号反相，反射波二次反射后，与入射波信号同相，这样，相邻反射波相位相反也就变成振荡衰减信号。

12.5　声波透射法检测桩基完整性

12.5.1　目的与适用范围

适用于已预埋声测管的混凝土灌注桩桩身完整性检测，判定桩身缺陷的程度并确定其位置。《公路工程基桩动测技术规程》规定对桩径小于 0.6 m 的桩，不宜采用声波透射法进行测试。声测管未按桩长通长配置、声测管堵塞导致检测数据不全、声测管埋设数量不够的桩，不得采用该方法进行测试。《建筑基桩检测技术规范》规定声波透射法适用于直径不小于 0.8 m 的混凝土灌注桩的完整性检测。

12.5.2　主要检测仪器

声波透射法检测分析仪（超声测桩仪）。

12.5.3　检测依据

（1）《公路工程基桩动测技术规程》（JTG/T F81-01—2004）;
（2）《建筑基桩检测技术规范》（JGJ 106—2014）;
（3）《公路桥涵地基与基础设计规范》（JTG D63—2007）;
（4）《建筑地基基础设计规范》（GB 50007—2011）。

12.5.4　检测方法及要求

1. 检测前准备

（1）采用率定法确定仪器系统延迟时间。
（2）计算声测管及耦合水层声时修正值。
（3）在桩顶测量相应声测管外壁间净距离。
（4）将各声测管内注满清水，检查声测管畅通情况。
（5）换能器能在全程范围正常升降。

2. 现场检测

（1）将发射与接收声波换能器通过深度标志分别置于两根声测管中的测点处。

（2）发射与接收声波换能器应以相同标高[见图 12-12（a）]或保持固定高差[见图 12-12（b）]同步升降，测点间距不应大于 250 mm。

（3）实时显示和记录接收信号的时程曲线，读取声时、首波峰值和周期值，宜同时显示频谱曲线及主频值。

（4）将多根声测管以两根为一个检测剖面进行全组合，分别对所有检测剖面完成检测。

（5）在桩身质量可疑的测点周围，应采用加密测点，或采用斜测[见图 12-12（b）]、扇形扫测[见图 12-12（c）]进行复测，进一步确定桩身缺陷的位置和范围。

（6）在同一检测剖面的检测过程中，声波发射电压和仪器设置参数应保持不变。

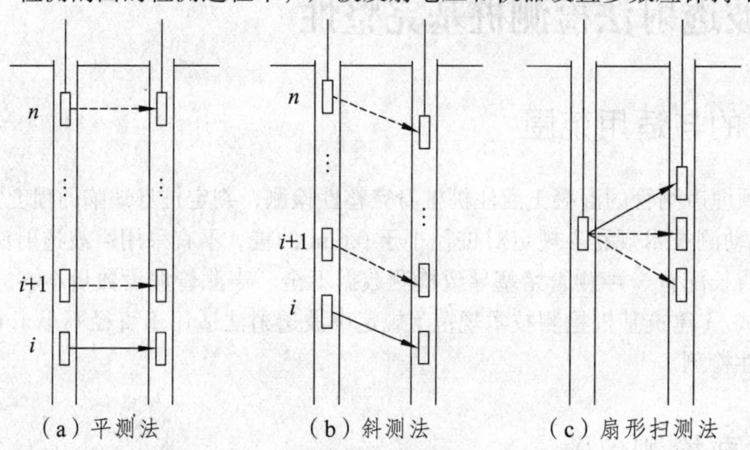

图 12-12　平测、斜测和扇形扫测示意图

3. 声测管的材质、埋设数量与方法

（1）埋设数量

①《建筑基桩检测技术规范》规定：桩径≤800 mm 时，不得少于 2 根声测管；800 mm<桩径≤1 600 mm 时，不得少于 3 根声测管；桩径>1 600 mm 时，不得少于 4 根声测管；桩径>2 500 mm 时，宜增加埋设声测管数量。

②《公路工程基桩动测技术规程》规定：桩径≤1 000 mm 时，埋设 2 根声测管；1 000 mm<桩径≤1 500 mm 时，埋设 3 根声测管；桩径>1 500 mm 时，埋设 4 根声测管。

（2）对声测管的材质与埋设要求

① 声测管材质：钢管、硬塑管。

② 声测管内径大于换能器外径（$\phi 20 \sim \phi 30$ mm）至少 15 mm。

③ 声测管的连接：最好用螺纹外套管接头连接，也可采用外加 8 cm 套管焊接（要求不漏浆、内壁光滑），管底密封、上端加盖、各管间应保持平行。

④ 固定方法：声测管应牢固焊接或绑扎在钢筋笼内侧，且相互平行，下埋至桩底，上高出桩顶 30 cm 以上。

4. 检测数量的规定

（1）《建筑基桩检测技术规范》规定

① 建筑桩基设计等级为甲级，或地基条件复杂、成桩质量可靠性较低的灌注桩工程，检

测数量不应少于总桩数的 30%，且不应少于 20 根；其他桩基工程，检测数量不应少于总桩数的 20%，且不应少于 10 根。

② 每个柱下承台检测桩数不应少于 1 根。

③ 大直径嵌岩灌注桩或设计等级为甲级的大直径灌注桩，应在①、②规定的检测桩数范围内，按不少于总桩数 10%的比例采用声波透射法或钻芯法进行检测。

（2）《公路工程基桩动测技术规程》规定

① 100%进行低应变反射波完整性检测。

② 重要工程钻孔灌注桩声波透射法检测桩数不少于 50%。

12.5.5 检测数据整理

各测点的声时、声速、波幅及主频应根据现场检测数据，按下列各式计算，并绘制声速-深度曲线和波幅-深度曲线，需要时可绘制辅助的主频-深度曲线。

$$t_{ci}(j)=t_i(j)-t_0-t' \tag{12-19}$$

$$v_i(j)=\frac{l_i'(j)}{t_{ci}(j)} \tag{12-20}$$

$$A_{pi}(j)=20\lg\frac{a_i(j)}{a_0} \tag{12-21}$$

$$f_i(j)=\frac{1\,000}{T_i(j)} \tag{12-22}$$

式中 i—— 声测线编号，应对每个检测剖面自下而上（或自上而下）连续编号；

j—— 检测剖面编号；

$t_{ci}(j)$—— 第 j 检测剖面第 i 声测线声时（μs）；

$t_i(j)$—— 第 j 检测剖面第 i 声测线声时测量值（μs）；

t_0—— 仪器系统延迟时间（μs）；

t'—— 声测管及耦合水层声时修正值（μs）；

$l_i'(j)$—— 第 j 检测剖面第 i 声测线的两声测管的外壁间净距离（mm），当两声测管平行时，可取为两声测管管口的外壁间净距离；斜测时，$l_i'(j)$ 为声波发射和接收换能器各自中点对应的声测管外壁处之间的净距离，可由桩顶面两声测管的外壁间净距离和发射接收声波换能器的高差计算得到；

$v_i(j)$—— 第 j 检测剖面第 i 声测线声速（km/s）；

$A_{pi}(j)$—— 第 j 检测剖面第 i 声测线的首波幅值（dB）；

$a_i(j)$—— 第 j 检测剖面第 i 声测线信号首波幅值（V）；

a_0—— 零分贝信号幅值（V）；

$f_i(j)$—— 第 j 检测剖面第 i 声测线信号主频值（kHz），可经信号频谱分析得到；

$T_i(j)$—— 第 j 检测剖面第 i 声测线信号周期（μs）。

当采用平测或斜测时，第 j 检测剖面的声速异常判断概率统计值应按下列方法确定：

（1）将第 j 检测剖面各声测线的声速值 $v_i(j)$ 由大到小依次按下式排序：

$$\begin{aligned}&v_1(j)\geqslant v_2(j)\geqslant\cdots v_{k'}(j)\geqslant\cdots v_{i-1}(j)\geqslant v_i(j)\geqslant\\&v_{i+1}(j)\geqslant\cdots v_{n-k}(j)\geqslant\cdots v_{n-1}(j)\geqslant v_n(j)\end{aligned}\tag{12-23}$$

式中 $v_i(j)$ —— 第 j 检测剖面第 i 声测线声速，$i=1, 2, \cdots$；

n —— 第 j 检测剖面的声测线总数；

k —— 拟去掉的低声速值的数据个数，$k=0, 1, 2, \cdots$；

k' —— 拟去掉的高声速值的数据个数，$k=0, 1, 2, \cdots$。

（2）对逐一去掉 $v_i(j)$ 中 k 个最小数值和 k' 个最大数值后的其余数据，按下列公式进行统计计算：

$$v_{01}(j)=v_{\mathrm{m}}(j)-\lambda\cdot s_{\mathrm{x}}(j)\tag{12-24}$$

$$v_{02}(j)=v_{\mathrm{m}}(j)+\lambda\cdot s_{\mathrm{x}}(j)\tag{12-25}$$

$$v_{\mathrm{m}}(j)=\frac{1}{n-k-k'}\sum_{i=k+1}^{n-k}v_i(j)\tag{12-26}$$

$$s_{\mathrm{x}}(j)=\sqrt{\frac{1}{n-k-k-1}\sum_{i=k+1}^{n-k}[v_i(j)-v_{\mathrm{m}}(j)]^2}\tag{12-27}$$

$$C_{\mathrm{v}}(j)=\frac{s_{\mathrm{x}}(j)}{v_{\mathrm{m}}(j)}\tag{12-28}$$

式中 $v_{01}(j)$ ——第 j 剖面的声速异常小值判断值；

$v_{02}(j)$ ——第 j 剖面的声速异常大值判断值；

$v_{\mathrm{m}}(j)$ ——（$n-k-k'$）个数据的平均值；

$s_x(j)$ ——（$n-k-k'$）个数据的标准差；

$C_{\mathrm{v}}(j)$ ——（$n-k-k'$）个数据的变异系数；

λ ——由表 12-18 查得的与（$n-k-k'$）相对应的系数。

表 12-18 统计数据个数（$n-k-k'$）与对应的λ值

$n-k-k'$	10	11	12	13	14	15	16	17	18	20
λ	1.28	1.33	1.38	1.43	1.47	1.50	1.53	1.56	1.59	1.64
$n-k-k'$	20	22	24	26	28	30	32	34	36	38
λ	1.64	1.69	1.73	1.77	1.80	1.83	1.86	1.89	1.91	1.94
$n-k-k'$	40	42	44	46	48	50	52	54	56	58
λ	1.96	1.98	2.00	2.02	2.04	2.05	2.07	2.09	2.10	2.11
$n-k-k'$	60	62	64	66	68	70	72	74	76	78
λ	2.13	2.14	2.15	2.17	2.18	2.19	2.20	2.21	2.22	2.23
$n-k-k'$	80	82	84	86	88	90	92	94	96	98
λ	2.24	2.25	2.26	2.27	2.28	2.29	2.29	2.30	2.31	2.32

续表 12-18

$n-k-k'$	100	105	110	115	120	125	130	135	140	145
λ	2.33	2.34	2.36	2.38	2.39	2.41	2.42	2.43	2.45	2.46
$n-k-k'$	150	160	170	180	190	200	220	240	260	280
λ	2.47	2.50	2.52	2.54	2.56	2.58	2.61	2.64	2.67	2.69
$n-k-k'$	300	320	340	360	380	400	420	440	470	500
λ	2.72	2.74	2.76	2.77	2.79	2.81	2.82	2.84	2.86	2.88
$n-k-k'$	550	600	650	700	750	800	850	900	950	1000
λ	2.91	2.94	2.96	2.98	3.00	3.02	3.04	3.06	3.08	3.09
$n-k-k'$	1100	1200	1300	1400	1500	1600	1700	1800	1900	2000
λ	3.12	3.14	3.17	3.19	3.21	3.23	3.24	3.26	3.28	3.29

（3）按 $k=0$、$k'=0$、$k=1$、$k'=1$、$k=2$、$k'-2$、…的顺序，将参加统计的数列最小数据 $v_{n-k}(j)$ 与异常小值判断值 $v_{01}(j)$ 进行比较，当 $v_{n-k}(j) \leqslant v_{01}(j)$ 时剔除最小数据；将最大数据 $v_{k'+1}(j)$ 与异常大值判断值 $v_{02}(j)$ 进行比较，当 $v_{k'+1}(j) \geqslant v_{02}(j)$ 时剔除最大数据；每次剔除一个数据，对剩余数据构成的数列，重复式（12-24）~（12-28）的计算步骤，直到下列两式成立：

$$v_{n-k}(j) > v_{01}(j) \tag{12-29}$$

$$v_{k'+1}(j) > v_{02}(j) \tag{12-30}$$

第 j 检测剖面的声速异常判断概率统计值，应按下式计算：

$$v_0(j)=\begin{cases} v_{\mathrm{m}}(j)(1-0.015\lambda) & 当\ C_{\mathrm{v}}(j)<0.015\ 时 \\ v_{01}(j) & 当\ 0.015 \leqslant C_{\mathrm{v}}(j) \leqslant 0.045\ 时 \\ v_{\mathrm{m}}(j)(1-0.045\lambda) & 当\ C_{\mathrm{v}}(j)>0.045\ 时 \end{cases} \tag{12-31}$$

式中 $v_0(j)$ —— 第 j 检测剖面的声速异常判断概率统计值。

受检桩的声速异常判断临界值，应按下列方法确定：

（1）应根据本地区经验，结合预留同条件混凝土试件或钻芯法获取的芯样试件的抗压强度与声速对比试验，分别确定桩身混凝土声速低限值 v_{L} 和混凝土试件的声速平均值 v_{p}。

（2）当 $v_0(j)$ 大于 v_{L} 且小于 v_{p} 时，

$$v_{\mathrm{c}}(j)=v_0(j) \tag{12-32}$$

式中 $v_{\mathrm{c}}(j)$ ——第 j 检测剖面的声速异常判断临界值；

$v_0(j)$ ——第 j 检测剖面的声速异常判断概率统计值。

（3）当 $v_0(j) \leqslant v_{\mathrm{L}}$ 或 $v_0(j) \geqslant v_{\mathrm{p}}$ 时，应分析原因；第 j 检测剖面的声速异常判断临界值可按下列情况的声速异常判断临界值综合确定：

① 同一根桩的其他检测剖面的声速异常判断临界值。

② 与受检桩属同一工程、相同桩型且混凝土质量较稳定的其他桩的声速异常判断临界值。

（4）对只有单个检测剖面的桩，其声速异常判断临界值等于检测剖面声速异常判断临界值；对具有 3 个及以上检测剖面的桩，应取各个检测剖面声速异常判断临界值的算术平均值，作为该桩各声测线的声速异常判断临界值。

声速 $v_i(j)$ 异常应按下式判定：

$$v_i(j) \leqslant v_c \tag{12-33}$$

波幅异常判断的临界值，应按下列公式计算：

$$A_{\mathrm{m}}(j)=\frac{1}{n}\sum_{j=1}^{n}A_{\mathrm{p}j}(j) \tag{12-34(a)}$$

$$A_{\mathrm{c}}(j)=A_{\mathrm{m}}(j)-6 \tag{12-34(b)}$$

波幅异常应按下式判定：

$$A_{\mathrm{p}i}(j)<A_{\mathrm{c}}(j) \tag{12-34(c)}$$

式中 $A_{\mathrm{m}}(j)$ —— 第 j 检测剖面各声测线的波幅平均值（dB）；

$A_{\mathrm{p}i}(j)$ —— 第 j 检测剖面第 i 声测线的波幅值（dB）；

$A_{\mathrm{c}}(j)$ —— 第 j 检测剖面波幅异常判断的临界值（dB）；

n —— 第 j 检测剖面的声测线总数。

当采用信号主频值作为辅助异常声测线判据时，主频-深度曲线上主频值明显降低的声测线可判定为异常。

当采用接收信号的能量作为辅助异常声测线判据时，能量-深度曲线上接收信号能量明显降低可判定为异常。

采用斜率法作为辅助异常声测线判据时，声时-深度曲线上相邻两点的斜率与声时差的乘积 PSD 值应按下式计算。当 PSD 值在某深度处突变时，宜结合波幅变化情况进行异常声测线判定。

$$PSD(j,i)=\frac{[t_{\mathrm{c}i}(j)]-[t_{\mathrm{c}i-1}(j)]^2}{z_i-z_{i-1}} \tag{12-35}$$

式中 PSD —— 声时-深度曲线上相邻两点连线的斜率与声时差的乘积（$\mu s^2/m$）；

$t_{\mathrm{c}i}(j)$ —— 第 j 检测剖面第 i 声测线的声时（μs）；

$t_{\mathrm{c}i-1}(j)$ —— 第 j 检测剖面第 $i-1$ 声测线的声时（μs）；

$z_i(j)$ —— 第 i 声测线深度（m）；

$z_{i-1}(j)$ —— 第 $i-1$ 声测线深度（m）。

桩身缺陷的空间分布范围，可根据以下情况判定：

（1）桩身同一深度上各检测剖面桩身缺陷的分布。

（2）复测和加密测试的结果。

桩身完整性类别应结合桩身缺陷处声测线的声学特征、缺陷的空间分布范围，按表 12-19 和表 12-20 所列特征进行综合判定。

表 12-19　桩身完整性分类表

桩身完整性类别	分类原则
Ⅰ类桩	桩身完整
Ⅱ类桩	桩身有轻微缺陷，不会影响桩身结构承载力的正常发挥
Ⅲ类桩	桩身有明显缺陷，对桩身结构承载力有影响
Ⅳ类桩	桩身存在严重缺陷

表 12-20　桩身完整性判定

类别	特　征
Ⅰ	① 所有声测线声学参数无异常，接收波形正常； ② 存在声学参数轻微异常、波形轻微畸变的异常声测线，异常声测线在任一检测剖面的任一区段内纵向不连续分布，且在任一深度横向分布的数量小于检测剖面数量的 50%
Ⅱ	① 存在声学参数轻微异常、波形轻微畸变的异常声测线，异常声测线在一个或多个检测剖面的一个或多个区段内纵向连续分布，或在一个或多个深度横向分布的数量大于或等于检测剖面数量的 50%； ② 存在声学参数明显异常、波形明显畸变的异常声测线，异常声测线在任一检测剖面的任一区段内纵向不连续分布，且在任一深度横向分布的数量小于检测剖面数量的 50%
Ⅲ	① 存在声学参数明显异常、波形明显畸变的异常声测线，异常声测线在一个或多个检测剖面的一个或多个区段内纵向连续分布，但在任一深度横向分布的数量小于检测剖面数量的 50%； ② 存在声学参数明显异常、波形明显畸变的异常声测线，异常声测线在任一检测剖面的任一区段内纵向不连续分布，但在一个或多个深度横向分布的数量大于或等于检测剖面数量的 50%； ③ 存在声学参数严重异常、波形严重畸变或声速低于低限值的异常声测线，异常声测线在任一检测剖面的任一区段内纵向不连续分布，且在任一深度横向分布的数量小于检测剖面数量的 50%
Ⅳ	① 存在声学参数明显异常、波形明显畸变的异常声测线，异常声测线在一个或多个检测剖面的一个或多个区段内纵向连续分布，且在一个或多个深度横向分布的数量大于或等于检测剖面数量的 50%； ② 存在声学参数严重异常、波形严重畸变或声速低于低限值的异常声测线，异常声测线在一个或多个检测剖面的一个或多个区段内纵向连续分布，或在一个或多个深度横向分布的数量大于或等于检测剖面数量的 50%

注：① 完整性类别由Ⅳ类往Ⅰ类依次判定。
② 对于只有一个检测剖面的受检桩，桩身完整性判定应按该检测剖面代表桩全部横截面的情况对待。

12.6　桩的钻芯检测

12.6.1　目的与适用范围

通过对桩体钻孔取芯，可以检测桩身混凝土质量，直观检查桩的制作状况，如蜂窝麻面、气孔状况、是否断裂，判断其完整性；对取得的芯样进行混凝土强度测定，判断是否达到设计要求；还可以检查桩长及桩底沉渣、嵌岩情况、持力层性状等。

12.6.2 主要检测设备

钻孔取芯法所需的设备随检测的项目而定，如仅检测灌注桩的完整性，只需钻机即可；如要检测灌注桩混凝土的强度，则还需有锯切芯样的锯切机、加工芯样的磨平机和专用补平器，以及进行混凝土强度试验的压力机。

1. 钻　机

桩基钻孔取芯应采用液压高速钻机，钻机应具有足够的刚度、操作灵活、固定和移动方便，并应有循环水冷却系统。严禁采用手把式或振动大的破旧钻机，钻机主轴的径向跳动不应超过 0.1 mm，钻机宜采用ϕ50 mm 的钻杆，钻杆必须平直，钻机应采用双管单动钻具。钻机取芯宜采用内径最小尺寸大于混凝土骨料粒径 2 倍的人造金刚石薄壁钻头（通常内径为 100 mm 或 150 mm）。钻头胎体不得有肉眼可见的裂纹、缺边、少角、倾斜和喇叭口变形等，钻头的径向跳动不得大于 1.5 mm。

2. 锯切机、磨平机和补平器

锯切机应具有冷却系统和牢固夹紧芯样的装置，配套使用的人造金刚石圆锯片应有足够的刚度。磨平机和补平器除保证芯样端面平整外，还应保证芯样端面与轴线垂直。

3. 压力机

压力机的量度和精度应能满足芯样试件的强度要求，压力机应能平稳连续加载而无冲击，承压板必须具有足够刚度，板面必须平整光滑，球座灵活轻便。承压板的直径应不小于芯样试件的直径，也不宜大于试件直径的 2 倍，否则应在试件上下两端加辅助承压板。

12.6.3 检测依据

（1）《建筑基桩检测技术规范》（JGJ 106—2014）；
（2）《公路桥涵地基与基础设计规范》（JTG D63—2007）；
（3）《建筑地基基础设计规范》（GB 50007—2011）。

12.6.4 检测方法及要求

钻孔取芯的检测按以下步骤进行：

1. 确定钻孔位置

灌注桩的钻孔位置，应根据需要与委托方共同商议确定。一般当桩径小于 1 600 mm 时，宜选择靠近桩中心钻孔，当桩径等于或大于 1 600 mm 时，钻孔数不宜少于 2 个。

2. 安置钻机

钻孔位置确定后，应对准孔位安置钻机。钻机就位并安放平稳后，应将钻机固定，以使工作时不致产生位置偏移。固定方法应根据钻机构造和施工现场的具体情况，分别采用顶杆支撑、配重或地锚膨胀螺栓等方法。

在固定钻机时，还应检查底盘的水平度，保证钻杆以及钻孔的垂直度。

3. 施钻前的检查

施钻前应先通电检查主轴的旋转方向，当旋转方向为顺时针时，方可安装钻头。并调整钻机主轴的旋转轴线，使其呈垂直状态。

4. 开　钻

开钻前先接水源和电源，将变速钮拨到所需转速，正向转动操作手柄，使合金钻头慢慢地接触混凝土表面，待钻头刃部入槽稳定后方可加压进行正常钻进。

5. 钻进取芯

在钻进过程中，应保持钻机的平稳，转速不宜小于 140 r/min，钻孔内的循环水流不得中断，水压应保证能充分排除孔内混凝土屑料，循环冷却水出口的温度不宜超过 30 °C，水流量宜为 3 ~ 5 L/min。每次钻孔进尺长度不宜超过 1.5 m。提钻取芯时，应拧下钻头和胀圈，严禁敲打卸取芯样。卸取的芯样应冲洗干净后标上深度，按顺序置于芯样箱中。当钻孔接近可能存在断裂，或混凝土可能存在疏松、离析、夹泥等质量问题的部位以及桩底时，应改用适当的钻进方法和工艺，并注意观察回水变色、钻进速度的变化等，并做好记录。

灌注桩钻孔取芯检测的取芯数目视桩径和桩长而定。通常至少每 1.5 m 应取 1 个芯样，沿桩长均匀选取，每个芯样均应标明取样深度，以便判明有无缺陷以及缺陷的位置。对用于判明灌注柱混凝土强度的芯样，则根据情况，每一桩不得少于 10 个试样。钻孔取芯的深度应进入桩底持力层不小于 1 m。

6. 补　孔

在钻孔取芯以后，桩上留下的孔洞应及时进行修补，修补时宜用高于桩原来强度等级的混凝土来填充。由于钻孔孔径较小，填补的混凝土不易振捣密实，故应采用坍落度较大的混凝土浇灌，以保证其密实性。

芯样试件一般一组 3 个，宜在同一高度附近取样。取样的位置可根据目测的混凝土胶结情况，选择芯样较差的部位取样，由此所得的抗压强度可视作最小值。如最小值已满足设计要求，整根桩的强度就满足要求。

12.6.5　检测数据整理

每根受检桩混凝土芯样试件抗压强度的确定应符合下列规定：

（1）取一组 3 块试件强度值的平均值，作为该组混凝土芯样试件抗压强度检测值。

（2）同一受检桩同一深度部位有两组或两组以上混凝土芯样试件抗压强度检测值时，取其平均值作为该桩该深度处混凝土芯样试件抗压强度检测值。

（3）取同一受检桩不同深度位置的混凝土芯样试件抗压强度检测值中的最小值，作为该桩混凝土芯样试件抗压强度检测值。

桩端持力层性状应根据持力层芯样特征，并结合岩石芯样单轴抗压强度检测值、动力触探或标准贯入试验结果，进行综合判定或鉴别。

桩身完整性类别应结合钻芯孔数、现场混凝土芯样特征、芯样试件抗压强度试验结果，按表 12-19 和表 12-20 所列特征进行综合判定。

当混凝土出现分层现象时，宜截取分层部位的芯样进行抗压强度试验。当混凝土抗压强度满足设计要求时，可判为Ⅱ类；当混凝土抗压强度不满足设计要求或不能制作成芯样试件时，应判为Ⅳ类。

多于三个钻芯孔的基桩桩身完整性可参照表 12-21 的三孔特征进行判定。

表 12-21　桩身完整性判定

<table>
<tr><th rowspan="2">类别</th><th colspan="3">特　性</th></tr>
<tr><th>单　孔</th><th>双　孔</th><th>三　孔</th></tr>
<tr><td rowspan="2">Ⅰ</td><td colspan="3">混凝土芯样连续、完整、胶结好，芯样侧表面光滑、骨料分布均匀，芯样呈长柱状、断口吻合</td></tr>
<tr><td>芯样侧表面仅见少量气孔</td><td>局部芯样侧表面有少量气孔、蜂窝麻面、沟槽，但在另一孔同一深度部位的芯样中未出现，否则应判为Ⅱ类</td><td>局部芯样侧表面有少量气孔、蜂窝麻面、沟槽，但在三孔同一深度部位的芯样中未同时出现，否则应判为Ⅱ类</td></tr>
<tr><td rowspan="2">Ⅱ</td><td colspan="3">混凝土芯样连续、完整、胶结较好，芯样侧表面较光滑、骨料分布基本均匀，芯样呈柱状、断口基本吻合。有下列情况之一：</td></tr>
<tr><td>① 局部芯样侧表面有蜂窝麻面、沟槽或较多气孔；
② 芯样侧表面蜂窝麻面严重、沟槽连续或局部芯样骨料分布极不均匀，但对应部位的混凝土芯样试件抗压强度检测值满足设计要求，否则应判为Ⅲ类</td><td>① 芯样侧表面有较多气孔、严重蜂窝麻面、连续沟槽或局部混凝土芯样骨料分布不均匀，但在两孔同一深度部位的芯样中未同时出现；
② 芯样侧表面有较多气孔、严重蜂窝麻面、连续沟槽或局部混凝土芯样骨料分布不均匀，且在另一孔同一深度部位的芯样中同时出现，但该深度部位的混凝土芯样试件抗压强度检测值满足设计要求，否则应判为Ⅲ类；
③ 任一孔局部混凝土芯样破碎段长度不大于 10 cm，且在另一孔同一深度部位的局部混凝土芯样的外观判定完整性类别为Ⅰ类或Ⅱ类，否则应判为Ⅲ类或Ⅳ类</td><td>① 芯样侧表面有较多气孔、严重蜂窝麻面、连续沟槽或局部混凝土芯样骨料分布不均匀，但在三孔同一深度部位的芯样中未同时出现；
② 芯样侧表面有较多气孔、严重蜂窝麻面、连续沟槽或局部混凝土芯样骨料分布不均匀，且在任两孔或三孔同一深度部位的芯样中同时出现，但该深度部位的混凝土芯样试件抗压强度检测值满足设计要求，否则应判为Ⅲ类；
③ 任一孔局部混凝土芯样破碎段长度不大于 10 cm，且在另两孔同一深度部位的局部混凝土芯样的外观判定完整性类别为Ⅰ类或Ⅱ类，否则应判为Ⅲ类或Ⅳ类</td></tr>
<tr><td rowspan="2">Ⅲ</td><td colspan="2">大部分混凝土芯样胶结较好，无松散、夹泥现象。有下列情况之一：</td><td>大部分混凝土芯样胶结较好。有下列情况之一：</td></tr>
<tr><td>① 芯样不连续、多呈短柱状或块状；
② 局部混凝土芯样破碎段长度不大于 10 cm</td><td>① 芯样不连续、多呈短柱状或块状；
② 任一孔局部混凝土芯样破碎段长度大于 10 但不大于 20 cm，且在另一孔同一深度部位的局部混凝土芯样的外观判定完整性类别为Ⅰ类或Ⅱ类，否则应判为Ⅳ类</td><td>① 芯样不连续、多呈短柱状或块状；
② 任一孔局部混凝土芯样破碎段长度大于 10 cm 但不大于 30 cm，且在另两孔同一深度部位的局部混凝土芯样的外观判定完整性类别为Ⅰ类或Ⅱ类，否则应判为Ⅳ类；
③ 任一孔局部混凝土芯样松散段长度不大于 10 cm，且在另两孔同一深度部位的局部混凝土芯样的外观判定完整性类别为Ⅰ类或Ⅱ类，否则应判为Ⅳ类</td></tr>
</table>

续表 12-21

类别	特性		
	单孔	双孔	三孔
Ⅳ	有下列情况之一：		
	① 因混凝土胶结质量差而难以钻进； ② 混凝土芯样任一段松散或夹泥； ③ 局部混凝土芯样破碎长度大于 10 cm	① 任一孔因混凝土胶结质量差而难以钻进； ② 混凝土芯样任一段松散或夹泥； ③ 任一孔局部混凝土芯样破碎长度大于 20 cm； ④ 两孔同一深度部位的混凝土芯样破碎	① 任一孔因混凝土胶结质量差而难以钻进； ② 混凝土芯样任一段松散或夹泥段长度大于 10 cm； ③ 任一孔局部混凝土芯样破碎长度大于 30 cm； ④ 其中两孔在同一深度部位的混凝土芯样破碎、松散或夹泥

注：当上一缺陷的底部位置标高与下一缺陷的顶部位置标高的高差小于 30 cm 时，可认定两缺陷处于同一深度部位。

成桩质量评价应按单根受检桩进行。当出现下列情况之一时，应判定该受检桩不满足设计要求：

（1）混凝土芯样试件抗压强度检测值小于混凝土设计强度等级。

（2）桩长、桩底沉渣厚度不满足设计要求。

（3）桩底持力层岩土性状（强度）或厚度不满足设计要求。

当桩基设计资料未作具体规定时，应按国家现行标准判定成桩质量。

12.7 单桩竖向抗压静载试验

12.7.1 目的与适用范围

通过对单桩施加竖向静力荷载，以此确定单桩的竖向抗压承载力。当埋设有测量桩身应力、应变、桩底反力的传感器或位移计时，可测定桩分层侧阻力和端阻力或桩身截面的位移量。

为设计提供依据的试验桩，应加载至破坏；当桩的承载力以桩身强度控制时，可按设计要求的加载量进行。对工程桩抽样检测时，加载量不应小于设计要求的单桩承载力特征值的 2.0 倍。

12.7.2 主要试验设备

分离式油压千斤顶，基桩静载荷试验仪，电阻应变位移传感器。

12.7.3 试验依据

（1）《建筑基桩检测技术规范》（JGJ 106—2014）；

（2）《公路桥涵地基与基础设计规范》（JTG D63—2007）；

（3）《建筑地基基础设计规范》（GB 50007—2011）。

12.7.4 试验方法及要求

1. 试验前准备

（1）试验加载宜采用油压千斤顶。当采用两台及两台以上千斤顶加载时应并联同步工作，且应符合下列规定：

① 采用的千斤顶型号、规格应相同。

② 千斤顶的合力中心应与桩轴线重合。

（2）加载反力装置可根据现场条件选择锚桩横梁反力装置、压重平台反力装置、锚桩压重联合反力装置、地锚反力装置，并应符合下列规定：

① 加载反力装置能提供的反力不得小于最大加载量的 1.2 倍。

② 应对加载反力装置的全部构件进行强度和变形验算。

③ 应对锚桩抗拔力（地基土、抗拔钢筋、桩的接头）进行验算；采用工程桩作锚桩时，锚桩数量不应少于 4 根，并应监测锚桩上拔量。

④ 压重宜在检测前一次加足，并均匀稳固地放置于平台上。

⑤ 压重施加于地基的压应力不宜大于地基承载力特征值的 1.5 倍，有条件时宜利用工程桩作为堆载支点。

（3）荷载测量可用放置在千斤顶上的荷重传感器直接测定；或采用并联于千斤顶油路的压力表或压力传感器测定油压，根据千斤顶率定曲线换算荷载。传感器的测量误差不应大于 1%，压力表精度应优于或等于 0.4 级。试验用千斤顶、油泵、油管在最大加载时的压力不应超过规定工作压力的 80%。

（4）沉降测量宜采用位移传感器或大量程百分表，并应符合下列规定：

① 测量误差不大于 0.1%FS，分辨力优于或等于 0.01 mm。

② 直径或边宽大于 500 mm 的桩，应在其两个方向对称安置 4 个位移测试仪表，直径或边宽小于等于 500 mm 的桩可对称安置 2 个位移测试仪表。

③ 沉降测定平面宜在桩顶 200 mm 以下位置，测点应牢固地固定于桩身。

④ 基准梁应具有一定刚度，梁一端应固定在基准桩上，另一端应简支于基准桩上。

⑤ 固定和支撑位移计（百分表）的夹具及基准梁应避免气温、振动及其他外界因素的影响。

⑥ 试桩、锚桩（压重平台支墩边）和基准桩之间的中心距离应符合表 12-22 规定。

表 12-22 试桩、锚桩（或压重平台支墩边）和基准桩之间的中心距离

距离 反力装置	试桩中心与锚桩中心 （或压重平台支墩边）	试桩中心与 基准桩中心	基准桩中心与锚桩中心 （或压重平台支墩边）
锚桩横梁	≥4（3）D 且>2.0 m	≥4（3）D 且>2.0 m	≥4（3）D 且>2.0 m
压重平台	≥4D 且>2.0 m	≥4（3）D 且>2.0 m	≥4D 且>2.0 m
地锚装置	≥4D 且>2.0 m	≥4（3）D 且>2.0 m	≥4D 且>2.0 m

注：① D 为试桩、锚桩或地锚的设计直径或边宽，取其较大者。

② 括号内数值可用于工程桩验收检测时，多排桩设计桩中心距离小于 4D 或压重平台支墩下 2～3 倍宽影响范围内的地基土已进行加固处理的情况。

2. 现场试验

（1）试桩的成桩工艺和质量控制标准应与工程桩一致。

（2）桩顶部宜高出试坑底面，试坑底面宜与桩承台底标高一致。

（3）对作为锚桩用的灌注桩和有接头的混凝土预制桩，检测前宜对其桩身完整性检测。

（4）试验加卸载方式应符合下列规定：

① 加载应分级进行，采用逐级等量加载；分级荷载宜为最大加载量或预估极限承载力的 1/10，其中第一级可取分级荷载的 2 倍。

② 卸载应分级进行，每级卸载量取加载时分级荷载的 2 倍，逐级等量卸载。

③ 加、卸载时应使荷载传递均匀、连续、无冲击，每级荷载在维持过程中的变化幅度不得超过该级增减量的±10%。

（5）为设计提供依据的竖向抗压静载试验应采用慢速维持荷载法。

（6）慢速维持荷载法试验步骤应符合下列规定：

① 每级荷载施加后按第 5、15、30、45、60 min 测读桩顶沉降量，以后每隔 30 min 测读一次。

② 试桩沉降相对稳定标准：每 1 h 内的桩顶沉降量不超过 0.1 mm，并连续出现 2 次（从每级荷载施加后第 30 min 开始，由 3 次或 3 次以上每 30 min 的沉降观测值计算）。

③ 当桩顶沉降速率达到相对稳定标准时，再施加下一级荷载。

④ 卸载时，每级荷载维持 1 h，按第 5、15、30、60 min 测读桩顶沉降量；卸载至零后，应测读桩顶残余沉降量，维持时间为 3 h，测读时间为 5、15、30 min，以后每隔 30 min 测读一次。

（7）施工后的工程桩验收检测宜采用慢速维持荷载法。当有成熟的地区经验时，也可采用快速维持荷载法。快速维持荷载法的每级荷载维持时间不得少于 1 h。当桩顶沉降尚未明显收敛时，不得施加下一级荷载。

（8）当出现下列情况之一时，可终止加载：

① 某级荷载作用下，桩顶沉降量大于前一级荷载作用下沉降量的 5 倍，且桩顶总沉降量超过 40 mm。

② 某级荷载作用下，桩顶沉降量大于前一级荷载作用下沉降量的 2 倍，且经 24 h 尚未达到稳定标准。

③ 已达加载反力装置的最大加载量。

④ 已达到设计要求的最大加载量。

⑤ 当工程桩作锚桩时，锚桩上拔量已达到允许值。

⑥ 当荷载-沉降曲线呈缓变型时，可加载至桩顶总沉降量 60 ~ 80 mm；在特殊情况下，可根据具体要求加载至桩顶累计沉降量超过 80 mm。

12.7.5　试验数据整理与判定

1. 检测数据的整理

（1）确定单桩竖向抗压承载力时，应绘制竖向荷载-沉降（Q-s）、沉降-时间对数（s-lg$t$）曲线，需要时也可绘制其他辅助分析所需曲线。

（2）当进行桩身应力、应变和桩底反力测定时，应整理出有关数据的记录表，并绘制桩身轴力分布图、计算不同土层的分层侧摩阻力和端阻力值。

2. 单桩竖向抗压极限承载力 Q_u 的判定方法

（1）根据沉降随荷载变化的特征确定：对于陡降型 Q-s 曲线，取其发生明显陡降的起始点对应的荷载值。

（2）根据沉降随时间变化的特征确定：取 s-lg$t$ 曲线尾部出现明显向下弯曲的前一级荷载值。

（3）当出现某级荷载作用下，桩顶沉降量大于前一级荷载作用下沉降量的 2 倍，且经 24 h 尚未达到稳定标准时，取前一级荷载值。

（4）对于缓变型 Q-s 曲线可根据沉降量确定，宜取 $s = 40$ mm 对应的荷载值；当桩长>40 m 时，宜考虑桩身弹性压缩量；对直径≥800 mm 的桩，可取 $s = 0.05\,D$（D 为桩端直径）对应的荷载值。

（5）当按上述 4 点判定桩的竖向抗压承载力未达到极限时，桩的竖向抗压极限承载力应取最大试验荷载值。

3. 单桩竖向抗压极限承载力统计值

单桩竖向抗压极限承载力统计值的判定应符合：

（1）参加统计的试桩结果，当满足其极差不超过平均值的 30%时，取其平均值为单桩竖向抗压极限承载力。

（2）当极差超过平均值的 30%时，应分析极差过大的原因，结合工程具体情况综合确定。必要时可增加试桩数量。

（3）对桩数为 3 根或 3 根以下的柱下承台，工程桩抽检数量小于 3 根时，应取低值。

4. 单桩竖向抗压承载力特征值的取值

单位工程同一条件下的单桩竖向抗压承载力特征值应按单桩竖向抗压极限承载力统计值的 50%取值。

附表　测区混凝土强度换算表

平均回弹值	测区混凝土强度换算值（MPa）												
	平均碳化深度 d_m（mm）												
	0	0.5	1.0	1.5	2.0	2.5	3.0	3.5	4.0	4.5	5.0	5.5	≥6.0
20.0	10.3	10.1											
20.2	10.5	10.3	10.0										
20.4	10.7	10.5	10.2										
20.6	11.0	10.8	10.4	10.1									
20.8	11.2	11.0	10.6	10.3									
21.0	11.4	11.2	10.8	10.5	10.0								
21.2	11.6	11.4	11.0	10.7	10.2								
21.4	11.8	11.6	11.2	10.9	10.4	10.0							
21.6	12.0	11.8	11.4	11.0	10.6	10.2							
21.8	12.3	12.1	11.7	11.3	10.8	10.5	10.1						
22.0	12.5	12.2	11.9	11.5	11.0	10.6	10.2						
22.2	12.7	12.4	12.1	11.7	11.2	10.8	10.4	10.0					
22.4	13.0	12.7	12.4	12.0	11.4	11.0	10.7	10.3	10.0				
22.6	13.2	12.9	12.5	12.1	11.6	11.2	10.8	10.4	10.2				
22.8	13.4	13.1	12.7	12.3	11.8	11.4	11.0	10.6	10.3				
23.0	13.7	13.4	13.0	12.6	12.1	11.6	11.2	10.8	10.5	10.1			
23.2	13.9	13.6	13.2	12.8	12.2	11.8	11.4	11.0	10.7	10.3	10.0		
23.4	14.1	13.8	13.4	13.0	12.4	12.0	11.6	11.2	10.9	10.4	10.2		
23.6	14.4	14.1	13.7	13.2	12.7	12.2	11.8	11.4	11.1	10.7	10.4	10.1	
23.8	14.6	14.3	13.9	13.4	12.8	12.4	12.0	11.5	11.2	10.8	10.5	10.2	
24.0	14.9	14.6	14.2	13.7	13.1	12.7	12.2	11.8	11.5	11.0	10.7	10.4	10.1
24.2	15.1	14.8	14.3	13.9	13.3	12.8	12.4	11.9	11.6	11.2	10.9	10.6	10.3
24.4	15.4	15.1	14.6	14.2	13.6	13.1	12.6	12.2	11.9	11.4	11.1	10.8	10.4
24.6	15.6	15.3	14.8	14.4	13.7	13.3	12.8	12.3	12.0	11.5	11.2	10.9	10.6
24.8	15.9	15.6	15.1	14.6	14.0	13.5	13.0	12.6	12.2	11.8	11.4	11.1	10.7
25.0	16.2	15.9	15.4	14.9	14.3	13.8	13.3	12.8	12.5	12.0	11.7	11.3	10.9

续附表

平均回弹值	测区混凝土强度换算值（MPa）												
	平均碳化深度 d_m（mm）												
	0	0.5	1.0	1.5	2.0	2.5	3.0	3.5	4.0	4.5	5.0	5.5	≥6.0
25.2	16.4	16.1	15.6	15.1	14.4	13.9	13.4	13.0	12.6	12.1	11.8	11.5	11.0
25.4	16.7	16.4	15.9	15.4	14.7	14.2	13.7	13.2	12.9	12.4	12.0	11.7	11.2
25.6	16.9	16.6	16.1	15.7	14.9	14.4	13.9	13.4	13.0	12.5	12.2	11.8	11.3
25.8	17.2	16.9	16.3	15.8	15.1	14.6	14.1	13.6	13.2	12.7	12.4	12.0	11.5
26.0	17.5	17.2	16.6	16.1	15.4	14.9	14.4	13.8	13.5	13.0	12.6	12.2	11.6
26.2	17.8	17.4	16.9	16.4	15.7	15.1	14.6	14.0	13.7	13.2	12.8	12.4	11.8
26.4	18.0	17.6	17.1	16.6	15.8	15.3	14.8	14.2	13.9	13.3	13.0	12.6	12.0
26.6	18.3	17.9	17.4	16.8	16.1	15.6	15.0	14.4	14.1	13.5	13.2	12.8	12.1
26.8	18.6	18.2	17.7	17.1	16.4	15.8	15.3	14.6	14.3	13.8	13.4	12.9	12.3
27.0	18.9	18.5	18.0	17.4	16.6	16.1	15.5	14.8	14.6	14.0	13.6	13.1	12.4
27.2	19.1	18.7	18.1	17.6	16.8	16.2	15.7	15.0	14.7	14.1	13.8	13.3	12.6
27.4	19.4	19.0	18.4	17.8	17.0	16.4	15.9	15.2	14.9	14.3	14.0	13.4	12.7
27.6	19.7	19.3	18.7	18.0	17.2	16.6	16.1	15.4	15.1	14.5	14.1	13.6	12.9
27.8	20.0	19.6	19.0	18.2	17.4	16.8	16.3	15.6	15.3	14.7	14.2	13.7	13.0
28.0	20.3	19.7	19.2	18.4	17.6	17.0	16.5	15.8	15.4	14.8	14.4	13.9	13.2
28.2	20.6	20.0	19.5	18.6	17.8	17.2	16.7	16.0	15.6	15.0	14.6	14.0	13.3
28.4	20.9	20.3	19.7	18.8	18.0	17.4	16.9	16.2	15.8	15.2	14.8	14.2	13.5
28.6	21.2	20.6	20.0	19.1	18.2	17.6	17.1	16.4	16.0	15.4	15.0	14.3	13.6
28.8	21.5	20.9	20.2	19.4	18.5	17.8	17.3	16.6	16.2	15.6	15.2	14.5	13.8
29.0	21.8	21.1	20.5	19.6	18.7	18.1	17.5	16.8	16.4	15.8	15.4	14.6	13.9
29.2	22.1	21.4	20.8	19.9	19.0	18.3	17.7	17.0	16.6	16.0	15.6	14.8	14.1
29.4	22.4	21.7	21.1	20.2	19.3	18.6	17.9	17.2	16.8	16.2	15.8	15.0	14.2
29.6	22.7	22.0	21.3	20.4	19.5	18.8	18.2	17.5	17.0	16.4	16.0	15.1	14.4
29.8	23.0	22.3	21.6	20.7	19.8	19.1	18.4	17.7	17.2	16.6	16.2	15.3	14.5
30.0	23.3	22.6	21.9	21.0	20.0	19.3	18.6	17.9	17.4	16.8	16.4	15.4	14.7
30.2	23.6	22.9	22.2	21.2	20.3	19.6	18.9	18.2	17.6	17.0	16.6	15.6	14.9
30.4	23.9	23.2	22.5	21.5	20.6	19.8	19.1	18.4	17.8	17.2	16.8	15.8	15.1
30.6	24.3	23.6	22.8	21.9	20.9	20.2	19.4	18.7	18.0	17.5	17.0	16.0	15.2
30.8	24.6	23.9	23.1	22.1	21.2	20.4	19.7	18.9	18.2	17.7	17.2	16.2	15.4
31.0	24.9	24.2	23.4	22.4	21.4	20.7	19.9	19.2	18.4	17.9	17.4	16.4	15.5

续附表

平均回弹值	测区混凝土强度换算值（MPa）												
	平均碳化深度 d_m（mm）												
	0	0.5	1.0	1.5	2.0	2.5	3.0	3.5	4.0	4.5	5.0	5.5	≥6.0
31.2	25.2	24.4	23.7	22.7	21.7	20.9	20.2	19.4	18.6	18.1	17.6	16.6	15.7
31.4	25.6	24.8	24.1	23.0	22.0	21.2	20.5	19.7	18.9	18.4	17.8	16.9	15.8
31.6	25.9	25.1	24.3	23.3	22.3	21.5	20.7	19.9	19.2	18.6	18.0	17.1	16.0
31.8	26.2	25.4	24.6	23.6	22.5	21.7	21.0	20.2	19.4	18.9	18.2	17.3	16.2
32.0	26.5	25.7	24.9	23.9	22.8	22.0	21.2	20.4	19.6	19.1	18.4	17.5	16.4
32.2	26.9	26.1	25.3	24.2	23.1	22.3	21.5	20.7	19.9	19.4	18.6	17.7	16.6
32.4	27.2	26.4	25.6	24.5	23.4	22.6	21.8	20.9	20.1	19.6	18.8	17.9	16.8
32.6	27.6	26.8	25.9	24.8	23.7	22.9	22.1	21.3	20.4	19.9	19.0	18.1	17.0
32.8	27.9	27.1	26.2	25.1	24.0	23.2	22.3	21.5	20.6	20.1	19.2	18.3	17.2
33.0	28.2	27.4	26.5	25.4	24.3	23.4	22.6	21.7	20.9	20.3	19.4	18.5	17.4
33.2	28.6	27.7	26.8	25.7	24.6	23.7	22.9	22.0	21.2	20.5	19.6	18.7	17.6
33.4	28.9	28.0	27.1	26.0	24.9	24.0	23.1	22.3	21.4	20.7	19.8	18.9	17.8
33.6	29.3	28.4	27.4	26.4	25.2	24.2	23.3	22.6	21.7	20.9	20.0	19.1	18.0
33.8	29.6	28.7	27.7	26.6	25.4	24.4	23.5	22.8	21.9	21.1	20.2	19.3	18.2
34.0	30.0	29.1	28.0	26.8	25.6	24.6	23.7	23.0	22.1	21.3	20.4	19.5	18.3
34.2	30.3	29.4	28.3	27.0	25.8	24.8	23.9	23.2	22.3	21.5	20.6	19.7	18.4
34.4	30.7	29.8	28.6	27.2	26.0	25.0	24.1	23.4	22.5	21.7	20.8	19.8	18.6
34.6	31.1	30.2	28.9	27.4	26.2	25.2	24.3	23.6	22.7	21.9	21.0	20.0	18.8
34.8	31.4	30.5	29.2	27.6	26.4	25.4	24.5	23.8	22.9	22.1	21.2	20.2	19.0
35.0	31.8	30.8	29.6	28.0	26.7	25.8	24.8	24.0	23.2	22.3	21.4	20.4	19.2
35.2	32.1	31.1	29.9	28.2	27.0	26.0	25.0	24.2	23.4	22.5	21.6	20.6	19.4
35.4	32.5	31.5	30.2	28.6	27.3	26.3	25.4	24.4	23.7	22.8	21.8	20.8	19.6
35.6	32.9	31.9	30.6	29.0	27.6	26.6	25.7	24.7	24.0	23.0	22.0	21.0	19.8
35.8	33.3	32.3	31.0	29.3	28.0	27.0	26.0	25.0	24.3	23.3	22.2	21.2	20.0
36.0	33.6	32.6	31.2	29.6	28.2	27.2	26.2	25.2	24.5	23.5	22.4	21.4	20.2
36.2	34.0	33.0	31.6	29.9	28.6	27.5	26.5	25.5	24.8	23.8	22.6	21.6	20.4
36.4	34.4	33.4	32.0	30.3	28.9	27.9	26.8	25.8	25.1	24.1	22.8	21.8	20.6
36.6	34.8	33.8	32.4	30.6	29.2	28.2	27.1	26.1	25.4	24.4	23.0	22.0	20.9
36.8	35.2	34.1	32.7	31.0	29.6	28.5	27.5	26.4	25.7	24.6	23.2	22.2	21.1
37.0	35.5	34.4	33.0	31.2	29.8	28.8	27.7	26.6	25.9	24.8	23.4	22.4	21.3

续附表

平均回弹值	测区混凝土强度换算值（MPa） 平均碳化深度 d_m（mm）												
	0	0.5	1.0	1.5	2.0	2.5	3.0	3.5	4.0	4.5	5.0	5.5	≥6.0
37.2	35.9	34.8	33.4	31.6	30.2	29.1	28.0	26.9	26.2	25.1	23.7	22.6	21.5
37.4	36.3	35.2	33.8	31.9	30.5	29.4	28.3	27.2	26.5	25.4	24.0	22.9	21.8
37.6	36.7	35.6	34.1	32.3	30.8	29.7	28.6	27.5	26.8	25.7	24.2	23.1	22.0
37.8	37.1	36.0	34.5	32.6	31.2	30.0	28.9	27.8	27.1	26.0	24.5	23.4	22.3
38.0	37.5	36.4	34.9	33.0	31.5	30.3	29.2	28.1	27.4	26.2	24.8	23.6	22.5
38.2	37.9	36.8	35.2	33.4	31.8	30.6	29.5	28.4	27.7	26.5	25.0	23.9	22.7
38.4	38.3	37.2	35.6	33.7	32.1	30.9	29.8	28.7	28.0	26.8	25.3	24.1	23.0
38.6	38.7	37.5	36.0	34.1	32.4	31.2	30.1	29.0	28.3	27.0	25.5	24.4	23.2
38.8	39.1	37.9	36.4	34.4	32.7	31.5	30.4	29.3	28.5	27.2	25.8	24.6	23.5
39.0	39.5	38.2	36.7	34.7	33.0	31.8	30.6	29.6	28.8	27.4	26.0	24.8	23.7
39.2	39.9	38.5	37.0	35.0	33.3	32.1	30.8	29.8	29.0	27.6	26.2	25.0	24.0
39.4	40.3	38.8	37.3	35.3	33.6	32.4	31.0	30.0	29.2	27.8	26.4	25.2	24.2
39.6	40.7	39.1	37.6	35.6	33.9	32.7	31.2	30.2	29.4	28.0	26.6	25.4	24.4
39.8	41.2	39.6	38.0	35.9	34.2	33.0	31.4	30.5	29.7	28.2	26.8	25.6	24.7
40.0	41.6	39.9	38.3	36.2	34.5	33.3	31.7	30.8	30.0	28.4	27.0	25.8	25.0
40.2	42.0	40.3	38.6	36.5	34.8	33.6	32.0	31.1	30.2	28.6	27.3	26.0	25.2
40.4	42.4	40.7	39.0	36.9	35.1	33.9	32.3	31.4	30.5	28.8	27.6	26.2	25.4
40.6	42.8	41.1	39.4	37.2	35.4	34.2	32.6	31.7	30.8	29.1	27.8	26.5	25.7
40.8	43.3	41.6	39.8	37.7	35.7	34.5	32.9	32.0	31.2	29.4	28.1	26.8	26.0
41.0	43.7	42.0	40.2	38.0	36.0	34.8	33.2	32.3	31.5	29.7	28.4	27.1	26.2
41.2	44.1	42.3	40.6	38.4	36.3	35.1	33.5	32.6	31.8	30.0	28.7	27.3	26.5
41.4	44.5	42.7	40.9	38.7	36.6	35.4	33.8	32.9	32.0	30.3	28.9	27.6	26.7
41.6	45.0	43.2	41.4	39.2	36.9	35.7	34.2	33.3	32.4	30.6	29.2	27.9	27.0
41.8	45.4	43.6	41.8	39.5	37.2	36.0	34.5	33.6	32.7	30.9	29.5	28.1	27.2
42.0	45.9	44.1	42.2	39.9	37.6	36.3	34.9	34.0	33.0	31.2	29.8	28.5	27.5
42.2	46.3	44.4	42.6	40.3	38.0	36.6	35.2	34.3	33.3	31.5	30.1	28.7	27.8
42.4	46.7	44.8	43.0	40.6	38.3	36.9	35.5	34.6	33.6	31.8	30.4	29.0	28.0
42.6	47.2	45.3	43.4	41.1	38.7	37.3	35.9	34.9	34.0	32.1	30.7	29.3	28.3
42.8	47.6	45.7	43.8	41.4	39.0	37.6	36.2	35.2	34.3	32.4	30.9	29.5	28.6
43.0	48.1	46.2	44.2	41.8	39.4	38.0	36.6	35.6	34.6	32.7	31.3	29.8	28.9

续附表

平均回弹值	测区混凝土强度换算值（MPa）												
	平均碳化深度 d_m（mm）												
	0	0.5	1.0	1.5	2.0	2.5	3.0	3.5	4.0	4.5	5.0	5.5	≥6.0
43.2	48.5	46.6	44.6	42.2	39.8	38.3	36.9	35.9	34.9	33.0	31.5	30.1	29.1
43.4	49.0	47.0	45.1	42.6	40.2	38.7	37.2	36.3	35.3	33.3	31.8	30.4	29.4
43.6	49.4	47.7	45.4	43.0	40.5	39.0	37.5	36.6	35.6	33.6	32.1	30.6	29.6
43.8	49.9	47.9	45.9	43.4	40.9	39.4	37.9	36.9	35.9	33.9	32.4	30.9	29.9
44.0	50.4	48.4	46.4	43.8	41.3	39.8	38.3	37.3	36.3	34.3	32.8	31.2	30.2
44.2	50.8	48.8	46.7	44.2	41.7	40.1	38.6	37.6	36.6	34.5	33.0	31.5	30.5
44.4	51.3	49.2	47.2	44.6	42.1	40.5	39.0	38.0	36.9	34.9	33.3	31.8	30.8
44.6	51.7	49.6	47.6	45.0	42.4	40.8	39.3	38.3	37.2	35.2	33.6	32.1	31.0
44.8	52.2	50.1	48.0	45.4	42.8	41.2	39.7	38.6	37.6	35.5	33.9	32.4	31.3
45.0	52.7	50.6	48.5	45.8	43.2	41.6	40.1	39.0	37.9	35.8	34.3	32.7	31.6
45.2	53.2	51.1	48.9	46.3	43.6	42.0	40.4	39.4	38.3	36.2	34.6	33.0	31.9
45.4	53.6	51.5	49.4	46.6	44.0	42.3	40.7	39.7	38.6	36.4	34.8	33.2	32.2
45.6	54.1	51.9	49.8	47.1	44.4	42.7	41.1	40.0	39.0	36.8	35.2	33.5	32.5
45.8	54.6	52.4	50.2	47.5	44.8	43.1	41.5	40.4	39.3	37.1	35.5	33.9	32.8
46.0	55.0	52.8	50.6	47.9	45.2	43.5	41.9	40.8	39.7	37.5	35.8	34.2	33.1
46.2	55.5	53.3	51.1	48.3	45.5	43.8	42.2	41.1	40.0	37.7	36.1	34.4	33.3
46.4	56.0	53.8	51.5	48.7	45.9	44.2	42.6	41.4	40.3	38.1	36.4	34.7	33.6
46.6	56.5	54.2	52.0	49.2	46.3	44.6	42.9	41.8	40.7	38.4	36.7	35.0	33.9
46.8	57.0	54.7	52.4	49.6	46.7	45.0	43.3	42.2	41.0	38.8	37.0	35.3	34.2
47.0	57.5	55.2	52.9	50.0	47.2	45.2	43.7	42.6	41.4	39.1	37.4	35.6	34.5
47.2	58.0	55.7	53.4	50.5	47.6	45.8	44.1	42.9	41.8	39.4	37.7	36.0	34.8
47.4	58.5	56.2	53.8	50.9	48.0	46.2	44.5	43.3	42.1	39.8	38.0	36.3	35.1
47.6	59.0	56.6	54.3	51.3	48.4	46.6	44.8	43.7	42.5	40.1	38.4	36.6	35.4
47.8	59.5	57.1	54.7	51.8	48.8	47.0	45.2	44.0	42.8	40.5	38.7	36.9	35.7
48.0	60.0	57.6	55.2	52.2	49.2	47.4	45.6	44.4	43.2	40.8	39.0	37.2	36.0
48.2		58.0	55.7	52.6	49.6	47.8	46.0	44.8	43.6	41.1	39.3	37.5	36.3
48.4		58.6	56.1	53.1	50.0	48.2	46.4	45.1	43.9	41.5	39.6	37.8	36.6
48.6		59.0	56.6	53.5	50.4	48.6	46.7	45.5	44.3	41.8	40.0	38.1	36.9
48.8		59.5	57.1	54.0	50.9	49.0	47.1	45.9	44.6	42.2	40.3	38.4	37.2
49.0		60.0	57.5	54.4	51.3	49.4	47.5	46.2	45.0	42.5	40.6	38.8	37.5

续附表

平均回弹值	测区混凝土强度换算值（MPa）												
	平均碳化深度 d_m（mm）												
	0	0.5	1.0	1.5	2.0	2.5	3.0	3.5	4.0	4.5	5.0	5.5	≥6.0
49.2			58.0	54.8	51.7	49.8	47.9	46.6	45.4	42.8	41.0	39.1	37.8
49.4			58.5	55.3	52.1	50.2	48.3	47.1	45.8	43.2	41.3	39.4	38.2
49.6			58.9	55.7	52.5	50.6	48.7	47.4	46.2	43.6	41.7	39.7	38.5
49.8			59.4	56.2	53.0	51.0	49.1	47.8	46.5	43.9	42.0	40.1	38.8
50.0			59.9	56.7	53.4	51.4	49.5	48.2	46.9	44.3	42.3	40.4	39.1
50.2				57.1	53.8	51.9	49.9	48.5	47.2	44.6	42.6	40.7	39.4
50.4				57.6	54.3	52.3	50.3	49.0	47.7	45.0	43.0	41.0	39.7
50.6				58.0	54.7	52.7	50.7	49.4	48.0	45.4	43.4	41.4	40.0
50.8				58.5	55.1	53.1	51.1	49.8	48.4	45.7	43.7	41.7	40.3
51.0				59.0	55.6	53.5	51.5	50.1	48.8	46.1	44.1	42.0	40.7
51.2				59.4	56.0	54.0	51.9	50.5	49.2	46.4	44.4	42.3	41.0
51.4				59.9	56.4	54.4	52.3	50.9	49.6	46.8	44.7	42.7	41.3
51.6					56.9	54.8	52.7	51.3	50.0	47.2	45.1	43.0	41.6
51.8					57.3	55.2	53.1	51.7	50.3	47.5	45.4	43.3	41.8
52.0					57.8	55.7	53.6	52.1	50.7	47.9	45.8	43.7	42.3
52.2					58.2	56.1	54.0	52.5	51.1	48.3	46.2	44.0	42.6
52.4					58.7	56.5	54.4	53.0	51.5	48.7	46.5	44.4	43.0
52.6					59.1	57.0	54.8	53.4	51.9	49.0	46.9	44.7	43.3
52.8					59.6	57.4	55.2	53.8	52.3	49.4	47.3	45.1	43.6
53.0					60.0	57.8	55.6	54.2	52.7	49.8	47.6	45.4	43.9
53.2						58.3	56.1	54.6	53.1	50.2	48.0	45.8	44.3
53.4						58.7	56.5	55.0	53.5	50.5	48.3	46.1	44.6
53.6						59.2	56.9	55.4	53.9	50.9	48.7	46.4	44.9
53.8						59.6	57.3	55.8	54.3	51.3	49.0	46.8	45.3
54.0							57.8	56.3	54.7	51.7	49.4	47.1	45.6
54.2							58.2	56.7	55.1	52.1	49.8	47.5	46.0
54.4							58.6	57.1	55.6	52.5	50.2	47.9	46.3
54.6							59.1	57.5	56.0	52.9	50.5	48.2	46.6
54.8							59.5	57.9	56.4	53.2	50.9	48.5	47.0
55.0							59.9	58.4	56.8	53.6	51.3	48.9	47.3

续附表

平均回弹值	测区混凝土强度换算值（MPa）												
	平均碳化深度 d_m（mm）												
	0	0.5	1.0	1.5	2.0	2.5	3.0	3.5	4.0	4.5	5.0	5.5	≥6.0
55.2								58.8	57.2	54.0	51.6	49.3	47.7
55.4								59.2	57.6	54.4	52.0	49.6	48.0
55.6								59.7	58.0	54.8	52.4	50.0	48.4
55.8									58.5	55.2	52.8	50.3	48.7
56.0									58.9	55.6	53.2	50.7	49.1
56.2									59.3	56.0	53.5	51.1	49.4
56.4									59.7	56.4	53.9	51.4	49.8
56.6										56.8	54.3	51.8	50.1
56.8										57.2	54.7	52.2	50.5
57.0										57.6	55.1	52.5	50.8
57.2										58.0	55.5	52.9	51.2
57.4										58.4	55.9	53.3	51.6
57.6										58.9	56.3	53.7	51.9
57.8										59.3	56.7	54.0	52.3
58.0										59.7	57.0	54.4	52.7
58.2											57.4	54.8	53.0
58.4											57.8	55.2	53.4
58.6											58.2	55.6	53.8
58.8											58.6	55.9	54.1
59.0											59.0	56.3	54.5
59.2											59.4	56.7	54.9
59.4											59.8	57.1	55.2
59.6												57.5	55.6
59.8												57.9	56.0
60.0												58.3	56.4

参考文献

[1] 中华人民共和国国家标准. 量和单位（GB3100 ~ 3102—1993）. 北京：中国标准出版社，1993.

[2] 中华人民共和国国家标准统计学词汇及符号 第1部分：一般统计术语与用于概率的术语（GB/T 3358.1—2009）.

[3] 中华人民共和国国家标准统计学词汇及符号 第2部分：应用统计（GB/T 3358.2—2009）.

[4] 中华人民共和国国家标准. 数据的统计处理和解释正态样本离群值的判断和处理（GB/T 4883—2008）.

[5] 中华人民共和国法定计量单位（1984年2月27日国务院发布）.

[6] 中华人民共和国国家标准. 数值修约规则与极限数值的表述和判定（GB/T 8170—2008）. 北京：中国标准出版社，2008.

[7] 中华人民共和国行业标准. JGJT 23—2011 回弹法检测混凝土抗压强度技术规程. 北京：中国建筑工业出版社，2011.

[8] 中华人民共和国行业标准. JJG 623—2005 电阻应变仪. 北京：中国计量出版社，2005.

[9] 中华人民共和国行业标准. JJG 621—2011 液压千斤顶检定规程. 北京：中国建筑工业出版社，2011.

[10] 中国工程建设标准化协会标准. CECS02—2005 超声回弹综合法检测混凝土强度技术规程. 北京：中国建筑工业出版社，2005.

[11] 中华人民共和国行业标准. JGJ/T 152—2008 混凝土中钢筋检测技术规程. 2008. 北京：中国建筑工业出版社，2008.

[12] 中华人民共和国行业标准. JGJ106—2003 建筑桩基检测技术规范. 2003. 北京：中国建筑工业出版社，2014.

[13] 中华人民共和国国家标准. GB 50292—1999 民用建筑可靠性鉴定标准. 北京：中国建筑工业出版社，1999.

[14] 中华人民共和国行业标准. JGJ 125—99 危险房屋鉴定标准. 北京：中国建筑工业出版社，1999.

[15] 中华人民共和国行业标准. JTG/T J21—2011 公路桥梁承载能力检测评定规程. 北京：人民交通出版社，2011.

[16] 中华人民共和国行业标准. JTG F80/1—2004 公路工程质量检验评定标准. 北京：人民交通出版社，2004.

[17] 中华人民共和国行业标准. JTG H11—2004 公路桥涵养护规范. 北京：人民交通出版社，2004.

[18] 中华人民共和国行业标准. JTG H12—2003 公路隧道养护技术规范. 北京：人民交通出版社，2003.

[19] 中华人民共和国行业标准. TB 10223—2004 铁路隧道衬砌质量无损检测规程. 北京：中国铁道出版社，2004.

[20] 中国工程建设标准化协会标准. CECS 22：2005 岩土锚杆（索）技术规程. 北京：中国计划出版社，2005.

[21] 中华人民共和国国家标准. GB 50086—2001 锚杆喷射混凝土支护技术规范. 北京：中国标准出版社，2001.

[22] 中华人民共和国国家标准. GB/T 9138—1988 回弹仪. 北京：中国标准出版社，1988.

[23] 中华人民共和国行业标准. JTJ/T 272—99 港口工程混凝土非破损检测技术规程. 北京：人民交通出版社，2000.

[24] 中国工程建设标准化协会标准. CECS 03：2007 钻芯法检测混凝土强度技术规程. 北京：中国建筑工业出版社，2007.

[25] 中华人民共和国国家标准. GB/T 50081—2002 普通混凝土力学性能试验方法标准. 北京：中国建筑工业出版社，2002.

[26] 中国工程建设标准化协会标准. CECS 21：2000 超声法检测混凝土缺陷技术规程. 北京：中国水利水电出版社，2000.

[27] 中华人民共和国国家标准. GB T 50784—2013 混凝土结构现场检测技术标准. 北京：中国建筑标准出版社，2013.

[28] 北京市地方标准. DB 11/T 365—2006 电磁感应法检测钢筋保护层厚度和钢筋直径技术规程. 北京：中国标准出版社，2006.

[29] 中华人民共和国国家标准. GB 50204—2002 混凝土结构工程施工质量验收规范. 北京：中国建筑工业出版社，2011.

[30] 中华人民共和国国家标准. GB/T 50344—2004 建筑结构检测技术标准. 北京：中国建筑工业出版社，2002.

[31] 中华人民共和国行业标准. JGJ/T 322—2013 混凝土中氯离子含量检测技术规程. 北京：中国建筑工业出版社，2014.

[32] 中华人民共和国国家标准. GB 50204—2002 混凝土结构工程施工质量验收规范（2010版）. 北京：中国建筑工业出版社，2011.

[33] 中华人民共和国国家标准. GB 50021—2001 岩土工程勘察规范（2009 版）. 北京：中国建筑工业出版社，2009.

[34] 中华人民共和国行业标准. TBJ 37—93 静力触探技术规则. 北京：中国铁道出版社，1993.

[35] 中华人民共和国国家标准. GB 50007—2011 建筑地基基础设计规范. 北京：中国建筑工业出版社，2011.

[36] 中华人民共和国行业标准. JTG/T F81—01—2004 公路工程基桩动测技术规程. 北京：人民交通出版社，2004.

[37] 中华人民共和国国家标准. GB 50011—2010 建筑抗震设计规范. 北京：中国建筑工业出版社，2010.

[38] 林维正. 土木工程质量无损检测技术. 北京：中国电力出版社，2008.

[39] 陈建勋. 公路工程试验检测人员考试用书. 北京：人民交通出版社，2010.

[40] 张俊平. 土木工程试验与检测技术. 北京：中国建筑工业出版社，2013.

[41] 温州大学建筑与土木工程学院编写组. 土木工程实验指导书. 北京：科学出版社，2012.

[42] 姚谦峰. 土木工程结构试验. 2 版. 北京：中国建筑工业出版社，2008.

[43] 张家启，李国胜，惠云玲. 建筑结构检测鉴定与加固设计. 北京：中国建筑工业出版社，2011.

[44] 熊仲明，王社良. 土木工程结构试验. 北京：中国建筑工业出版社，2006.

[45] 施尚伟，向中富. 桥梁结构试验检测技术. 重庆：重庆大学出版社，2012.